职业教育机电类专业课程改革创新规划教材

单片机控制装置安装与调试

丛书主编　李乃夫

主　　编　孙月红

副主编　许春香　顾佳茗

参　　编　叶勇盛　张耀文　邵扣宗

主　　审　姚永平

電子工業出版社

Publishing House of Electronics Industry

北京 • BEIJING

内 容 简 介

本书以单片机实际应用为主线，理论与实践相结合，积木式的逻辑思维模式组织项目，丰富的任务给学生提供较为直观、实用的信息，突出培养学生运用所学知识和技能解决实际问题的综合应用能力。

本书以国内广泛使用的 MCS-51 系列单片机中的 8051 为基础，以 STC 公司生产的最新 15 系列芯片为主要对象，介绍了它的基本结构、特点和基本的程序设计方法，以及 MCS-51 内部的主要资源，包括定时/计数器、中断系统等使用方法，重点介绍了 STC15 单片机的常用接口及控制技术和单片机应用系统开发及应用技术。针对单片机原理及应用，本着理论必需、够用的原则，突出实用性、操作性，在编排上由浅入深，循序渐进，精选内容，突出重点；对于接口技术和应用系统提供了详细的原理说明、电路图、完整的程序代码及程序流程图。开发语言采用移植性高、直接对系统硬件控制的 C 语言。

本书还配有电子教学参考资料包，以方便教师教学使用。

本书可作为中职、高职院校自动化、电子信息、机电、电力和计算机等专业的教材，也可以作为工程技术人员的参考书。

图书在版编目（CIP）数据

单片机控制装置安装与调试 / 孙月红主编. —北京：电子工业出版社，2016.2
职业教育机电类专业课程改革创新规划教材

ISBN 978-7-121-27937-9

Ⅰ. ①单… Ⅱ. ①孙… Ⅲ. ①单片微型计算机－计算机控制系统－安装－职业教育－教材②单片微型计算机－计算机控制系统－调试－职业教育－教材 Ⅳ. ①TP368.1

中国版本图书馆 CIP 数据核字（2015）第 309837 号

策划编辑：张 凌
责任编辑：张 凌
印 刷：北京京海印刷厂
装 订：北京京海印刷厂
出版发行：电子工业出版社
北京市海淀区万寿路 173 信箱 邮编 100036
开 本：787×1 092 1/16 印张：14.5 字数：371.2 千字
版 次：2016 年 2 月第 1 版
印 次：2016 年 2 月第 1 次印刷
定 价：32.00 元

凡所购买电子工业出版社图书有缺损问题，请向购买书店调换。若书店售缺，请与本社发行部联系，联系及邮购电话：（010）88254888。

质量投诉请发邮件至 zlts@phei.com.cn，盗版侵权举报请发邮件至 dbqq@phei.com.cn。

服务热线：（010）88258888。

序

21 世纪全球全面进入了计算机智能控制/计算时代，其中的一个重要方向就是以单片机为代表的嵌入式计算机控制/计算。由于最适合中国工程师、学生入门的 8051 单片机在中国应用已有 30 多年的历史，绝大部分的工科院校的工科非计算机专业均有此必修课，有几十万名对该单片机十分熟悉的工程师可以相互交流开发、学习心得，有大量的经典程序和电路可以直接套用，从而大幅降低了开发风险，极大地提高了开发效率，这也是 STC 宏晶科技南通国芯微电子基于 8051 核的 STC 系列单片机的巨大技术优势，也是目前中国高校工科非计算机专业拿国产 STC 来讲微机原理、单片机原理及应用的主要原因。

Intel 8051 技术诞生于 20 世纪 70 年代，不可避免地面临技术落伍的危险，如果不对其进行大规模技术创新，我国的单片机教学与应用就会陷入被动局面。为此，我们对 STC15 系列单片机进行了全面的技术升级与创新。

1．一个芯片就是一个仿真器（IAP15F2K61S2/IAP15W4K58S4，人民币 5 元方便学校教学）。

2．不需外部晶振（内部时钟 5～35MHz，ISP 编程时可设置，工业级范围，温飘 1%）。

3．不需外部复位（内置高可靠复位电路，ISP 编程时多级复位门槛电压可设）。

4．大容量 Flash 程序存储器（可反复编程 10 万次以上，无法解密），容量从 1KB～63.5KB 可选。

5．大容量内部 SRAM，128/256/512/1K/2K/4K 字节可选。

6．ISP/IAP 技术全球领导者，全部可在线升级，全部可用 Flash 实现 EEPROM 的功能。

7．对传统 8051 进行了提速，指令最快提高了 24 倍，平均快了 6.8 倍。

8．集成 ADC/CCP/PWM（PWM 还可当 DAC 使用，新增 PWM 带死区控制的 STC15W4K32S4 系列）。

9．集成 2～4 路超高速异步串行通信端口 UART，分时复用可当 5 组使用。

10．集成 1 路高速同步串行通信端口 SPI。

11．定时器（3～6 个 16 位自动重装载定时器 +2～3 路 CCP 定时器），看门狗。

12．超强抗干扰，无法解密。

STC15F2K60S2 单片机是宏晶科技的典型单片机产品，采用了增强型 1T 8051 内核，片内集成：60KB Flash 程序存储器、1KB 数据 Flash（EEPROM）、2048 字节 RAM、3 个 16 位可自动重装载的定时/计数器（T0、T1 和 T2）、可编程时钟输出功能、最多 42 根 I/O 口线、2 个全双工超高速异步串行口（UART）、1 个高速同步通信端口（SPI）、8 通道 10 位 ADC、3 通道 PWM/可编程计数器阵列/捕获/比较单元（PWM/PCA/CCU/DAC）、MAX810 专用复位电路和硬件看门狗等资源。另外，STC15F2K60S2 单片机内部还集成了高精度 R/C 时钟，可以省去外部晶振电路，单芯片就是最小应用系统，真正实现了一块芯片就是一台“单片微型计算机”的梦想。STC15F2K60S2 单片机具有在系统可编程（ISP）功能，可以省去价格较高的专用编程器，开发环境的搭建非常方便。

引脚兼容的专用仿真芯片是 IAP15F2K61S2，作为校企合作的代表，IAP15F2K61S2 可直接当仿真器，特别适合教学，售价也只有 5 元人民币，同系列 8-Pin 的单片机 STC15F100W，人民币只需 0.89 元。定时器只需要学习一种模式，模式 0（16 位自动重装载）即可，解决了 8051 单片机长期以来虽有四种模式，却定时不准或定时不够长的问题，并且串行口也做了重大改进，既简单方便，误差小，速度又快（系统时钟频率/4/（65536-[T2H，T2L]））。

在中国民间草根企业掌握了 Intel 8051 单片机技术，以“初生牛犊不怕虎”的精神，击溃了欧美竞争对手后，正在向 32 位单片机的前进途中，此时欣闻官方国家队也已掌握了 Intel 80386 通用 CPU 技术，相信经过数代人的艰苦奋斗，我们一定会赶上和超过世界先进水平！

明知山有虎，偏向虎山行。

感谢 Intel 公司发明了经久不衰的 8051 体系结构，感谢孙月红老师的新书，保证了中国 30 年来的单片机教学与世界同步。

STC 创始人：姚永平

www.STCMCU.com　　www.GXWMCU.com

前　　言

单片机经过几十年的发展与使用，正朝着高性能、高集成度和多品种的方向发展，它们的 CPU 功能不断增强，内部资源增多，引脚多功能化，低电压、低功耗。当今时代是一个新技术层出不穷的时代，在电子领域尤其是自动化智能控制领域，传统的分立元件或数字逻辑电路构成的控制系统，正以前所未见的速度被单片机智能控制系统所取代。单片机具有体积小、功能强、成本低、应用面广等优点，在智能控制、仪器仪表等方面得到了广泛的应用。

目前，国内不少教材仍使用经典的 Intel 公司的 MCS51 单片机进行讲解，本书选择国内比较流行、一块芯片就是一个最小系统的 STC15 系列单片机，编程语言采用 C 语言进行介绍。教师可登录宏晶公司 www.stcmcu.com 网站申请免费 IAP15F2K61S2、IAP15W4K61S4 芯片，STC 学习板及 U8 程序下载器。各模块所需元件、电路原理图、演示实物图、调试程序等资料可到 http://jjauto.lingw.net 查看。

本书编写得到了南通国芯微电子有限公司姚永平的技术指导与支持。

本书由从事教学工作一线的教师编写，以项目为教学单元，贯彻“学中做、做中学”的学习理念，以实用、够用为主的指导原则。使用积木式的逻辑思维模式构建硬件，并介绍这些积木的使用方法，读者学完本课程项目后可以使用这些积木硬件开发很多实用性的小系统。读者可根据书中列举的各个项目分别去完成，而不需要过多地了解单片机元器件内部结构，便可解开单片机的神秘面纱。本书特色如下。

一、移植性强

采用最新且使用比较广泛的 STC15 芯片作为介绍对象，全书均使用移植性高、直接对系统硬件控制的 C 语言作为开发环境，所有在 STC15 芯片上开发的程序基本上不修改或很少修改就可移植到 8051 系列芯片上进行使用，书中没有介绍汇编语言中较难理解的各种指令。

二、实用性强

使用积木式的逻辑思维模式构建硬件，并介绍这些积木的使用方法，读者学完本课程后可以使用这些积木硬件开发很多实用性的小系统。本书中没有像其他教材那样讲解纯理论。

三、操作性强

以 Proteus 仿真实现为主线，以动手操作为基础组织编写。

本书共 7 个项目：指示灯的安装与调试、单片机最小系统的安装与调试、蜂鸣器的安装与调试、流水灯的安装与调试、直流电动机的控制、计数器的安装与调试、数字钟的安装与调试。附录包含了 Keil C51 软件的安装，Proteus 软件的安装，在 Keil C51 软件中使用 STC 芯片的设置要点，调试一个简单程序的步骤，单片机烧录程序，Keil C51 的软件、硬件仿真，ANSIC 标准关键字字符串常用的转义字符表，C51 编译器的扩展关键字，单片机 C 语言中常用的数据类型，运算符优先级和结合性，C 语言讲座。

本书由孙月红主编，许春香、顾佳茗任副主编，叶勇盛、张耀文、邵扣宗参编。张耀文编写了项目1、2、3，叶勇盛编写了项目4，邵扣宗编写了项目5，顾佳茗编写了项目6、7，许春香编写了附录。孙月红进行了统稿，程序经孙月红通过自做实物模块得到了验证。

鉴于一线教师教科研工作繁重，加之使用最新芯片进行调试，仅开发了STC15系列单片机芯片的一很小部分功能，书中难免有错误或不妥之处，恳请广大同行及读者批评指正。

编　者

目　　录

项目1 指示灯的安装与调试

项目描述

在单片机应用系统中，指示灯电路是最常见的电路之一，如电源指示电路、与单片机进行数据交换时的提示电路、报警电路、交通灯电路等。从导通角度去理解，指示灯电路的功能主要是通过发光二极管体现电路是否处于有效工作状态。

正所谓“磨刀不误砍柴工”，没有一定的电路基础知识及焊接动手能力，以后的项目很难顺利、高效地完成，单片机设备的安装与调试水平的提高也有困难。本项目从常用电子元器件入手，介绍单片机安装与调试过程中使用到的电子元器件、二进制相关知识，设计出指示灯电路并仿真实现指示功能，最后制作一个比较简单的指示灯电路来增强动手能力。

本项目任务如下。

任务1　认识常用电子元器件

任务2　设计指示灯电路

任务3　Proteus 软件仿真指示灯电路

任务4　指示灯电路的制作

任务1　认识常用电子元器件

学习目标

- 了解电子元器件的分类。
- 了解常用电子元器件种类、型号、参数等技术指标。
- 了解这些元器件的使用场合。

任务呈现

随着生活质量的提高，人们使用的工具也变得方便简捷，这主要得益于控制设备的智能化应用。但不管如何智能，参与工程安装、维护的人员对电路基本常识要有一定的了解。

如图1-1所示，元器件是构成电子产品的基本元素，也是推动电子产品发展的主要因素，元器件的重要性可想而知。

电子电路中常用的元器件包括：电阻、电容、 二极管、三极管、可控硅、轻触开关、液晶、发光二极管、蜂鸣器、各种传感器、芯片、继电器、变压器、压敏电阻、熔丝、光耦、滤波器、接插件、电动机、天线等。在本次任务的学习中，重点讲解各项目中使用到的各种元器件，在日常生活中读者也应注意积累相关知识。

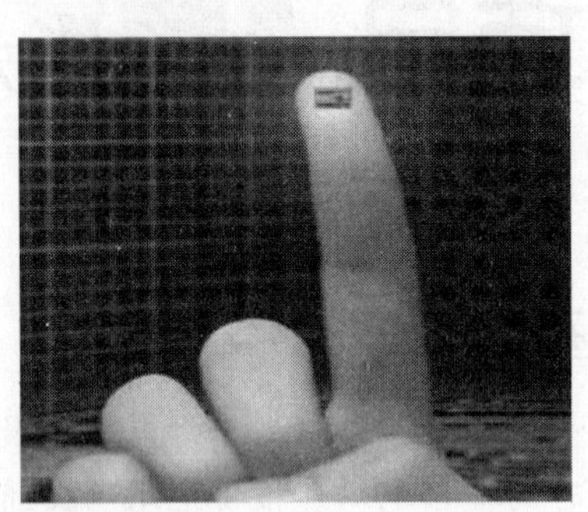

图 1-1 电子元器件的重要性

工业控制系统核心控制芯片一般使用单片机、PLC 等部件，如图 1-2 所示是 STC 单片机开发板实物图，板上分布了密集的元器件，正是由于这些元器件有序地结合在一起，构成了一个以单片机为核心的控制系统。

图 1-2 STC 单片机开发板

想一想

图 1-2 所示的单片机开发板是由分布在板上的多种元器件有序结合而成的，能说出在图中已见过的元器件有哪些吗？

认识常用电子元器件。

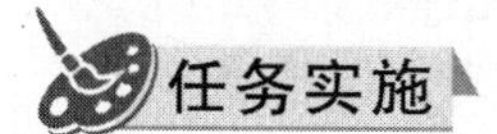

一、认识元器件

1. 电阻器

（1）电阻器的作用。

电阻器，通常简称为电阻（以下简称为电阻），用字母 R 表示。顾名思义，电阻的作用就是阻碍电流流过，用于限流、分流、降压、分压、负载与电容配合作为滤波器及阻匹配等。

（2）电阻的主要参数。

① 标称阻值：标称在电阻器上的电阻值称为标称值，单位为 Ω，kΩ，MΩ。标称值是根据国家制定的标准系列标注的，不是生产者任意标定的。不是所有阻值的电阻器都存在。

② 额定功率：指在规定的环境温度下，假设周围空气不流通，在长期连续工作而不损坏或基本不改变电阻器性能的情况下，电阻器上允许的消耗功率。常见的有 1/16W、1/8W、1/4W、1/2W、1W、2W、5W、10W。

③ 电阻换算：电阻的基本单位是欧姆（Ω）。

1MΩ（兆欧）= 1000kΩ（千欧）= 1000000Ω（欧姆）

如图 1-3 所示是单片机开发板上常见的电阻。（a）图为色环电阻、（b）图为贴片电阻、（c）图为水泥电阻、（d）图为光敏电阻、（e）图为热敏电阻、（f）图为电位器。

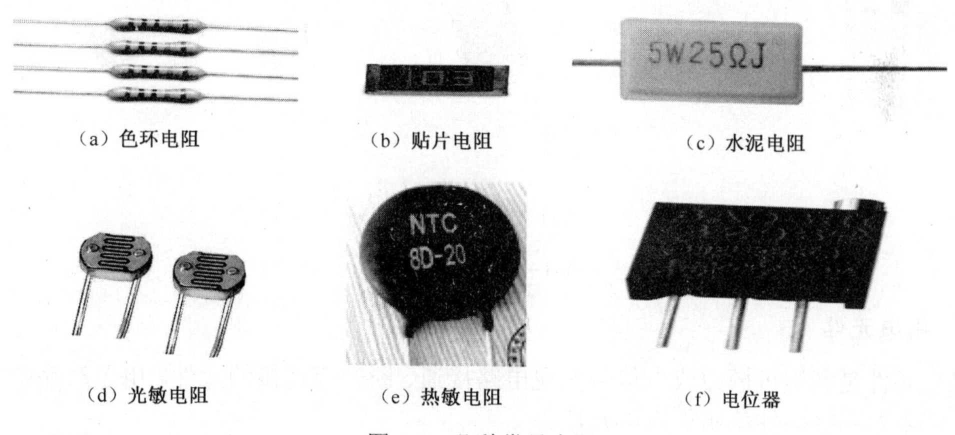

（a）色环电阻　（b）贴片电阻　（c）水泥电阻

（d）光敏电阻　（e）热敏电阻　（f）电位器

图 1-3　几种常见电阻

2. 电容器

（1）电容器的作用。

电容器，简称电容是存储电荷的元件，用字母 C 表示，具有“通交流阻直流”的特性，在电路中的作用主要是耦合、隔直、滤波、谐振、保护、旁路、补偿、调谐、选频等。

电容器的基本单位是法拉（F），简称法，常用单位有微法（μF）和皮法（pF），其转换

关系为

$$1\,\mathrm{F} = 10^{6}\,\mu\mathrm{F} = 10^{12}\,\mathrm{pF}$$

（2）电容的分类。

根据介质的不同，电容可分为陶瓷、云母、纸介、薄膜、电解电容几种。

① 陶瓷电容：以高介电常数、低损耗的陶瓷材料为介质，体积小，自体电感小。

② 云母电容：以云母为介质，用锡箔和云母片层叠后在胶木粉中压铸而成，性能优良，高稳定，高精密。但云母电容的生产工艺复杂，成本高、容量有限，导致使用范围受限。

③ 纸介电容：纸介电容的电极用铝箔或锡箔做成，绝缘介质是浸蜡的纸，相叠后卷成圆柱体，外包防潮物质，有时外壳采用密封的铁壳以提高防潮性，价格低，容量大。

④ 薄膜电容：用聚苯乙烯、聚四氟乙烯或涤纶等有机薄膜代替纸介质，做成的各种电容器，体积小，但损耗大，不稳定。

⑤ 电解电容：电解电容是以金属氧化膜为介质，以金属和电解质作为电容的两极，金属为阳极，电解质为阴极。使用时要注意极性，它不能用于交流电路中，在直流电路中极性不能接反。否则会影响介质的极化，使电容器漏液、容量下降，甚至发热、击穿、爆炸。

如图 1-4 所示，（a）图为常见的陶瓷电容，（b）图为电解电容。

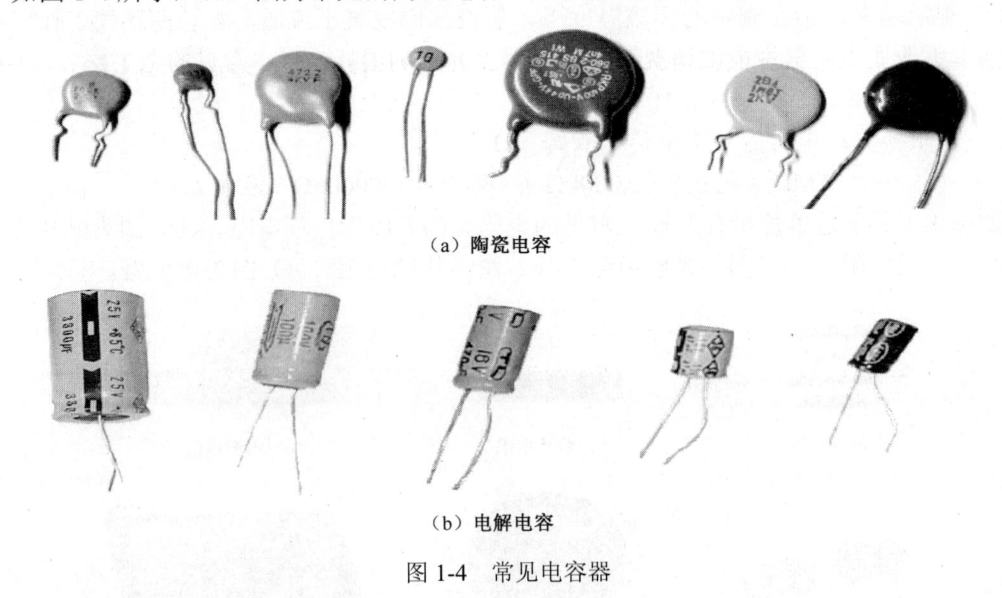

（a）陶瓷电容

（b）电解电容

图 1-4　常见电容器

3．机电元件

机电元件是利用机械力或电信号实现电路接通、断开或转接的元件。电子产品中常用的开关、继电器和接插件就属于机电元件。

它的主要功能：传输信号和输送电能；通过金属接触点的闭合或开启，使其所联系的电路接通或断开。

键盘开关：多用于计算机、计算器、电子设备的遥控器中数字式电信号的快速通断。键盘有数码键、字母键、符号键及功能键，或是它们的组合。触点的接触形式有簧片式、导电橡胶式和电容式多种。

如图 1-5 所示为各种开关，（a）图为自锁按钮开关、（b）图为轻触开关、（c）图为机械键盘开关，其中轻触开关常用于各种影音产品、遥控器、通信产品中，机械键盘开关在电脑

键盘上运用广泛。

（a）自锁按钮开关

（b）轻触开关

（c）机械键盘开关

图 1-5 各种开关

4. 半导体分立器件

常用的半导体分立器件有半导体二极管、三极管以及场效应晶体管。

如图 1-6 所示，请说出（a）、（b）、（c）三幅图，分别代表了半导体二极管、三极管以及场效应晶体管中的哪一个？

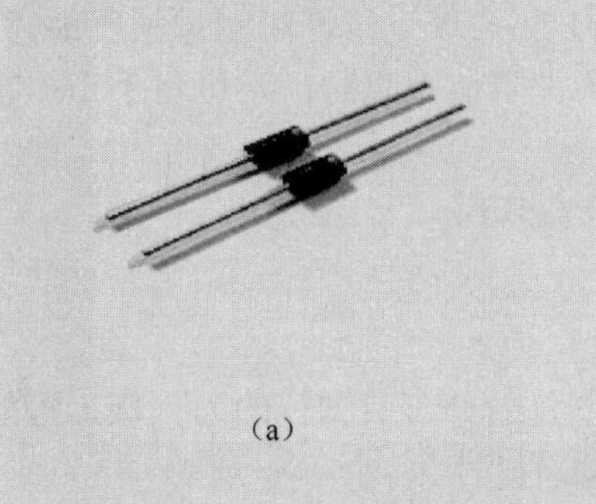
（a）

（b）

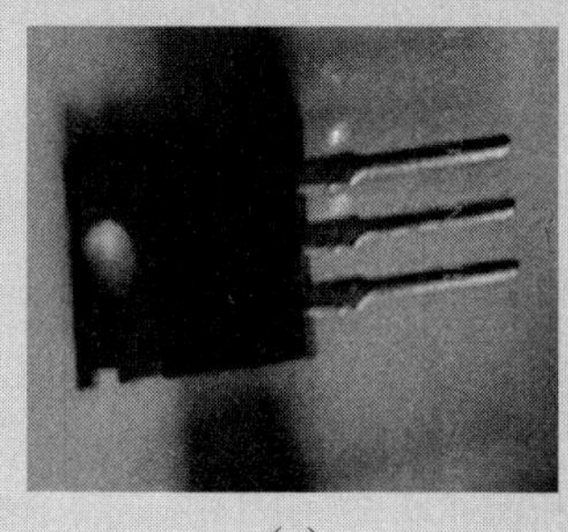
（c）

图 1-6 半导体分立器件

（1）二极管。

半导体二极管简称二极管，在电路中用字母“V”或“VD”表示，具有单向导电性，应该按照极性接入电路。其作用主要有检波、整流、开关、稳压等。

按照制造材料不同，二极管可分为锗管和硅管。锗管正向导通电压为 0.2～0.3V，反向漏电流大，温度稳定性较差。硅管反向漏电流小，正向导通电压为 0.6～0.8V。

二极管按作用分为整流二极管、稳压二极管、开关二极管、发光二极管、光敏二极管等。

（2）晶体三极管。

晶体管三极管（缩写为 BJT）也称双极性晶体管、半导体三极管或三极管，它是内部含有两个 PN 结，外部通常为三个引出电极的半导体器件，对电信号有放大和开关控制等作用。三极管在电路中用字母“V”或“VT”表示。三极管有两个 PN 结，三个电极（发射极、基极、集电极）。按 PN 结的不同构成，三极管有 PNP 和 NPN 两种类型。

三极管按工作频率分为高频三极管、低频三极管和开关管。封装形式有金属封装和塑料封装等形式。由于三极管的品种多，每个品种又有若干具体型号，因此在使用时务必分清，不能疏忽。

（3）场效应晶体管。

场效应晶体管（Field Effect Transistor，缩写为 FET）简称场效应管。由多数载流子参与导电，也称单极型晶体管。

场效应管是电压控制型半导体器件，在数字电路中起开关作用；栅极的输入电阻非常高，一般可达几百兆欧甚至几千兆欧，场效应管还具有噪声低、动态范围大等优点。

一、电阻阻值的测量

使用传统的指针电磁偏转的万用表测量电阻阻值的方法如下。

（1）将量程选择开关旋至欧姆挡，这是测量电阻用的挡位。

（2）将万用表两个笔头对接短路，看指针是否指向 0 刻度。如果不是，使用万用表机械调零，使用调零旋钮将其归零。

（3）将两个笔头分别置于电阻两端，即可测量读数。这时读出的就是电阻阻值。电阻值 = 挡位 × 读数，比如挡位是 100Ω，读数是 30，那该电阻阻值就是 3kΩ。

（4）要选择好量程，当执行步骤（3）时，指针指示于 1/3～2/3 满量程时测量精度最高，读数最准确。要注意的是，在用 R×10k 电阻挡测兆欧级的大阻值电阻时，不可将手指捏在电阻两端，否则人体电阻会使测量结果偏小。

数字式万用表更简单，将量程选择开关旋至欧姆挡读数即可。

二、电容大小的识别

如图 1-7 所示为几种常用的电容，其中，电解电容有正负之分，引脚长的为正极，短的为负极，其他电容没有正负极之分。电容大小的识别方法如下。

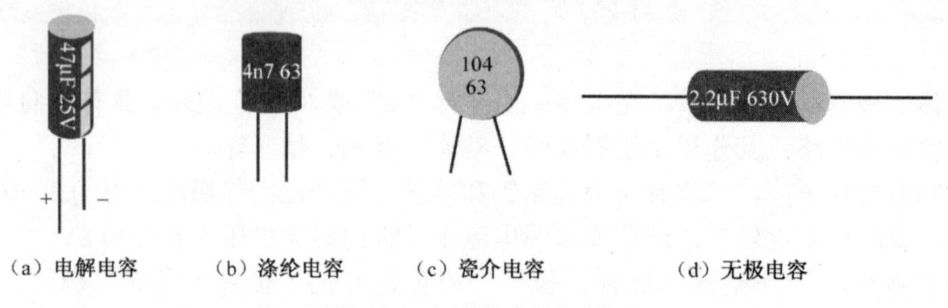

图 1-7　各种电容的标识

1. 直接标识

如图 1-7（a）所示的电解电容，容量为 47μF，电容耐压 25V。

2. 用单位 nF 表示

如图 1-7（b）所示的涤纶电容，标称值为 4n7 表示 4.7nF = 4700pF。63 是指电容耐压为 63V。

示例：10n 表示 0.01μF；33n 表示 0.033μF。

3. 数学计数法

如图 1-7（c）所示的瓷介电容，标值 104，即容量为 $10\times10000\text{pF} = 0.1\mu\text{F}$。

如果标值 473，即为 $47\times1000\text{pF} = 0.047\mu\text{F}$。最后一位数字 4、3，都表示 10 的多少次方。

又如：$332 = 33\times100\text{pF} = 3300\text{pF}$

$224 = 22\times10^4\text{pF} = 0.22\mu\text{F}$

三、普通二极管的检测

1. 正负极性的判别

将万用表置于 R×100 挡或 R×1k 挡，两表笔分别搭接二极管的两个电极，测出一个结果后，对调两表笔，再测出一个结果。两次测量的结果中，测量阻值较大的为反向电阻，测量阻值较小的为正向电阻。在阻值较小的一次测量中，黑表笔接的是二极管的正极，红表笔接的是二极管的负极。

2. 开路与击穿的判断

若测得二极管的正、反向电阻值均接近 0 或阻值较小，则说明该二极管内部已击穿短路或漏电损坏。若测得二极管的正、反向电阻值均为无穷大，则说明该二极管已开路损坏。

任务评价

通过以上学习，根据任务实施过程，将完成任务情况记入表 1-1 中，完成任务评价。

表 1-1 任务评价表

1. 任务实施（认识常用电子元器件）部分 （□已做 □不必做 □没有做）	
① 是否完成电阻部分的学习	□是 □否
② 是否完成电容部分的学习	□是 □否
③ 是否完成机电元件部分的学习	□是 □否
④ 是否完成半导体分立元件部分的学习	□是 □否
你在完成第一部分子任务的时候，遇到了哪些问题？你是如何解决的？	
2. 知识链接部分 （□已做 □不必做 □没有做）	
① 是否完成电阻基础知识的学习	□是 □否
② 是否完成电容基础知识的学习	□是 □否
③ 是否完成二极管基础知识的学习	□是 □否
④ 是否完成三极管基础知识的学习	□是 □否
你在完成第二部分子任务的时候，遇到了哪些问题？你是如何解决的？	
完成情况总结及评价：	
学习效果： □优 □良 □中 □差	

任务拓展

电子元器件数量和种类繁多，除了本次任务给大家介绍的元器件外，还有许多在之后的项目中会出现的其他元器件，大家可以通过查阅资料和上网搜索等方法来了解学习，利用好资源完成相应内容的学习。

任务 2　设计指示灯电路

学习目标

- 能够列出指示灯电路所需的电子元器件。
- 能正确理解指示灯电路的基本原理和参数。
- 能对二进制数、十进制数及十六进制数有一定了解并能进行灵活转换。

任务呈现

在日常生活工作中，随处可见各种指示灯，比如，在每栋大楼的逃生通道，都会有一个安全出口的标志，在遇到火灾或其他危险时，安全出口的指示灯就会应急点亮，指示正确的逃生路线；当开车行驶到十字路口，你会根据交通灯的指示行车，那红绿交通灯也是一种指示灯；汽车上的机油指示灯、刹车指示灯、安全带指示灯等，无不使用到了本次任务中学习的指示灯。如图 1-8 所示，就是各种指示灯在生活中的应用。

图 1-8　指示灯的应用

想一想

（1）生活中还有哪些地方使用了指示灯而方便了人们的生产生活？
（2）如何设计电路使指示灯正常工作？

本次任务

理解并设计指示灯电路的单片机控制电路。

知识链接

一、发光二极管

1. 发光二极管的概念

发光二极管简称 LED，是一种能够将电能转化为可见光的固态半导体器件，它可以直接把电能转化为光能。发光二极管与普通二极管一样由一个 PN 结组成，也具有单向导电性，如图 1-9 所示是几种不同颜色的发光二极管。

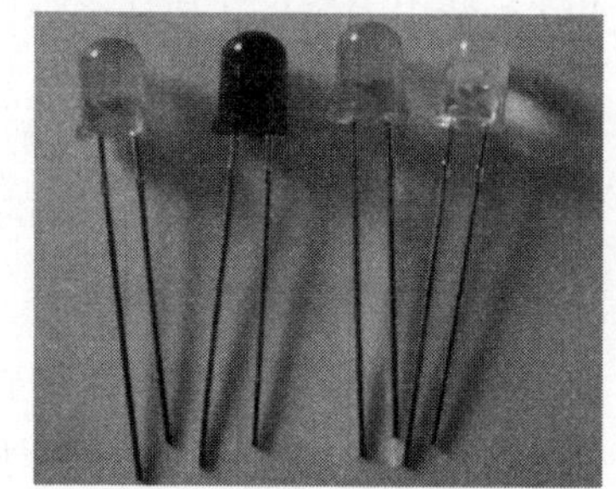

图 1-9　不同颜色的发光二极管

2. 发光二极管的分类

① 按发光管发光颜色分，可将其分成红色、绿色（又细分为黄绿、标准绿和纯绿）、蓝色等。而有的发光二极管中包含两种或三种颜色的芯片。

② 按发光强度和工作电流分，可将其分为普通亮度的 LED（发光强度<10mcd），超高亮度的 LED（发光强度>100mcd），而把发光强度为 10～100mcd 的叫做高亮度发光二极管。

一般 LED 的工作电流在十几毫安至几十毫安，而低电流 LED 的工作电流在 2mA 以下（亮度与普通发光管相同）。

3. 注意事项

由于发光二极管具有最大正向电流 I_{Fm}、最大反向电压 V_{Rm} 的限制，使用时，应保证不超过此值。为安全起见，实际电流 I_F 应在 $0.6I_{Fm}$ 以下；应让可能出现的反向电压 $V_R<0.6V_{Rm}$。

超亮发光二极管有三种颜色，然而三种发光二极管的压降都不相同。其中，红色的压降为 2.0～2.2V，黄色的压降为 1.8～2.0V，绿色的压降为 3.0～3.2V。正常发光时的额定电流均为 20mA。

二、数制概念及转换

1. 数制

各种类型计算机都需要对数进行处理，在学习单片机其他知识前，要对数的表示方法和运算规则等做简要介绍。数的进位制称为数制。无论哪种数制，都存在一个进位基数，每计满一个基数就向高位进一。通常采用的数制有十进制、二进制、十六进制。

（1）十进制数。

用 0～9 共 10 个数码来表示数值，它的基数为“十”。当计数到十时，就进位成了“10”，也就是十进制“逢十进一”的道理。

（2）二进制数。

按照“逢二进一”的原则计数，用 0、1 这两个数码来表示数值，当计数到二时，就进位成了“10”。在计算机高速运算中，其内部并没有像人类在实际生活中一样使用十进制，而是使用只包含 0 和 1 两个数码的二进制。

因为二进制的状态简单，容易实现，凡具有两个状态的元件都可以用来表示二进制的 0

和 1，如，可以用“1”表示电路的高电平，用“0”表示电路的低电平；可以用“1”表示负，用“0”表示正；可以用“1”表示三极管截止时集电极的输出，用“0”表示导通时集电极的输出等。

（3）十六进制数。

当在计算机中表示的数较大时，使用二进制位数太长，不易进行阅读和书写，为此人们常用十六进制数来书写，在单片机的 C 语言程序设计中，经常使用十六进制数。

十六进制数使用的数码有 16 个：0、1、2、3、4、5、6、7、8、9、A、B、C、D、E 和 F，其中 A～F 分别代表数的大小相当于十进制的 10～15。当计数到十六时，就进位成了“10”。

在编写程序时，二进制数仅表示逻辑值，0 代表假，1 代表真。没有特别说明，不用特别标志的数值认为是十进制的，若使用十六进制数，则数值前面要加上“0x”或“0X”字样，如十六进制数“0x12”，“0XAF”等。

2. 数制间的转换

三种数制在单片机的学习中各有利弊，那么要灵活正确地使用三者，就需要学习不同数制之间的相互转换。将一个数由一种数制转换成另一种数制称为数制间的转换。

（1）十进制数转化为二进制数、十六进制数。

① 将十进制数转化为二进制数。

整数部分：除 2 取余，直到被除数为零。最后一个余数是转换后二进制数列的最高位，第一个余数是转换后二进制数列的最低位。小数部分：乘 2 取整，直到被乘数为整数。第一个整数是转换后二进制数列的最高位，最后一个整数是转换后二进制数列的最低位。

② 将十进制数转化为十六进制数。

十进制数转换成十六进制数与十进制数转换成二进制数类似，只要把整数部分的除 2 改成除 16，小数部分的乘 2 改成乘 16 即可。

（2）二进制数、十六进制数转化为十进制数。

二进制数向十进制数的转换，采用将每位二进制数乘以相应位的权，再相加的方法，即可得到十进制数。十六进制数转变为十进制的数方法与二进制数相类似。

【例 1-1】 $(111.01)_B = 1\times2^2+1\times2^1+1\times2^0+0\times2^{-1}+1\times2^{-2} = 7.25$

$(13F.1)_H = 1\times16^2+3\times16^1+15\times16^0+1\times16^{-1} = 319.0625$

（3）二进制数和十六进制数的相互转化。

十六进制数转化成二进制数：不论是十六进制的整数或是小数，只要将每一位十六进制数用相应的四位二进制数代替（一位拆四位），就可以转化成二进制数。

【例 1-2】 将十六进制数 82A.3C 转化成二进制数。

```
 8      2      A    .    3      C
 ↓      ↓      ↓         ↓      ↓
1000   0010   1010      0011   1100
```

转换结果是：$(82A.3C)_H = (1000\ 0010\ 1010\ .\ 0011\ 11)_B$

二进制数转换成十六进制数：把待转换的二进制数以小数点为原点，分别向左、右两个方向每四位为一组（最后不足四位数补“0”），然后将每四位二进制数用相应的一位十六进制数码表示，即转化为十六进制数。

表 1-2 所示为十进制数在[0，16]间的三种进制数间的对照表。熟悉表中各进制之间转换关系，有利于对数的理解。

表 1-2　十进制数、十六进制数和二进制数对照表

十进制数	十六进制数	二进制数
0	0	0000
1	1	0001
2	2	0010
3	3	0011
4	4	0100
5	5	0101
6	6	0110
7	7	0111
8	8	1000
9	9	1001
10	A	1010
11	B	1011
12	C	1100
13	D	1101
14	E	1110
15	F	1111
16	10	10000

任务实施

1．设计单片机控制指示灯电路。

如图 1-10 所示，A 端为发光二极管的阳极，B 端为发光二极管的阴极，要想点亮发光二极管，阴极必须加一个低电平（0V），发光二极管允许的电流为 3～20mA，发光二极管被点亮的最小电流为 3mA。

已知发光二极管被点亮后的压降值为 1.7V，$V\mathrm{cc} = +5\mathrm{V}$，电阻上的电压为 3.3V，根据欧姆定律可知 $R = 3.3\mathrm{V}/3\mathrm{mA}=1.1\mathrm{k}\Omega$，因此通常选用 1kΩ的电阻。

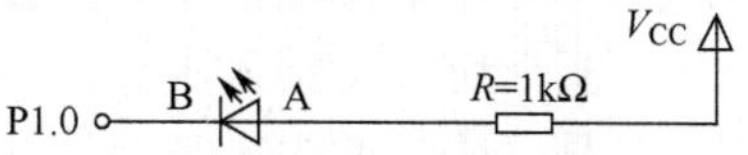

图 1-10　发光二极管电路原理图

如图 1-11 所示，如果要让接在 P0.3 口的 LED 亮起来，根据二极管的单向导电性，只要把 P0.3 口的电平变为低电平就可以了；相反，如果要将接在 P0.3 口的 LED 熄灭，就要把 P0.3 口的电平变为高电平。

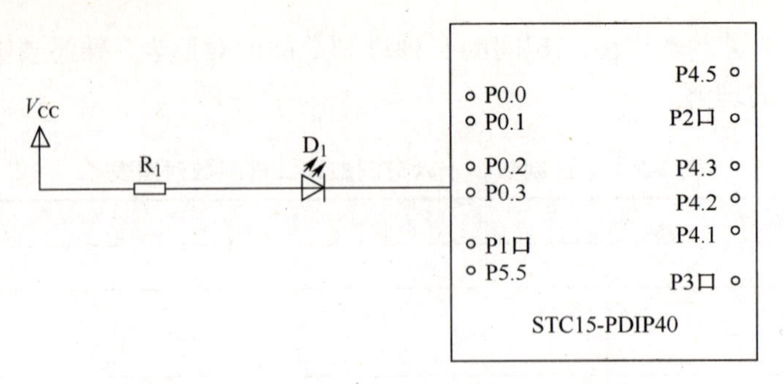

图 1-11　STC15 单片机控制指示灯电路原理图

2．列写单片机控制指示灯电路所需元器件清单。

表 1-3 所示为使用单片机控制点亮一盏 LED 指示灯的电路所需元器件清单。

表 1-3　点亮一盏 LED 指示灯电路的元器件清单

序　号	元器件名称	型　号	数　量
1	单片机	STC15F2K56S2-PDIP40	1
2	电阻	0.25W 四色环碳膜 1kΩ 电阻	1
3	发光二极管	3mm 红色 LED 发光二极管	1
4	电源	5V 手机充电电源	1
5	熔丝	JK600-050 自恢复熔丝	1

任务拓展

电源指示灯电路

电源指示灯电路是单片机控制系统中不可缺少的电路，在任务 4 中需要完成“制作指示灯电路”的任务。为了能更好地完成指示灯电路的制作，下面根据电路图原理，对实现电源指示灯电路所需元器件的型号、参数等做简介。

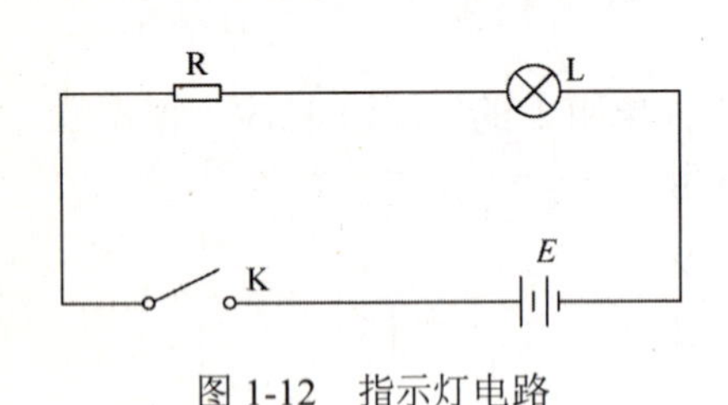

图 1-12　指示灯电路

如图 1-12 所示是指示灯电路的典型原理图。要实现电源指示灯电路，需要的元器件有电源、指示灯、开关、电阻与导线。

在实际生活中，报警灯、LED 指示灯、信号灯等购买后可直接接入电路，并不需使用电阻进行限流，原因是这些灯的内部已经连接了保护指示灯的元件，如整流电路、限流电阻、稳压二极管、防击穿二极管、电容等。

1．电源

一般单片机芯片使用 5V 直流电源，也有低功耗单片机芯片使用 3V 左右的直流电源，单片机控制系统的电源需要根据单片机芯片进行选择。本书中电源全部使用 5V 直流电源。由于其单片机芯片及外围设备功率都很小，标准 5V/0.15W 手机充电器就可作为实验电源，若连接超过 0.15W 的设备需要配置相应大功率的开关电源。

如图 1-13 所示是使用 5V 手机充电线自制的供单片机使用的 5V 电源连接线。连接线一

端使用手机 USB 接线端，另一端将原手机接头剪掉，焊接两根单母杜邦线，红线焊接到+5V 端，黑线焊接到接地端。注意，自制 5V 电源输出端不能焊接两根双公杜邦线，否则易造成短路。在多孔板上使用时，板上需要焊接电源排针接线柱；在面包板上使用时，需要两根电源双公杜邦连接线。

图 1-13　自制单片机 5V 电源连接线

2. 指示灯

指示灯使用发光二极管，电路中发光二极管选择的是价格为 3 分 1 个，直径为 3mm 的红色发光二极管，参数如下。

（1）名称：3 毫米 LED 高亮红色发光二极管。

（2）引脚长度：>16mm。

（3）直径：3mm。

（4）电压范围：1.8～2.5V。

（5）电流范围：3～20mA。

3. 开关

开关的种类很多，在本电路中，选择一只 8.5mm×8.5mm 的双排自锁开关，如图 1-14 所示。

4. 电阻

电阻选择 1/4W 直插、普通误差为 5%的碳膜电阻，如图 1-15 所示。该电阻的阻值需要多大？假设发光二极管需要亮些，相应电流选择也应该大些。设计工作电流为 10mA，总电源为 5V，发光二极管压降为 1.8～2.5V，电阻分得的电压值为 2.5～3.2V，设计时取电压最大值，即电阻压降为 3.2V，R 的阻值为

$$R = U_{\mathrm{R}}/I = 3.2\mathrm{V}/10\mathrm{mA} = 320\Omega$$

图 1-14　自锁开关

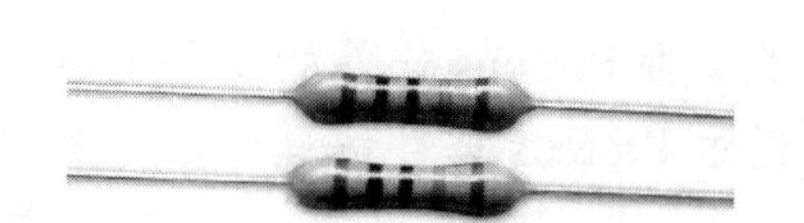

图 1-15　电阻

电阻生产厂家生产的电阻阻值不是连续值，同时电阻的误差也比较大，通过查“电阻标称值”知，在 320Ω 附近的标称电阻有 270Ω、300Ω、330Ω、360Ω 等，实验室中只要有上述任意一种电阻，都可以选择使用，一般实验室常用的是 300Ω 或 330Ω 的电阻。

电源指示灯电路虽然简单，但却是单片机实验板上经常出现的基本电路，分析其工作原理，不但对单片机基本原理的理解有所帮助，也能加深对单片机外围电路的理解。

任务评价

通过以上学习，根据任务实施过程，将完成任务情况记入表 1-4 中，完成任务评价。

表 1-4　任务评价表

1．设计并绘制指示灯电路部分　（□已做　□不必做　□没有做）	
① 电路是否正确	□是　□否
② 元器件参数是否正确	□是　□否
③ 对电路工作原理的描述是否正确	□是　□否
你在完成第一部分子任务的时候，遇到了哪些问题？你是如何解决的？	
2．元器件清单部分　（□已做　□不必做　□没有做）	
① 元器件清单是否完整	□是　□否
② 元器件数量是否正确	□是　□否
你在完成第二部分子任务的时候，遇到了哪些问题？你是如何解决的？	
3．数制部分　（□已做　□不必做　□没有做）	
① 二进制概念是否掌握	□是　□否
② 十六进制概念是否掌握	□是　□否
③ 是否学会三种数制的转换	□是　□否
你在完成第三部分子任务的时候，遇到了哪些问题？你是如何解决的？	
完成情况总结及评价：	
学习效果：　□优　□良　□中　□差	

任务 3　Proteus 软件仿真指示灯电路

学习目标

- 能够掌握 Proteus 软件的基本功能、使用方法。
- 能通过 Proteus 软件仿真指示灯电路。

任务呈现

不管是软件开发还是硬件开发，学习单片机离不开一些基本的开发软件和开发工具。本次任务就从简单的实例入手，介绍单片机开发所需的软件之一 Proteus。

Proteus 是英国 Lab Center Electronics 公司开发的一款 EDA（电子设计自动化）软件。它从原理图布图、代码调试到单片机与外围电路协同仿真，一键切换到 PCB 设计，真正实现了从概念到产品的完整设计。目前支持的单片机类型有 8051 系列、HC11 系列、PIC10/12/16/18/24/30/DsPIC33 系列、AVR 系列、8086 系列和 MSP430 系列。

Proteus 最大的亮点在于能够对单片机进行实物级的仿真。从程序的编写、编译到调试，目标板的仿真一应俱全。同时，还支持第三方的软件编译和调试环境，如 Keil C51 软件，这

款软件也将在项目 2 的任务 2 中向大家详细介绍。

编者使用的是 Proteus 7.8 SP2 汉化版本，具体的安装方法在附录 2：Proteus 软件的安装中已经详细给出，接下来的任务就是以该版本为例，自行下载安装。本次任务就是向读者介绍 Proteus 软件的基本功能并画出指示灯电路。

本次任务

（1）熟悉 Proteus 软件的界面构成和菜单基本功能。

（2）使用 Proteus 软件画出指示灯电路。

软件使用

Proteus 仿真软件的“系统设计原理图与仿真”基本操作界面主要由十部分构成：主菜单、通用工具栏、PCB 电路工具栏、对象拾取工具栏、预览窗口、元器件浏览窗口、原理图编辑区、坐标原点、元器件方位调整工具栏和运行工具栏，如图 1-16 所示。

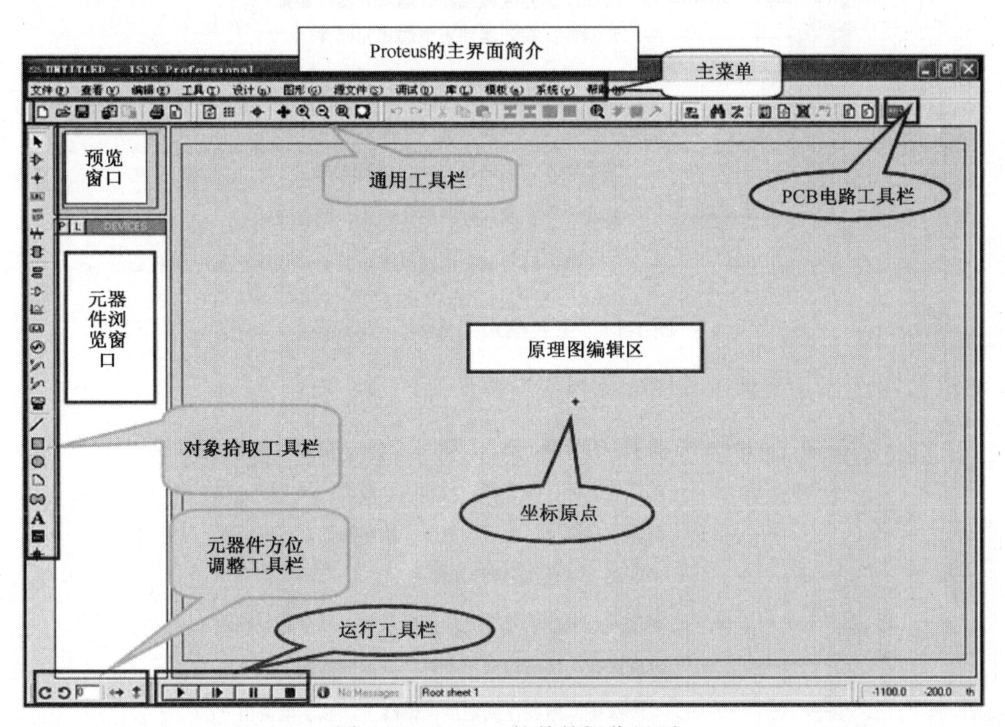

图 1-16　Proteus 软件的操作界面

1. 原理图编辑区

在 Proteus 软件中，面积最大的部分就是中间的原理图编辑区域，该区域是用来绘制原理图的区域，也是各种电路、单片机系统的 Proteus 仿真平台，工作时，需要将元器件放置到指定方框内。

需要注意的是，在原理图编辑区中，鼠标中间滚轮的作用是进行原理图的放大与缩小，而不是进行原理图的上移与下移。

2. 预览窗口

预览窗口的作用是可以显示整张原理图的缩略图，并会显示一个绿色的方框，方框里面的内容就是当前原理图编辑窗口中显示的内容。如果想改变原理图的可视范围，只要用鼠标单击绿色方框，方框会跟随鼠标的移动而移动，在最终要停留的地方单击，就能改变原理图的可视范围。

3. 元器件浏览窗口

在元器件浏览窗口中选择一个元器件时可显示该元器件的预览图。

4. 对象拾取工具栏

对象拾取工具栏包括主要模式工具图标、配件工具图标和 2D 图形工具图标。

其中 2D 图形工具图标用于绘制各种图形，如直线、方框、圆形、弧形、多边形等，也可对文本、符号、标记等进行编辑、操作。

如图 1-17 所示是主要模式工具图标及相应注解。

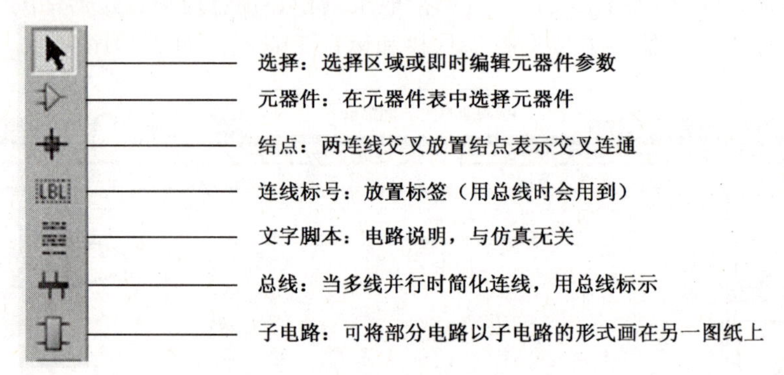

图 1-17　主要模式工具图标及注解

如图 1-18 所示是配件工具图标及相应注解。

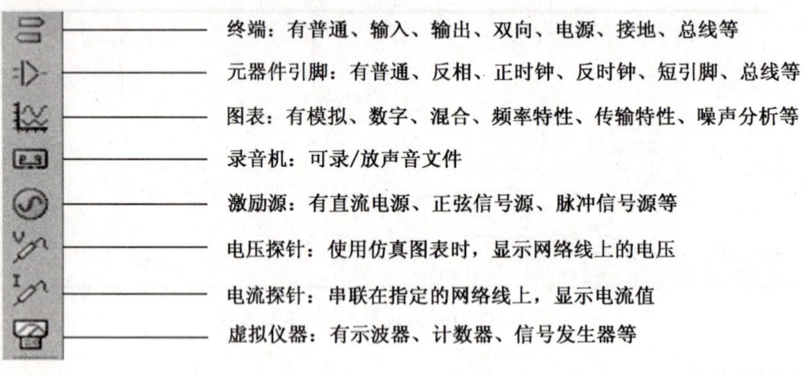

图 1-18　配件工具图标及注解

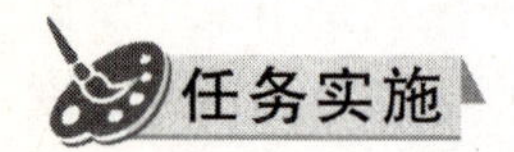

使用 Proteus 软件画出指示灯电路

在仿真电路图中，有时候为了突出重点，只画出任务需要的且必需的那一部分电路，在单

片机的最小系统中：单片机的电源供给电路、晶体振荡电路和复位电路都可以暂时省略不画。

因此，想要完成一个最简单的单片机控制指示灯电路，电路中除了电源（POWER），基本元器件只有三个：

① 单片机（本次任务使用芯片 80C52）；

② 电阻（RES）；

③ 发光二极管（LED-RED）。

图 1-19 所示是单片机控制 LED 的原理图，画出该图的目的是让大家熟悉软件的基本操作和部分图标的功能。完成该任务的步骤如下。

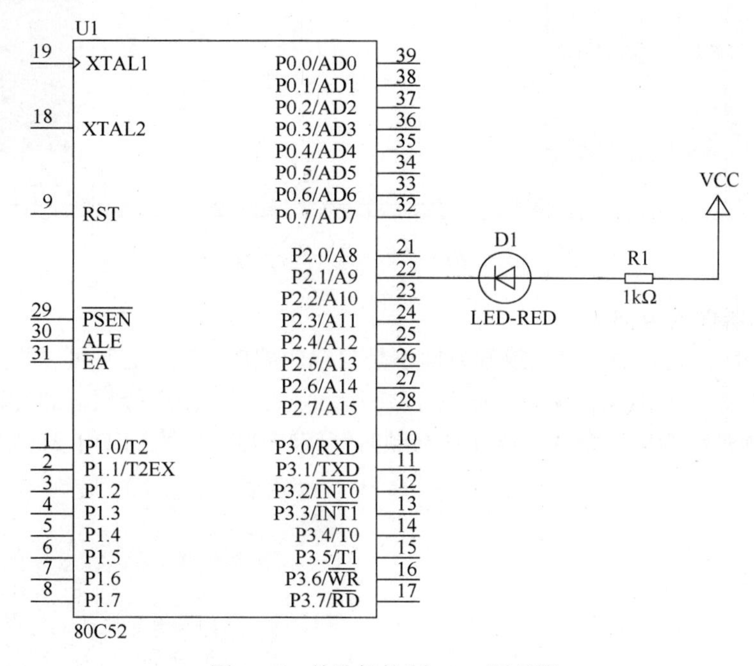

图 1-19 单片机控制 LED 原理图

1．打开 Proteus 仿真软件，出现如图 1-16 所示的主操作界面。

2．在元器件浏览窗口添加仿真元器件。

在元器件浏览窗口单击元器件选择按钮“P”，在弹出的“Pick Devices”对话框中拾取所需的元器件。在拾取元器件对话框的“关键字”文本框中输入“80c52”，在“结果”列表中找到正确的元器件后双击该项，则可将 80C52 添加到元器件浏览区，如图 1-20 所示。

同理，在“Pick Devices”对话框中继续输入原理图中所需元器件的名称，直至原理图中全部元器件都在元器件浏览窗口显示为止，如图 1-21 所示，再单击“Pick Devices”对话框右下角的“确定”按钮返回主操作界面。

3．在原理图编辑窗口中放置元器件。

在元器件浏览区，单击需要添加的元器件，将鼠标置于原理图编辑窗口内，单击鼠标左键，元器件就会跟随鼠标移动，当移动到欲放置位置时，再单击左键，元器件就放置完成。同样的，用此方法将其他元器件也放入相应的位置。

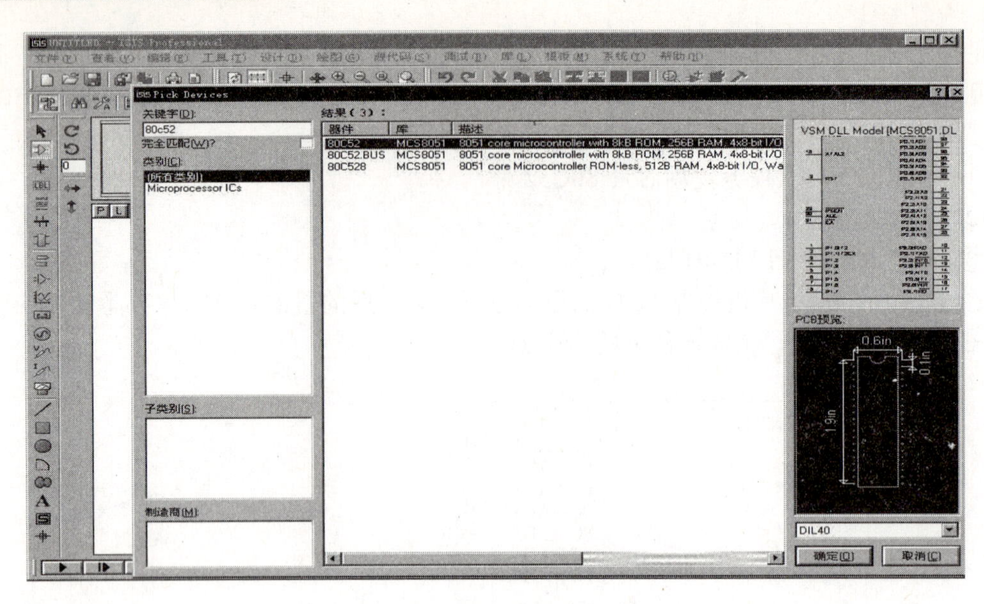

图 1-20　拾取元器件对话框

4．改变元器件的方向。

放置 LED-RED 元件时，发现放置方向不是自己想要的方向，这时可以将鼠标放在该元件上，单击鼠标右键会弹出快捷菜单，如图 1-22 所示，在菜单中选择相应的旋转方向。在本次任务中选择“顺时针旋转”命令，该元件会顺时针旋转 90°，使 LED-RED 阴极朝向单片机。

图 1-21　元器件浏览窗口显示的元器件

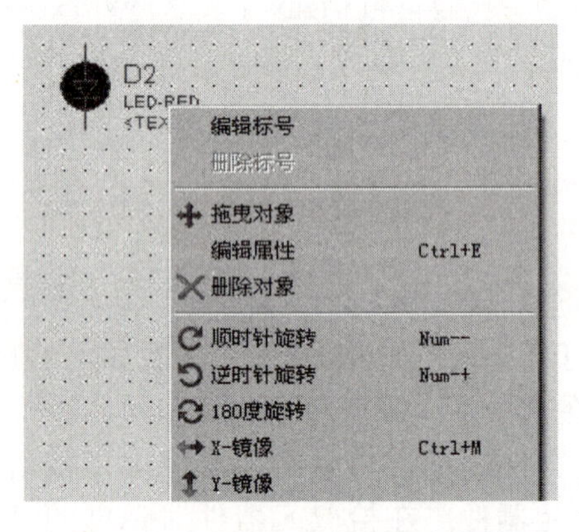

图 1-22　改变元器件的方向方法

5．添加电源与信号地。

在 Proteus 软件中，单片机芯片默认已经添加电源与接地端，可以省略，但外围电路的电源与信号地不能省略。

如图 1-23 所示，需要放置电源。首先单击对象拾取工具栏中的“终端”图标，在元器件浏览窗口中选择“POWER”，放置到原理图编辑区中。如果要使用信号地，则在元器件浏览窗口中选择“GROUND”即可。

6．在原理图编辑窗口中布线。

布线时只需要单击鼠标左键选择起点，然后移动鼠标在需要转弯的地方单击，最终按照走线的方向移动鼠标到线的终点再单击即可。

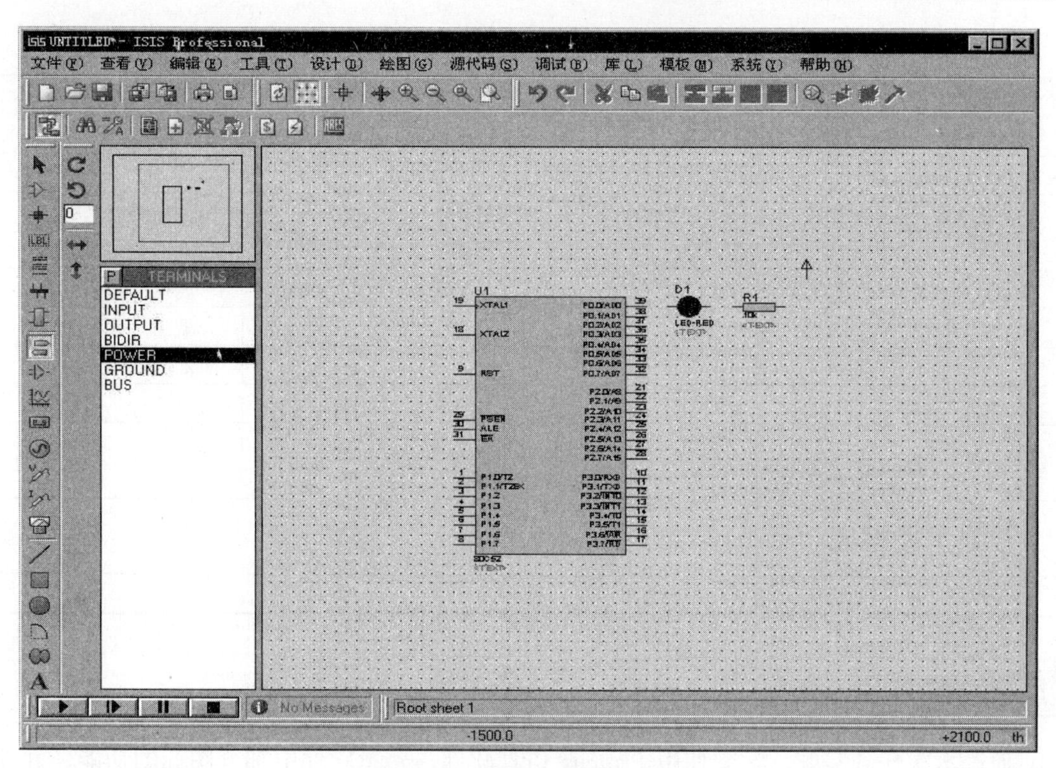

图 1-23 添加电源操作界面

7．标注元件值。

同一名称的仿真元件，因电路设计要求不同，会使用到不同的标称值。双击需要修改阻值的电阻，弹出“Edit Component Value”对话框，在“标号”文本框中输入“1k”，单击“确定”按钮即可修改成功，如图 1-24 所示。或用鼠标右键单击元件，选择快捷菜单中的“Edit Properties”项，修改元件标称值。

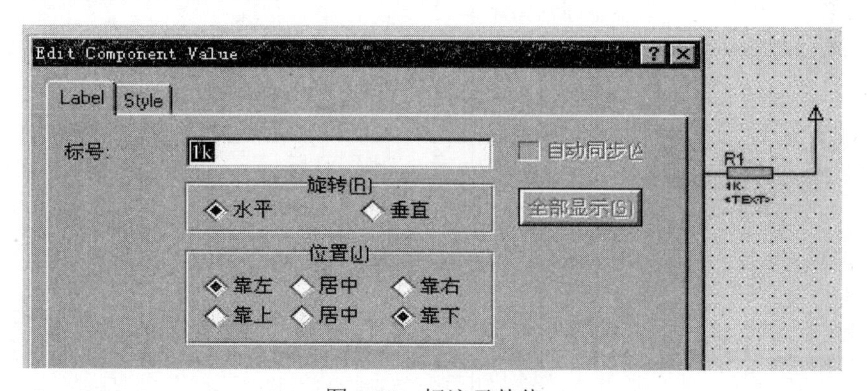

图 1-24 标注元件值

经过上述几步操作，即可绘制好原理图。

任务评价

通过以上学习，根据任务实施过程，将完成任务情况记入表 1-5 中，完成任务评价。

表 1-5　任务评价表

1. 安装 Proteus 仿真软件　（□已做　□不必做　□没有做）		
① 能否安装 Proteus 仿真软件	□是	□否
② 能否将 Proteus 进行汉化，汉化后能否回到英文版状态	□是	□否
你在完成第一部分子任务的时候，遇到了哪些问题？你是如何解决的？		
2. Proteus 仿真软件的使用　（□已做　□不必做　□没有做）		
① 能否讲出主界面中常用工具栏的功能	□是	□否
② 是否熟悉使用鼠标放置元器件并连线	□是	□否
③ 能否绘制好原理图	□是	□否
你在完成第二部分子任务的时候，遇到了哪些问题？你是如何解决的？		
完成情况总结及评价：		
学习效果：　□优　□良　□中　□差		

任务拓展

通过本次任务实施，学会使用 Proteus 仿真软件，熟悉软件中部分图标的功能，并能进行简单的操作。如图 1-25 所示，在已学任务的基础上增加了部分元器件，实现用按钮 K 来控制 LED 指示灯亮灭的功能，在 Proteus 软件中画出图 1-25 所示的练习原理图。

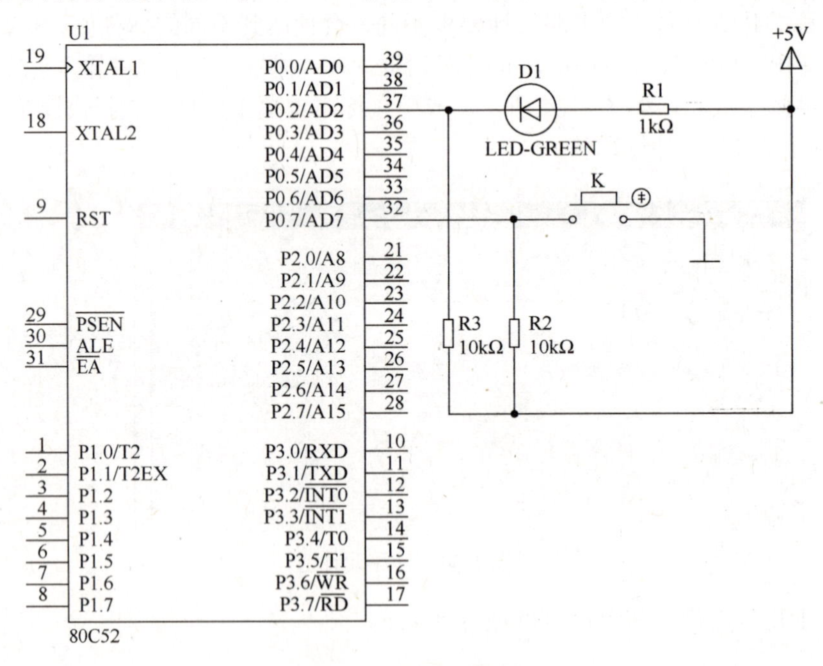

图 1-25　练习原理图

任务 4 指示灯电路的制作

学习目标

- 了解面包板和多孔板的结构与作用。
- 能在面包板上制作电源指示灯硬件电路。
- 能在多孔板上制作电源指示灯硬件电路。

任务呈现

如图 1-26 所示的面包板因板子上有很多小插孔，很像面包中的小孔而得名，它是专为电子电路的无焊接实验设计制造的电路板。由于各种电子元器件可根据需要随意插入或拔出，免去了焊接，节省了电路的组装时间，所以非常适合电子电路的组装、调试和训练。

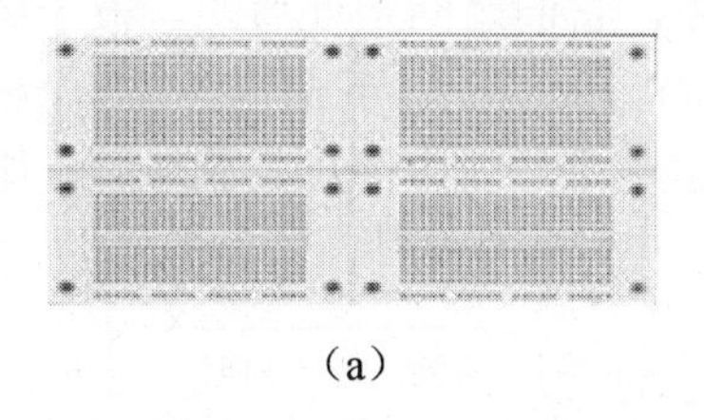

（a）

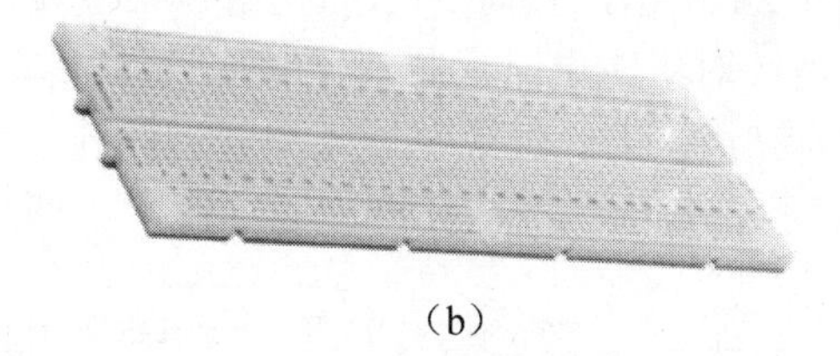

（b）

图 1-26 面包板外观

多孔板，也叫洞洞板、万能板，是一种按照标准 IC 间距（2.54mm）布满焊盘、可按自己的意愿插装元器件及连线的印制电路板。相比专业的 PCB 制板，万能板具有使用门槛低、成本低廉、使用方便、扩展灵活等优点。

目前市场上出售的多孔板主要有两种，一种是焊盘各自独立的单孔板，另一种是多个焊孔连接在一起的连孔板。单孔板较适合数字电路和单片机电路，连孔板则较适合模拟电路和分立电路，图 1-27（a）所示是单孔板，（b）所示是连孔板中的双连孔板。

（a）单孔板

（b）双连孔板

图 1-27 多孔板外观

想一想

（1）面包板和多孔板各自的优缺点是什么？
（2）面包板和多孔板分别适用于哪些地方？

本次任务

（1）使用面包板插接电源指示灯电路。
（2）在多孔板上焊接电源指示灯电路。

知识链接

一、面包板的构造及优缺点

面包板，又称万用线路板，其底部有金属条，在板上对应位置打孔使得元器件插入孔中时能够与金属条接触，从而达到导电目的。

如图 1-28 所示，竖向 5 个插孔用一条金属条连接，它们之间是连通的。板子中央有一条凹槽，是针对集成电路、芯片试验而设计的隔槽。面包板的上、下端各有 11 个横向五连插孔，分为三组，第一组是左边 4 个五连插孔，第二组是中间 3 个五连插孔，第三组是右边 4 个五连插孔，每组间的插孔都相互连通，主要用于给电路提供电源。

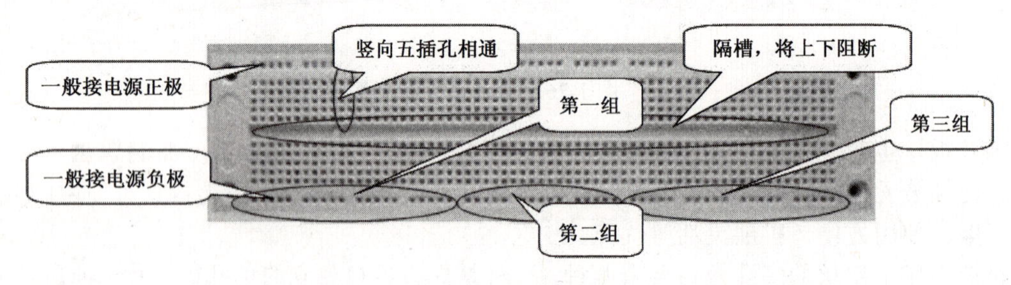

图 1-28　面包板

无焊面包板是没有底座的母板，没有焊接电源插口引出，但是能够扩展单个面包板，使用时应该先通电。将电源两极分别接到面包板上、下端的各组插孔中，然后插上元器件实验（插元器件的过程中要断开电源）。无焊面包板的优点是体积小，易携带，缺点是比较简陋，电源连接不方便，而且面积小，不宜进行大规模电路实验。

组合面包板是把许多无焊面包板组合在一起而成的板子。如图 1-26（a）所示，一般将 2～4 个无焊面包板固定在母板上，然后用母板内的铜箔将各个板子的电源线连接在一起。组合面包板的优点是可以方便地通断电源，面积大，能进行大规模试验，并且活动性高，用途很广，缺点是体积大而且比较重，不宜携带，适合实验室及电子爱好者使用。

二、多孔板的分类和焊接使用方法

多孔板按照线路选用可分为单孔板和连孔板，按照材质选用可分为铜板和锡板。

铜板的焊孔是裸露的铜，呈金黄色，平时应用塑料袋包好保存，以防止焊孔氧化，万一

焊孔氧化了（焊盘失去光泽，不好上锡），可以用棉棒蘸酒精或用橡皮擦拭。

锡板则是在焊孔表面镀了一层锡，焊孔呈现银白色，锡板的基板材质要比铜板坚硬，不易变形。

多孔板的焊接方法和注意事项如下。

（1）元器件布局要合理，事先一定要规划好，不妨在纸上先画出，模拟一下走线的过程。电流较大的信号要考虑接触电阻、地线回路、导线容量等方面的影响。单点接地可以解决地线回路的影响，这点容易被忽视。

（2）用不同颜色的导线表示不同的信号（同一个信号最好用一种颜色）。

（3）按照电路原理，分步进行制作调试。做好一部分就测试、调试一部分，不要等到全部电路都制作完成后再测试、调试，否则不利于调试和排错。

（4）走线要规整，边焊接边在原理图上做出标记。

三、常用术语

在本书中，使用到的相关术语见表 1-6。

表 1-6 常用术语

序 号	名 称	含 义
1	PCB	印制电路板
2	SMD	表面贴装元件
3	SIP	单列直插（一排引脚）
4	DIP	双列直插（两排引脚）
5	PTH	穿孔元件（引脚能穿过 PCB 板的元件）
6	PCP	成品电路板
7	轴向元件	元件两引脚从元件两端伸出
8	径向元件	元件引脚从元件同一端伸出
9	引脚	元件的一部分，用于把元件焊在电路板上
10	单面板	电路板上只有一面用金属处理
11	双面板	上下两面都有线路的电路板
12	元件面	电路板上插元件的一面
13	焊接面	电路板中元件面的反面，有许多焊盘供焊接用
14	焊盘	PCB 板上用来焊接元件引脚或金属端的金属部分
15	空焊	零件脚或引线脚与锡垫间没有锡或其他因素造成没有接合
16	假焊或虚焊	假焊现象与空焊类似，其焊锡量太少，低于接合面标准

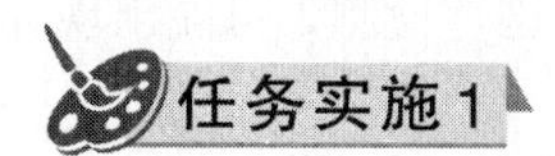

在面包板上插接电源指示灯电路

1．选择元器件，如图 1-29 所示。

（1）1 个 SYB-130 万能面包板［图 1-29（a）］。

（2）1 个 0.25W 四色环碳膜 300Ω 电阻［图 1-29（b）］。

（3）1 个 3mm 红色 LED 发光二极管［图 1-29（c）］。

（4）2 根双公、20cm 杜邦线［图 1-29（d）］。

（5）1 个 8.5mm×8.5mm 双排自锁开关［图 1-29（e）］。

（6）1 个 5V 直流电源［图 1-29（f）］。

（7）1 个 JK600-050 自恢复熔丝［图 1-29（g）］。

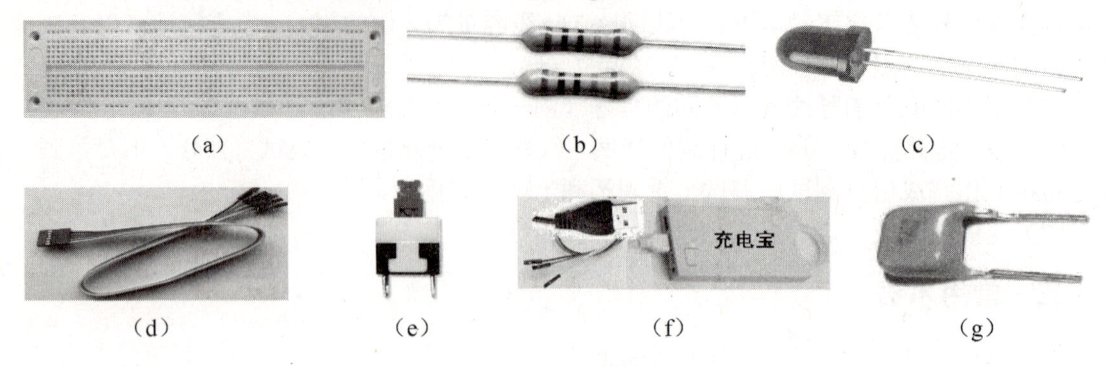

（a）（b）（c）

（d）（e）（f）（g）

图 1-29　元器件图

2．在面包板上安装元器件，如图 1-30 所示。

3．在面包板上按图 1-30 所示接线。

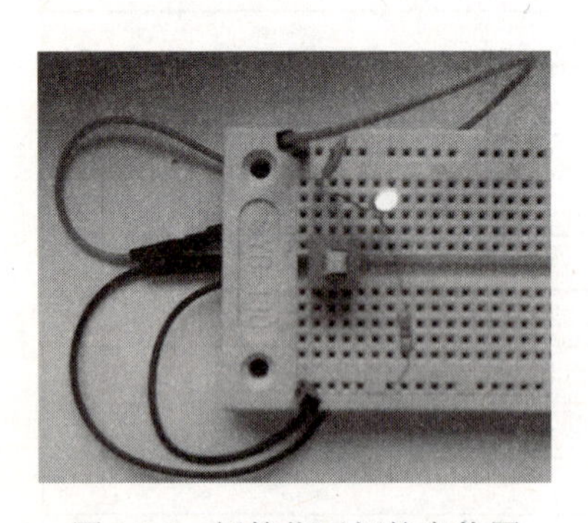

图 1-30　插接指示灯的实物图

（1）双公杜邦线：第一根线是电源正极引入线，插在上方第一组插孔内；第二根线是电源负极引入线，插在下方第一组插孔内。

（2）自恢复熔丝：一端插入上方第一组五连插孔内，另一端插入常开常闭公共端。

（3）双排自锁开关：跨隔槽插入插孔内。

（4）发光二极管：长引脚端插入自锁开关常开端、短引脚端插入隔槽上方没有插元器件的某一竖槽插孔内。长引脚端是二极管的正极端，短引脚端是二极管的负极端。

（5）电阻：一端插入隔槽上方发光二极管短引脚所在的同一竖向插孔内，另一端插入最下方第一组五连插孔内。

任务评价 1

将 5V 开关电源正确接入面包板的正、负端，按下自锁开关，观察发光二极管能否正常发光。按下开关发光二极管亮，说明插接完好；若不亮，须使用万用表进行检测，可能出现下列几种情况：

（1）元器件损坏；

（2）电源没供电；

（3）元器件没插好；

（4）发光二极管插反；

（5）自锁开关没插好或插反。

根据不同现象排除故障，直至故障全部排除，发光二极管点亮为止。

任务实施 2

在多孔板上制作电源指示灯硬件电路

1．选择元器件，如图 1-31 所示。

（1）1 个 15cm×9cm 多孔板［图 1-31（a)］。

（2）1 个 3mm 红色 LED 发光二极管［图 1-31（b)］。

（3）1 根 2.54mm 间距/1×40-SIP 排针［图 1-31（c)］。

（4）1 个 8.5mm×8.5mm 双排自锁开关［图 1-31（d)］。

（5）1 个 0.25W 四色环碳膜 300Ω 电阻［图 1-31（e)］。

（6）1 个 JK600-050 自恢复熔丝［图 1-31（f)］。

（7）1 个 5V 直流电源［图 1-31（g)］。

（8）焊接工具、焊丝等［图 1-31（h)］。

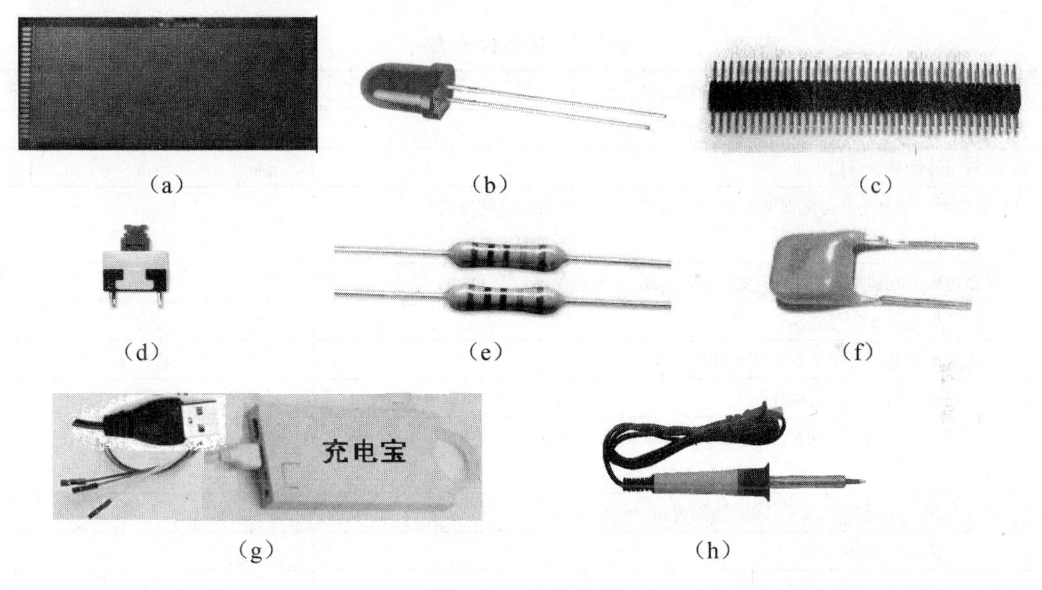

(a) (b) (c) (d) (e) (f) (g) (h)

图 1-31 元器件图

2．在面包板上安装元器件。

使用多孔板时，要事先设计好每个元器件摆放在板上的位置，做到元器件摆放合理化和利用率最大化。如图 1-32 所示是电源指示灯电路参考实物图。

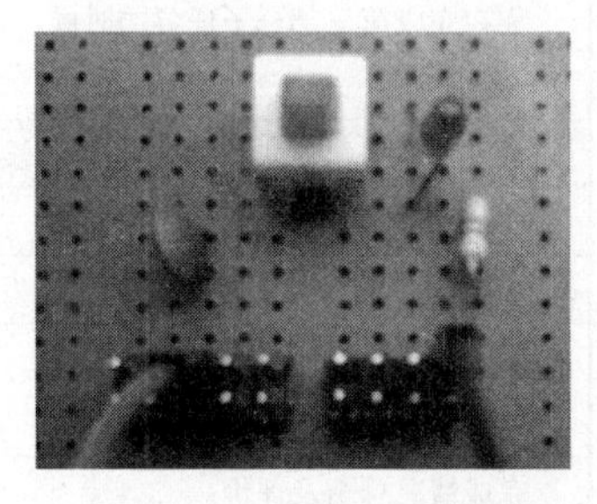

图 1-32 电源指示灯参考实物图

3．在多孔板上按图 1-32 所示实物图焊接引线。

（1）排针：分两组，一组为电源正极引入端，另一组为电源负极引入端。

（2）电阻：一端焊接到电源负极端，另一端与发光二极管相连。

（3）发光二极管：长引脚与自锁开关中间端子焊接在一起，另一端与电阻焊接。

（4）自锁开关：左边端子与自恢复熔丝一端子焊接在一起，中间端子与发光二极管长引脚焊接在一起。

（5）自恢复熔丝：一端与自锁开关焊接在一起，另一端与电源正极端子焊接在一起。

任务评价 2

将电源正极接入正极端子，电源负极接入负极端子，若发光二极管变亮，说明焊接完好，若不亮，须使用万用表进行检测，可能出现下列几种情况：

（1）元器件损坏；

（2）电源不供电；

（3）元器件虚焊；

（4）发光二极管插反。

根据不同现象排除故障，直至故障全部排除，发光二极管点亮为止。

通过以上学习，根据任务实施过程，将完成任务情况记入表 1-7 中，完成任务评价。

表 1-7　任务评价表

1. 元器件　（□已做　□不必做　□没有做）		
① 检查元器件型号、数量是否符合本次任务的要求	□是	□否
② 检测元器件是否可用	□是	□否
你在完成第一部分子任务的时候，遇到了哪些问题？你是如何解决的？		
2. 在面包板上构建电路　（□已做　□不必做　□没有做）		
① 检查工具是否安全可靠	□是	□否
② 在此过程中是否遵守了安全规程和注意事项	□是	□否
③ 是否完成了相应电路的构建	□是	□否
你在完成第二部分子任务的时候，遇到了哪些问题？你是如何解决的？		
3. 焊接电路　（□已做　□不必做　□没有做）		
① 检查工具是否安全可靠	□是	□否
② 在此过程中是否遵守了安全规程和注意事项	□是	□否
③ 是否完成了相应电路板的制作	□是	□否
你在完成第三部分子任务的时候，遇到了哪些问题？你是如何解决的？		
4. 检测　（□已做　□不必做　□没有做）		
① 检查电源是否正常	□是	□否
② 通电检测发光二极管是否正常发光	□是	□否
你在完成第四部分子任务的时候，遇到了哪些问题？你是如何解决的？		
完成情况总结及评价：		
学习效果：　□优　□良　□中　□差		

项目总结

通过本项目的实施，认识了常用电子元器件，了解了设计电路的基本常识，Proteus 仿真软件常用功能，使用多孔板制作硬件电路的基本技能。

通过设计常用的电源指示灯电路，找到了二进制数、十进制数及十六进制数间的转换规律，掌握了指示灯电路元器件参数设计的依据及选择原则。经过使用 Proteus 软件仿真实施指示灯电路仿真操作后，了解了 Proteus 软件操作窗口由主菜单、通用工具栏、预览窗口、元器件浏览窗口、原理图编辑区、对象拾取工具栏、元器件方位调整工具栏、运行工具栏组成，并能正确使用。实践了使用面包板插接、在多孔板上焊接电源指示灯电路。理论设计与实践操作相差很多，仅停留在理论基础上学习知识，永远解决不了实际问题，只有经过不断实践，才能增强自己的动手能力，才能胜任将来的工作岗位。

本项目是一个基础项目，希望能将 Keil C51 软件、Proteus 仿真软件、焊接技术、插接技术学好，能对这门课有一个初步了解，为后面更深入地学习单片机知识打下坚实基础。

课后练习

1-1　简述电阻、电容的基本概念。

1-2　如何判断电阻、电容的大小，二极管的正负极？

1-3　单片机中常用的数制有几种？分别简述它们的概念及特点。

1-4　Proteus 软件的主要功能是什么？

1-5　简述使用 Proteus 仿真软件的主要操作步骤。

1-6　计算十进制数 15、63 对应的二进制数、十六进制数。

1-7　计算十进制数 77、126 对应的二进制数、十六进制数。

1-8　画出单片机控制指示灯原理图。

1-9　简述面包板和多孔板的优缺点。

1-10　在面包板上练习插接电源指示灯电路。

1-11　总结出在使用多孔板焊接电源指示灯电路时遇到的困难和解决方法。

1-12　学习附录 12，枚举合法标识符、变量、常量、关键字各 5 个。

1-13　学习附录 12，写出算术运算表达式、关系运算表达式、逻辑运算表达式各 5 个。

项目 2 单片机最小系统的安装与调试

项目描述

单片微型计算机简称单片机，是典型的嵌入式微控制器（Microcontroller Unit），常用英文字母的缩写 MCU 表示单片机，单片机又称单片微控制器，它不是完成某一个逻辑功能的芯片，而是把一个计算机系统集成到一个芯片上。

学习单片机，无须研究它是如何生产出来的，也不用花太多时间去了解单片机的内部结构。要使用 C 语言编写程序实现单片机指挥外围设备工作，只要研究每个接口参数及相关功能即可，在以后的各个项目中，主要以动手实践为主，在面包板或多孔板上动手构建单片机最小系统，编写简单程序，从慢慢熟悉到逐步精通单片机。

STC 公司生产的 51 系列单片机 IAP15F2K61S2、IAP15W4K61S4 芯片具有硬件仿真功能，每片只需 5 元左右，教师可登录宏晶公司 www.stcmcu.com 网站申请免费芯片、STC 学习板及 U8 程序下载器。带硬件仿真的 STC15 单片机最小系统外围设备少，便于实施，学生动手做一套该功能的最小系统成本不超过 20 元。若购买其他公司的仿真器需要几百乃至几千元，使用 STC 公司的 IAP15F2K61S2、IAP15W4K61S4 芯片在不增加芯片费用的前提下，便能完成硬件仿真，减少程序烧录次数，避免了对芯片造成损坏，确实是不可不荐的好芯片。

本项目任务如下。

任务 1　认识单片机

任务 2　Keil C51 开发软件的使用

任务 3　制作单片机最小系统

任务 1　认识单片机

学习目标

- 理解单片机的概念。
- 了解传统 51 系列单片机引脚分布、功能，知道传统单片机名称及型号功能。
- 掌握传统 51 单片机最小系统与 STC15 系列单片机最小系统的区别。

任务呈现

说到单片机，有些人可能还是会很陌生，但是提起日常生活中的各种家用电器，如洗衣机，老式的洗衣机一般都是用简单的单片机控制电动机的正反转来完成洗衣工作，现在较好的洗衣机会使用 8 位以上的单片机加上智能控制、多模式选择、数码或液晶显示等功能来更加轻松地完成洗衣工作，方便人们的生活。

除了这些，还有挂在墙上的万年历、电磁炉、电冰箱的控制系统等实用性强的家电小产品。如今随着科技的发展，更是出现了可视电话、会跑会跳的机器人、勇气号火星探测器等高科技产品，这些设备都使用了单片机技术，图 2-1 所示为利用单片机控制的实验小车的实例。

图 2-1　利用单片机控制的实验小车

想一想

（1）生活中还有哪些案例使用了单片机技术？
（2）具有哪些属性的计算机是一个真正意义上的单片机？

本次任务

（1）理解单片机的概念。
（2）了解传统单片机及 STC15 系列单片机引脚分布和功能。
（3）正确理解传统 51 单片机最小系统及 STC15 系列单片机最小系统。

任务实施

一、理解单片机的概念

人们常说单片机就是将一个计算机系统集成到一个芯片上，这个“芯片”包含哪些部分呢？单片机的定义又是什么呢？

单片机就是把中央处理器（CPU）、存储器、输入/输出接口（I/O 接口）和定时器/计数器等主要功能部件集成在一块集成电路板上的微型计算机。

单片机的全称是单片微型计算机（Single Chip Microcomputer），由于单片机在工业控制、自动检测等方面运用广泛，人们通常也将单片机称为微型控制器（Microcontroller Unit，MCU）。如图 2-2 所示是一个典型的塑料双列直插式封装（PDIP）STC89 系列单片机。

图 2-2　STC89 系列单片机的外形

二、学习单片机内部的专用名词

1．中央处理器（CPU）

中央处理器也叫 CPU，是单片机的核心部件，主要完成单片机的运算和控制功能。

2．存储器

存储器分为外部存储器和内部存储器，单片机内部存储器类型又包括两种：程序存储器和数据存储器。

程序存储器又称只读存储器，顾名思义，该存储器是用于存放程序指令、常数或原始数据的，简称内部 ROM。

数据存储器又称随机存储器，用于存放可读写的数据，简称内部 RAM。数据存储器又可分为内部数据存储器和外部数据存储器。

3．I/O 接口

传统 51 单片机的 I/O 接口包括：①并行 I/O 口：有四个 8 位的并行 I/O 口（P0、P1、P2、P3），以实现数据的并行输入和输出。②全双工串行口：有一个全双工的串行口，以实现单片机与外部之间的串行数据传送。

4．定时器/计数器

定时器/计数器用于实现内部定时或外部计数的功能，并以其定时或计数的结果（查询或中断方式）来实现控制功能。

三、了解单片机引脚分布及功能

STC89C52 是 STC 公司生产的一种低功耗、高性能的 CMOS 8 位微控制器，使用经典的 MCS-51 内核，具有以下标准功能：8K 字节 Flash，512 字节 RAM，32 位 I/O 接口线，看门狗，内置 4KB EEPROM，MAX810 复位电路，3 个 16 位定时器/计数器，4 个外部中断，全双工串行口。

如图 2-3 所示是 STC89C52 单片机的引脚分配图。STC89C52 单片机共有 40 个引脚，包括输入/输出引脚、控制引脚、电源引脚和外接晶体振荡器引脚四大部分。

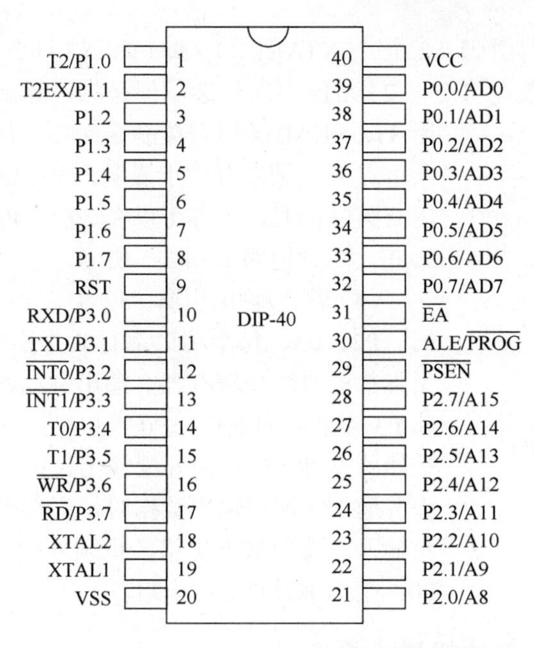

图 2-3　STC89C52 单片机的引脚分配图

（1）电源引脚（2 个）：VCC（40 脚）为电源电压，一般接+5V；VSS（20 脚）为接地端。

（2）控制引脚（4 个）：RST（9 脚）为复位输入端，高电平有效；$\overline{EA}$（31 脚）为片外 ROM 允许访问端/编程电源端；ALE/$\overline{PROG}$（30 脚）为地址锁存允许/编程线端；$\overline{PSEN}$（29 脚）为外部程序存储器的读选通信号端引脚，低电平有效。

图 2-4 所示是单片机复位电路。如图 2-4（a）所示，将 9 脚复位输入端接入电路，可以发现，当电源接通瞬间，电容 C1 还没有电荷，相当于短路，RST 也相当于直接接到电源，复位输入端是高电平有效，所以单片机执行复位操作。当时间增加，电容上电压跟着升高，RST 引脚上的电压逐渐降低，当降到一定程度变为低电平时，单片机才能正常工作，实现上电复位。如要实现图 2-4（b）所示的手动复位电路，则需要在电容两端并接一个按钮开关。

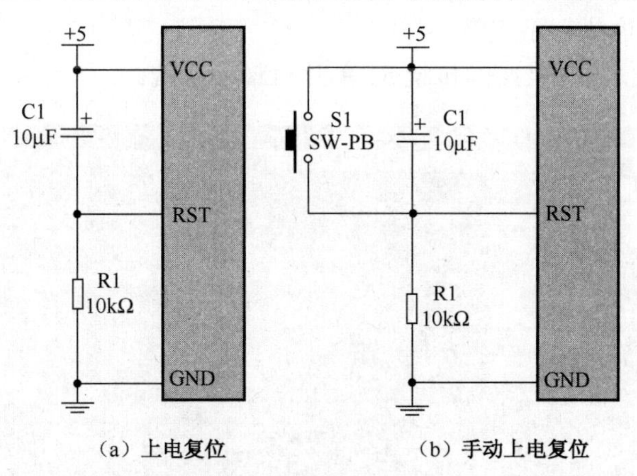

图 2-4　复位电路

在单片机系统中，复位电路是非常关键的，当程序跑飞（运行不正常）或死机（停止运行）时，就需要进行复位，如果 RST 持续为高电平，单片机则处于循环复位状态。

（3）外接晶体振荡器引脚（2个）：XTAL1（19脚）和XTAL2（18脚），接石英晶体振荡器。一般来说晶振可以在 1.2 ～ 24MHz之间任选，但是频率越高功耗也就越大，一般选用 11.0592MHz的石英晶振元件，与晶振并联的两个电容的大小对振荡频率有微小影响，可以起到频率微调作用。当采用石英晶振时，电容可以在20 ～ 40pF之间选择，一般选用30pF，时钟电路如图2-5所示。

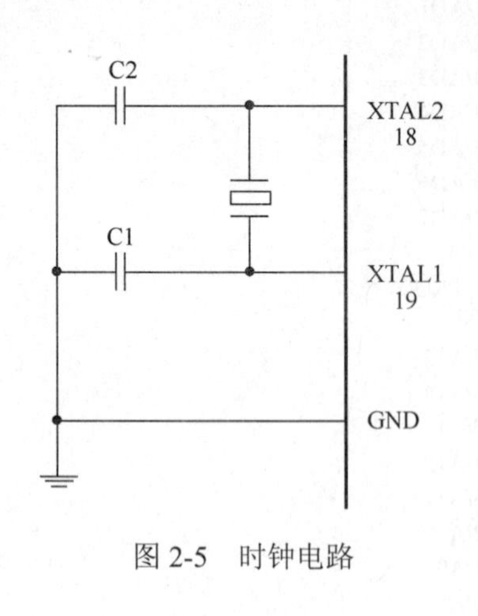

图2-5　时钟电路

（4）输入/输出引脚（32个）：4个双向并行I/O端口P0、P1、P2、P3，每个端口都有8个引脚，共32个引脚，每个引脚都配有端口锁存器、输出驱动器和输入缓冲器。P1、P2和P3为准双向端口，P0端口则为双向三态输入/输出端口，初始状态 P0端口为开漏输出，内部无上拉电阻。所以在当作普通I/O端口输出数据时，必须外接上拉电阻。另外，避免输入时读取数据出错，也须外接上拉电阻。一般情况下，P0外接10kΩ的上拉电阻。

四、理解传统51单片机最小系统

在日常应用单片机开发的控制项目中，都包含一个核心内容，就是最小系统。传统51系列单片机最小系统一般包括单片机、时钟电路、复位电路和电源电路。

传统51单片机的最小系统就是让单片机能正常工作并发挥其功能所必需的组成部分，也可理解为用最少的元件组成单片机可以工作的系统。

传统 51 单片机的$\overline{\text{EA}}$（31脚）是内部和外部程序存储器的选择引脚。当$\overline{\text{EA}}$保持高电平时，单片机访问内部程序存储器；当$\overline{\text{EA}}$保持低电平时，则不管是否有内部程序存储器，单片机只访问外部存储器。对于目前的绝大部分单片机来说，其内部的程序存储器（一般为Flash）容量都很大，基本上不需要外接程序存储器，而可以直接使用内部的存储器。$\overline{\text{EA}}$引脚接到 VCC 上，只使用内部的程序存储器。这一点一定要注意，很多初学者常常将$\overline{\text{EA}}$引脚悬空，从而导致程序执行不正常。

如图2-6所示是使用锁紧座的传统51单片机最小系统。

图2-6　STC/AT 锁紧座传统51单片机最小系统

五、理解 STC15W4 系列单片机最小系统

如图 2-7 所示是 STC15W4 系列单片机最小系统在线编程 ISP/仿真原理图，内部有复位电路、晶振电路，一片芯片就是一个单片机最小系统，并具有硬件仿真功能。

STC15W4 系列单片机引脚与传统 51 系列芯片引脚定义不一样，使用时须注意。

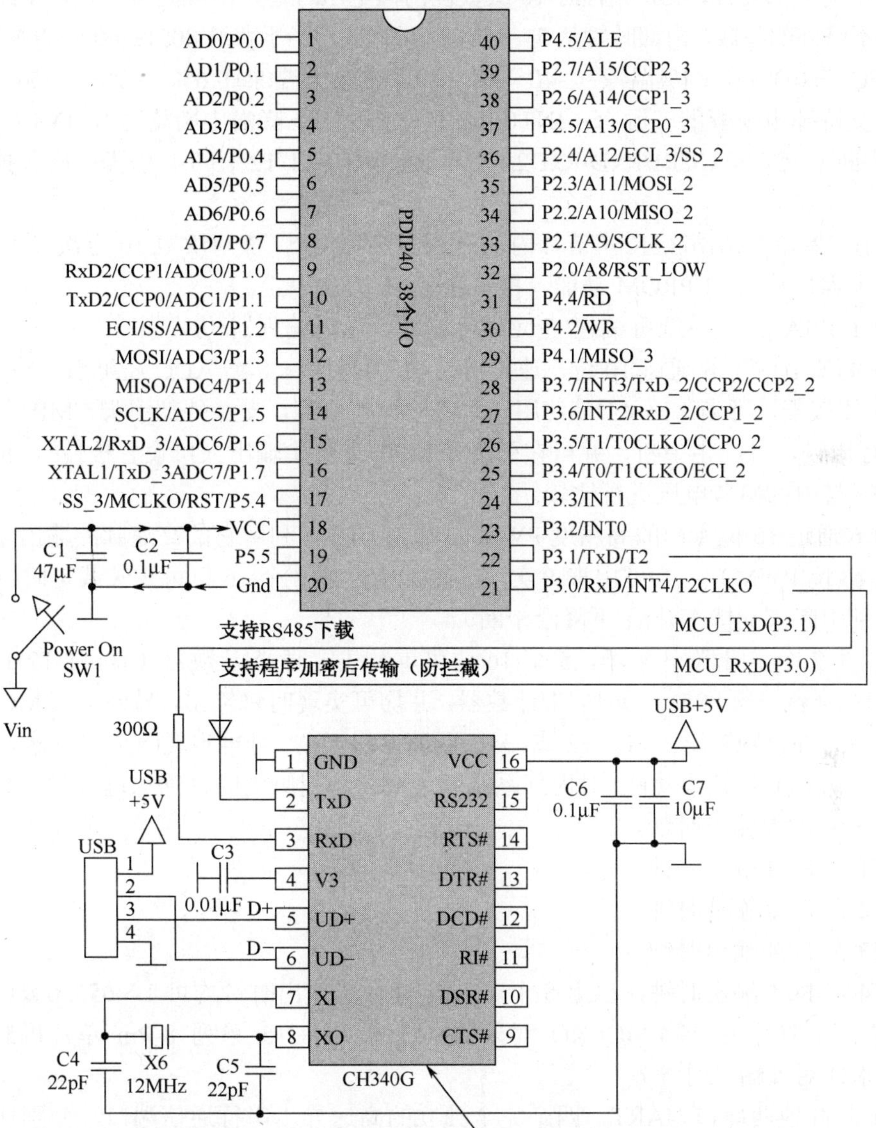

图 2-7 STC15W4 系列单片机最小系统在线编程 ISP/仿真原理图

六、理解 STC15W4 系列单片机主要功能及选择理由

1．宏晶 STC15W4K32S4 系列主要性能

（1）大容量 4096 字节片内 RAM 数据存储器。

（2）高速：1个时钟/机器周期，增强型8051内核，速度比传统8051快7～12倍，速度也比STC早期的1T系列单片机（如STC12/11/10）系列快20%。

（3）宽电压：2.5～5.5V。

（4）低功耗设计：低速模式、空闲模式、掉电模式（可由外部中断或内部掉电唤醒定时器唤醒）。

（5）不需外部复位，ISP编程时16级复位门槛电压可选，内置高可靠复位电路。

（6）不需外部晶振，内部时钟从5～35MHz可选（相当于普通8051：60～420MHz），内部高精度R/C（±0.3%），±1%温漂（–40～+85℃），常温下温漂±0.6%（–20～+65℃）。

（7）支持掉电唤醒的资源有：INT0/INT1（上升沿/下降沿中断均可），INT2/INT3/INT4（下降沿中断）；CCP0/CCP1/RxD/RxD2/RxD3/RxD4/T0/T1/T2/T3/T4 引脚；内置掉电唤醒专用定时器。

（8）16/32/40/56/61/63.5K字节片内Flash程序存储器，擦写次数10万次以上。

（9）大容量片内EEPROM功能，擦写次数10万次以上。

（10）ISP/IAP，在系统可编程/在应用可编程，无需编程器/仿真器。

（11）高速ADC，8通道10位，速度可达30万次/秒。8路ADC还可当8路D/A使用。

（12）比较器，可当1路ADC使用，并可做掉电检测，支持外部引脚CMP+与外部引脚CMP–进行比较，可产生中断，并可在引脚 CMP0 上产生输出（可设置极性），也支持外部引脚CMP+与内部参考电压进行比较。

（13）6通道15位专门的高精度PWM+2通道CCP（利用它的高速脉冲输出功能可实现两路11～16位PWM）——可用来再实现8路D/A，或2个16位可重装载定时器/计数器，或2个外部中断（支持上升沿/下降沿中断）。

（14）共7个定时器/计数器，5个16位可重装载定时器/计数器（T0/T1/T2/T3/T4），其中T0和T1兼容普通8051的定时器/计数器，并均可实现时钟输出，另外引脚MCLKO可将内部主时钟对外分频输出（÷1，÷2或÷3），两路CCP/PCA可再实现两个定时器。

（15）可编程时钟输出功能（对内部系统时钟或外部引脚的时钟输入进行时钟分频输出）。

① T0在P3.5输出时钟。

② T1在P3.4输出时钟。

③ T2在P3.0输出时钟。

④ T3在P0.4输出时钟。

⑤ T4在P0.6输出时钟，以上5个定时器/计数器输出时钟均可1～65536级分频输出。

⑥ 内部主时钟在 P5.4/MCLKO 对外输出时钟（STC15 系列 8-Pin 单片机的主时钟在P3.4/MCLKO对外输出时钟）。

（16）超高速四串口/UART，四个完全独立的高速异步串行通信端口，分别切换可当 9 组串口使用。

（17）SPI高速同步串行通信接口。

（18）硬件看门狗（WDT）。

（19）先进的指令集结构，兼容普通8051指令集，有硬件乘法/除法指令。

（20）通用I/O（62/46/42/38/30/26个），复位后为：准双向口/弱上拉（8051传统I/O），可设置四种模式：准双向口/弱上拉，强推挽/强上位，仅为输入/高阻，开漏。每个I/O口驱动能力均可达到 20mA，但整个芯片最大不要超过 120mA。

2. 选择宏晶 STC15W4K32S4 系列单片机的理由

（1）不需外部晶振和外部复位，还可以对外输出时钟和低电平信号。

（2）片内大容量 4096 字节 SRAM。

（3）6 通道 15 位专门的高精度 PWM（带死区控制）+2 通道 CCP（利用它的高速脉冲输出功能可实现两路 11～16 位 PWM）——可用来再实现 8 路 D/A，或 2 个 16 位可重装载定时器/计数器，或 2 个外部中断（支持上升沿/下降沿中断）。

（4）无法解密，采用宏晶第九代加密技术。

（5）超强抗干扰。

① 高抗静电（ESD 保护），整机轻松过 2 万伏静电测试。

② 轻松过 4kV 快速脉冲干扰（EFT 测试）。

③ 宽电压，不怕电源抖动。

④ 宽温度范围，– 40～+85℃。

（6）大幅降低 EMI，内部可配置时钟，1 个时钟/机器周期，可用低频时钟——出口欧美的有力保证。

（7）超低功耗。

① 掉电模式：外部中断唤醒功耗<0.4μA。

② 空闲模式：典型功耗<1mA。

③ 正常工作模式：4～6mA。

④ 掉电模式可由外部中断或内部掉电唤醒，专用定时器唤醒，适用于电池供电系统，如水表、气表、便携设备等。

（8）在系统可仿真，在系统可编程，无需专用编程器，无需专用仿真器，可远程升级。

（9）可送 USB 型联机/脱机下载烧录工具 STC-U8（RMB100 元），1 万片/人/天，有自动烧录机接口。

知识链接

一、单片机的历史及发展概况

单片机的发展速度很快，每隔几年就要更新换代一次，它的发展过程大致分为以下几个阶段。

第一阶段（1974—1975 年）：这是单片机初级阶段。这一时期单片机的制造工艺落后，采用双片的形式，且功能比较简单。典型代表有仙童（Fairchild）公司研制出的 F8 系列机。

第二阶段（1976—1978 年）：低性能单片机阶段。以 Intel 公司研制的 MCS-48 单片机为代表。1976 年 9 月，Intel 公司推出 MCS-48 单片机；GI 公司推出 PIC1650 系列单片机；Rockwell 公司推出 6502 兼容的 R6500 系列单片机。这一时期的单片机已是单块芯片，具有 8 位 CPU、并行 I/O 接口、8 位定时器/计数器和容量有限的存储器（RAM、ROM），简单的中断功能。

第三阶段（1979—1982 年）：高性能单片机阶段。典型机型有 Intel 公司的 MCS-51 系列机、Motorola 公司的 6801 系列机等。这一阶段的单片机相对于前两代，不仅带有串行 I/O 口，16 位定时器/计数器，片内存储器（ROM、RAM）增大，而且有多优先级中断处理功能。

第四阶段（1983 年至今）：8 位单片机巩固发展及 16 位单片机、32 位单片机推出阶段。这一阶段 8 位单片机向更高性能发展，同时出现了内部功能更加强大、工艺制造水平更加先进、集成度更高的 16 位单片机。典型机型有 NC 公司的 HPC16040 系列机和 Intel 公司的 MCS-96 系列机等。

二、典型的单片机名称及型号功能

目前市场传统单片机芯片有如下几种。

STC 单片机：STC 公司的单片机主要基于 8051 内核，是新一代增强型单片机，指令代码完全兼容传统 8051，速度快 8~12 倍，带 ADC，PWM，双串口，有全球唯一 ID 号，加密性好，抗干扰性强。

PIC 单片机：是 Microchip 公司的产品，其突出的特点是体积小，功耗低，精简指令集，抗干扰性好，可靠性高，有较强的模拟接口，代码保密性好，大部分芯片有其兼容的 Flash 程序存储器。

Atmel 单片机（51 单片机）：Atmel 公司的 8 位单片机有 AT89、AT90 两个系列，AT89 系列是 8 位 Flash 单片机，与 8051 系列单片机相兼容，有静态时钟模式；AT90 系列单片机是增强 RISC 结构、全静态工作方式、内载在线可编程 Flash 的单片机，也叫 AVR 单片机。

Philips 51LPC 系列单片机（51 单片机）：Philips 公司的单片机是基于 80C51 内核的单片机，嵌入了掉电检测、模拟以及片内 RC 振荡器等功能，这使 51LPC 在高集成度、低成本、低功耗的应用设计中可以满足多方面的性能要求。

TI 公司单片机（51 单片机）：德州仪器提供了 TMS370 和 MSP430 两大系列传统单片机。TMS370 系列单片机是 8 位 CMOS 单片机，具有多种存储模式、多种外围接口模式，适用于复杂的实时控制场合；MSP430 系列单片机是一种超低功耗、功能集成度较高的 16 位低功耗单片机，特别适用于要求功耗低的场合。

三星单片机：三星单片机有 KS51 和 KS57 系列 4 位单片机，KS86 和 KS88 系列 8 位单片机，KS17 系列 16 位单片机和 KS32 系列 32 位单片机，三星还为 ARM 公司生产 ARM 单片机，如常见的 S344b0 等。三星单片机有 OTP 型 ISP 在线编程功能。

SST 单片机：美国 SST 公司推出的 SST89 系列单片机为标准的 51 系列单片机，包括 SST89E/V52RD2，SST89E/V54RD2，SST89E/V58RD2，SST89E/V554RC，SST89E/V564RD 等。它与 8052 系列单片机兼容，提供系统在线编程（ISP 功能）。

还有很多优秀的单片机生产企业这里没有收集，每个企业都有自己的特点，大家根据需要选择单片机，在完全实现功能的前提下追求低价位，当然并不是这样最好，实际中选择单片机与开发者的应用习惯和开发经验是密不可分的。

任务评价

通过以上学习，根据任务实施过程，将完成任务情况记入表 2-1 中，完成任务评价。

表 2-1 任务评价表

1. 单片机概念部分 （□已做 □不必做 □没有做）		
① 是否能够准确理解单片机的概念	□是	□否
② 是否能够准确表述单片机的内部结构组成	□是	□否
你在完成第一部分子任务的时候，遇到了哪些问题？你是如何解决的？		
2. 单片机最小系统部分 （□已做 □不必做 □没有做）		
① 是否能够了解不同单片机引脚的功能	□是	□否
② 是否能说出单片机最小系统的构成	□是	□否
③ 是否能理解传统单片机最小系统与 STC15 最小系统的区别	□是	□否
你在完成第二部分子任务的时候，遇到了哪些问题？你是如何解决的？		
完成情况总结及评价：		
学习效果： □优 □良 □中 □差		

任务拓展

单片机应用于各领域，它已经成为科学技术领域的有力工具，也是人类生活的好帮手，请利用业余时间，通过上网、查看相关书籍、观察家用电器、走访企业等方法，找出单片机在日常生活、实时控制、机电一体化、工业控制等方面的应用。

任务 2 Keil C51 开发软件的使用

学习目标

- 会安装和使用 Keil C51 软件。
- 会创建项目并对项目进行必要设置和操作。
- 会编写简单程序，并能对程序进行调试、编译。

任务呈现

在使用单片机开发控制系统时，可以使用 C 语言或汇编语言编程。这两种语言编写的程序都不能直接写入单片机里，执不执行暂且不说，就代码的字节总数，足以撑满整个单片机。所以，需要有一个软件，把 C 语言或汇编语言编译生成单片机可执行的二进制代码，而且它的体积也非常小，足够存放在单片机的存储器里面。Keil C51 软件能完成上述任务。

软件使用

本书使用的是 Keil μVision3 集成开发平台，相关软件的安装方法和注意事项在“附录 1：Keil C51 开发环境的安装”中已有详细图文说明，这里不再赘述。

本书使用的调试芯片是 STC15 系列芯片。本次任务假设已通过宏晶公司官方网站 www.stcmcu.com 下载“STC-ISP 下载编程烧录软件”，并使用该软件中的“Keil C51 仿真设置”进行了设置。假如还没有进行设置，请参考“附录 3：STC 芯片的设置要点”进行设置。

在“附录 4：调试一个简单程序的步骤”中介绍了编辑、调试、编译程序的全过程。Keil C51 软件的使用，需要掌握以下 6 个知识点。

（1）主操作界面的构成。

（2）如何创建新项目（Project）。

（3）如何选择合适的 STC 单片机型号。

（4）如何设置工程目标（Target）环境。

（5）如何创建新文件（New File）并添加至项目（Project）中。

（6）如何产生可执行的 HEX 文件。

1. 主操作界面构成

Keil C51 开发工具编辑状态的界面主要由五部分构成：菜单栏、工具栏、工程管理器窗口、编辑窗口及输出信息窗口，如图 2-8 所示。

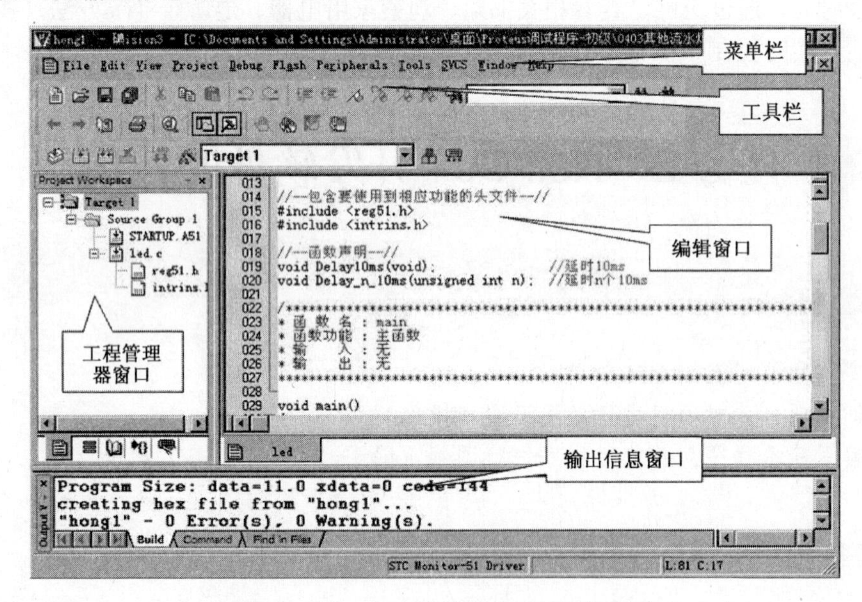

图 2-8 Keil C51 在编辑状态下的操作界面

2. 如何创建新项目（Project）

建立工程项目，其目的是便于程序管理。在 Keil C51 中，文件采用项目管理（Project）方式，而不是以前的单一文件（File）方式，通过项目（Project）就可以把生成的各种文件集中管理起来。工程管理器的功能对 Keil C51 源程序、汇编程序、头文件等文件进行统一管理，也可以对文件进行分组。

打开 Keil C51 软件，进入 Keil μVision3 集成开发工作界面，出现编程主界面，在菜单栏进行新建项目操作：单击【Project】→【New Project】，弹出“Create New Project”对话框，在“文件名”文本框中填写新工程名称，再单击“保存”即可，至此完成了新工程的创建。

3．如何选择合适的单片机型号

在 Keil C51 软件中，没有 STC 相关资料库文件，安装 Keil C51 软件后，须根据附录 3 在 Keil C51 软件中安装 STC 相关资料库文件。

项目文件建好后，出现调试芯片的对话框。本书使用的芯片为 STC 公司芯片，须在“Select a CPU Data Base File”对话框中选择“STC MCU Database”，单击“确定”后，出现“Select Device for Target ‘Target 1’”对话框，单击“STC”，展开 STC 所有系列芯片。

若使用 STC 公司的“IAP15F2K61S2”仿真芯片，可以选择列表中任意一款芯片。若操作对象不是 STC 公司的仿真芯片，而是一片带有具体名牌的 STC 某系列芯片，则须选择对应型号芯片，否则下载程序时“STC-ISP 下载编程烧录软件”会提示选择芯片不正确，所以不能选择错误。

若使用的是“IAP15F2K61S2”仿真芯片，一般情况下选择“STC15F2K60S2”芯片；若使用的是“IAP15W4K61S4”仿真芯片，一般情况下选择“STC15W4K48S4”芯片。下载程序进行实物调试时，必须选择相应调试型号芯片，如“IAP15W4K61S4”仿真芯片，必须选择“IAP15W4K61S4”芯片，“STC15F2K60S2”芯片必须选择“STC15F2K60S2”芯片，做到一一对应。

4．如何设置工程目标（Target）环境

单片机型号确定后，需要对创建的“Target”进行设置。回到主操作界面，编写程序之前还需要做一些必要的设置，在屏幕左侧的“Project Workspace”窗口中，右击【Target 1】→【Options for Target‘Target 1’】，或直接使用菜单方式操作：单击【Project】→【Options for Target‘Target 1’】。经上述方法操作后，出现“Options for Target‘Target 1’”对话框，需要对“Device”、“Target”、“Output”几个选项卡进行操作。“Device“选项卡主要选择调试单片机的类型；“Target”选项卡主要进行晶振频率设置，一般选择输入“11.0592”；“Output”选项卡主要进行生成编译的设置。勾选“Create HEX File”复选框，程序经过编译后才能得到单片机识别的二进制文件，通过编程器下载到工作芯片中。

5．如何创建新文件（New File）并添加至项目（Project）

创建新文件（New File）：【File】→【New】。输入程序：

```
#include <reg51.h>      //此文件中定义了 51 系列单片机的一些特殊功能寄存器
void main()
{
    while (1)
    {
        P1 =0xff;      // 1111 1111，让 P1 口全输出高电平
    }
}
```

编写结束，进行操作：单击【File】→【Save As】，在弹出输入文件名的对话框中，输入“sun1.c”。注意：本书使用C语言编写程序，在保存时一定要加上扩展名“.c”。

C语言文件已编写并保存好，但还没有加入项目中。在“Project Workspace”窗口中，右击【Source Group 1】，单击【Add Files to Group ‘Source Group 1’】，选择【sun1.c】→【Add】，通过上述操作，将“sun1.c”C语言源文件添加到项目中。

6．如何产生可执行的HEX文件

编译成HEX文件，单片机才能调用执行。具体操作如下：单击【Project】→【Build target】，或按F7快捷键，对C语言源文件进行编译操作，并生成HEX文件。

若程序没有错误，则在软件下方“Build”窗口中出现“0 Error(s), 0 Warning(s)”提示信息。若出现“n Error(s), n Warning(s)”，则需要回到编辑窗口，找出错误，改正后重新编译，直到没有错误为止。

需要提醒的是，想要单片机能调用并调试该程序，需要出现HEX文件，即在“Build”窗口出现“creating hex file from…”这一段语句，没有则须检查“工程目标环境设置”的“Output”选项卡，改正后重新编译。

本次任务

使用Keil C51软件完成如下任务：

编写一个简单的C程序，功能是让P1口低三位为低电平，其他五位为高电平。

使用C语言程序完成任务要求：建立工程项目文件，选定单片机型号“STC15F2K60S2”，编写源程序，编译产生可执行的HEX文件。

任务实施

参考附录4，根据Keil C51软件调试步骤及软件使用方法，完成本次任务，具体实施步骤如下。

1．打开Keil C51软件，进入编程软件主界面。

2．建立sun.uv2工程。

3．选择“STC15F2K60S2”型号单片机。

4．新建sun1.c文件，并输入如下内容：

```
/*****************************************************************
* 程 序 名：学会使用 Keil C51 软件
* 程序说明：P1 口低三位赋值低电平，该三位灯亮，其他五位置高电平，灯不亮
* 连接方式：P1 口接 8 位共阳跑马灯模块
* 调试芯片：STC15F2K60S2-PDIP40 系列/ IAP15F2K61S2，1T 芯片
* 使用模块：5V 电源、STC 最小系统、8 位共阳跑马灯显示模块
* 适用芯片：89、90、STC10、 STC11、STC12、STC15 系列
*****************************************************************/
#include <reg51.h>    //此文件定义了 51 系列单片机的一些特殊功能寄存器
```

```
void main()
{
    unsigned int a = 0xf8;      // 1111 1000
    while (1)
    {
        P1 = a;                 // P1 口低三位赋值低电平，其他五位置高电平
    }
}
```

5．将程序 sun1.c 添加到 sun.uv2 工程中。

建立一个 sun1.c 空文件后，直接将 sun1.c 文件添加到项目中，再输入程序也可。

6．设置工程目标（Target）中的“Device”、“Target”、“Output”相关参数。

第 6 步可以在第 3 步之后做。

7．编译，出现错误须对错误程序进行调试，调试后再编译，直至无错误为止。

知识链接

Keil 公司（现在是 ARM 公司的一个子公司）的软件提供了编辑、编译等功能，它还有很多优点，比如工程易于管理，自动加载启动代码，集编辑、编译、仿真于一体，调试功能强大等。不管是初学单片机的爱好者，还是经验丰富的工程师，都非常喜欢使用该软件。但是，即使熟练使用了 Keil 软件，有些概念还是不容易理清，常常混淆，如 Keil、μVision、RealView、Keil C51，它们到底有什么区别？又有什么联系?下面就做一个分析。

Keil 是公司的名称，有时候也指 Keil 公司的所有软件开发工具。

μVision 是 Keil 公司开发的一个集成开发环境（IDE）。它包括工程管理、源代码编辑、编译设置、下载调试、模拟仿真及编译等功能。μVision 有μVision2、μVision3 和μVision4 三个版本，目前最新的版本是μVision4。它提供一个环境，让开发者易于操作，不提供软件烧录功能。μVision 通用于 Keil 的开发工具中，例如 MDK、PK51、PK166、DK251 等。

RealView 是一系列开发工具集合的称呼，简称 RV，包括 RVD（RealView Debugger）、RVI（RealView ICE）、RVT（RealView Trace）、RVDS（RealView Development Suite）、RV MDK（RealView Microcontroller Development Kit）等产品。

Keil C51，即 PK51，是 Keil 公司开发的基于μVision IDE，支持绝大部分 51 内核的微控制器开发工具。

任务评价

通过以上学习，根据任务实施过程，将完成任务情况记入表 2-2 中，完成任务评价。

表 2-2 任务评价表

1. Keil C 软件安装部分 （□已做 □不必做 □没有做）	
是否能参考附录 1 正确安装 Keil C51 软件	□是 □否

续表

你在完成第一部分子任务的时候，遇到了哪些问题？你是如何解决的？		
2. Keil C51 软件使用部分 （□已做 □不必做 □没有做）		
① 是否会新建一个工程并对项目进行必要设置	□是	□否
② 是否会新建一个 C 语言源文件并能将其添加到工程中	□是	□否
③ 是否会编写、编辑、调试程序，并生成 HEX 文件	□是	□否
你在完成第二部分子任务的时候，遇到了哪些问题？你是如何解决的？		
完成情况总结及评价：		
学习效果： □优 □良 □中 □差		

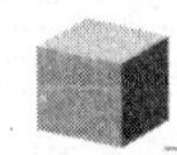

任务拓展

在本任务的学习中，没观察到结果，请根据书后附录 6 的内容，自学相关知识，在 Keil C51 软件中能观察到调试效果。或参考附录 12，调试出已知两个正整数，求出它们的积。

任务 3　制作单片机最小系统

学习目标

- 能在多孔板上制作 STC15 单片机最小系统。
- 能在多孔板上制作带有硬件仿真的 STC15 单片机最小系统。
- 会检测单片机最小系统能否正常工作。

任务呈现

STC15 系列单片机比传统 51 单片机功能强、速度快，具有不需要外部晶振和外部复位、抗干扰能力强、低功耗、可在系统仿真，在系统编程等优点，本书最小系统模块使用带硬件仿真功能的 IAP15F2K61S2 芯片最小系统或 IAP15W4K61S4 芯片最小系统。

想一想

（1）STC15 系列单片机最小系统由哪几部分组成？

（2）为了让 STC15 系列单片机最小系统稳定工作，如何对电源部分进行处理？

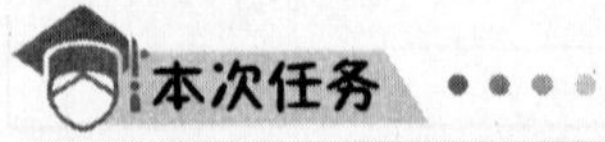

本次任务

在多孔板上制作 STC15 系列单片机最小系统。

电路分析

STC15 系列单片机已在内部集成了高可靠复位电路和高精度 R/C 时钟，同时 I/O 口还具有最大值达 20mA 的强推挽输出电流，节省了传统 51 单片机的外围电路，即一片 STC15 系列单片机就是一个单片机最小系统。

如图 2-9 所示是由 IAP15F2K61S2 芯片组成的最小系统原理图。

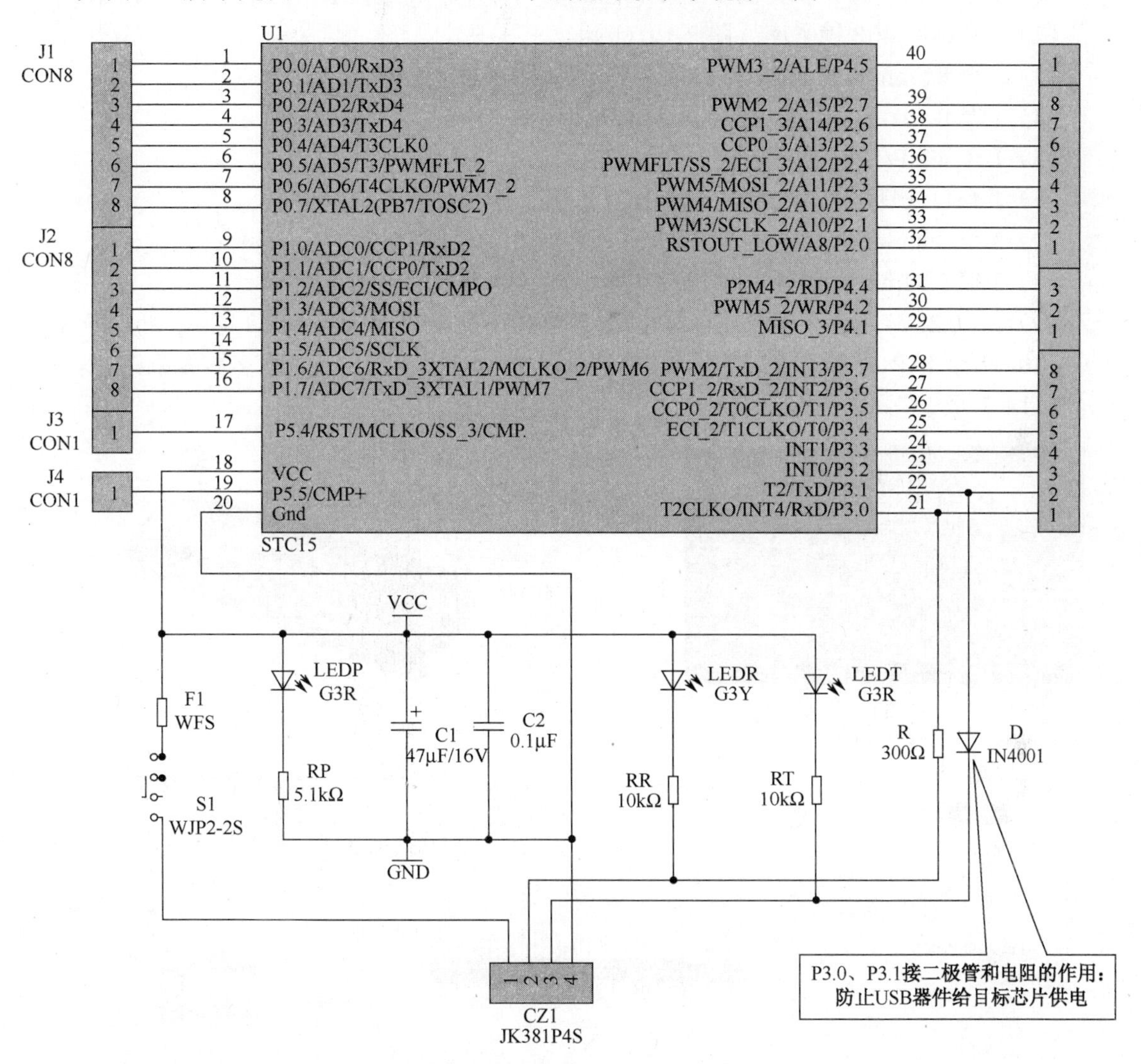

图 2-9　由 STC15- IAP15F2K61S2 芯片组成的最小系统原理图

为了 STC15 系列单片机最小系统能稳定工作，设计最小系统时须在 18 脚（VCC）与 20 脚（Gnd）间并联 0.1μF 瓷片滤波电容及 47μF 滤波电解电容两个元件，焊接尽可能做到这两个元件与 VCC 脚、Gnd 脚距离最小。

LEDP 发光二极管是电源指示灯，LEDR、LEDT 发光二极管分别是单片机读、写数据指示灯，RP、RR、RT 分别是三路的限流电阻。单片机读、写数据二路元件一般电路设计中可采用，也可省略，但省略后在单片机进行读、写数据时没有任何提示信息。

任务实施

在多孔板上制作 STC15 最小系统模块。以下各项目都需要使用到该模块，制作时尽可能做到元器件引脚最短，贴紧多孔板，连接不松动，焊接不能出现虚焊或漏焊等现象。

1．选择如下元器件。

（1）1 个 9cm×15cm 多孔板［图 2-10（a）]。

（2）1 个标准 40P 锁紧座［图 2-10（b）]。

（3）1 个 8.5mm×8.5mm 双排自锁开关［图 2-10（c）]。

（4）1 个 0.1μF 直插瓷片电容［图 2-10（d）]。

（5）1 个 47μF/16V 电解电容［图 2-10（e）]。

（6）1 个自恢复熔丝 JK250［图 2-10（f）]。

（7）3 个 3mm 红色 LED 发光二极管［图 2-10（g）]。

（8）2 根 2.54mm 间距/40P 单排针［图 2-10（h）]。

（9）1 个 0.25W 四色环碳膜 5.1kΩ 电阻，2 个 0.25W 四色环碳膜 10kΩ 电阻［图 2-10（i）]。

（10）1 个 IAP15F2K61S2-PDIP-40 单片机芯片（STC15 型号芯片有多种系列）。

（11）1 个 5V 开关电源及引出线。

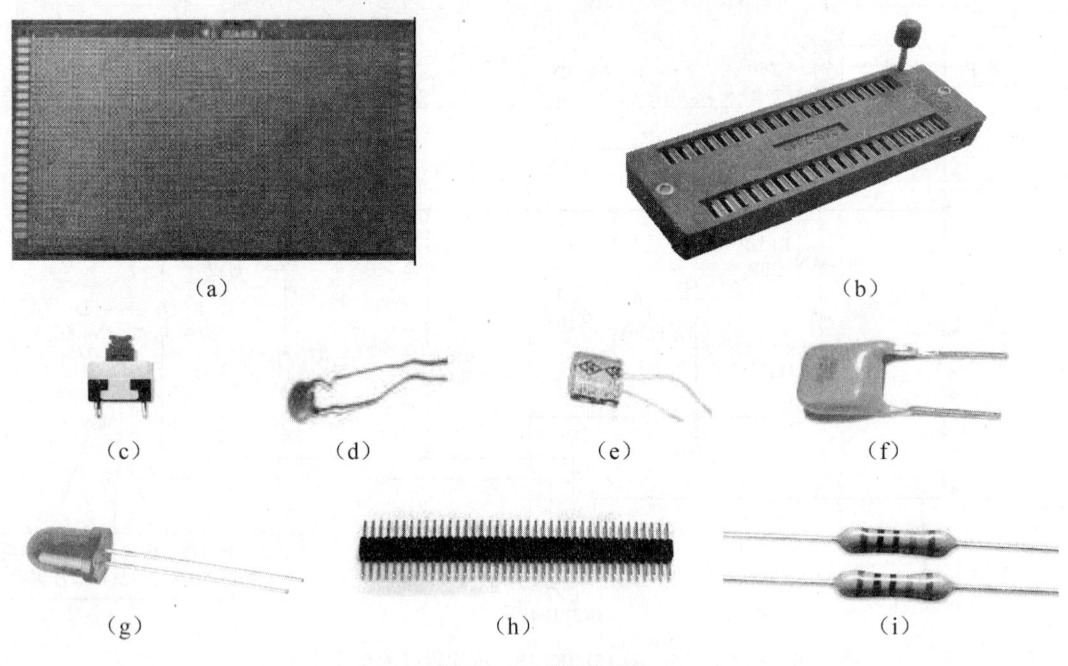

(a) (b) (c) (d) (e) (f) (g) (h) (i)

图 2-10 元器件图

2．如图 2-11 所示是参考焊接的 STC15 系列单片机最小系统实物图。

3．在多孔板上按如图 2-11 所示实物图进行元器件布局，参考图 2-9 进行焊接。

（1）STC15 单片机芯片：缺口与锁紧座手柄同方向放置。

（2）电源指示灯电路：电阻从双排自锁开关左边引出，经电阻、发光二极管接地。

（3）滤波电容：电解电容注意极性，尽可能与 18 脚（VCC）、20 脚（Gnd）最近放置。

（4）外接模块电源引出端子：模块正电源与 18 脚相连，模块负电源与 20 脚相连。

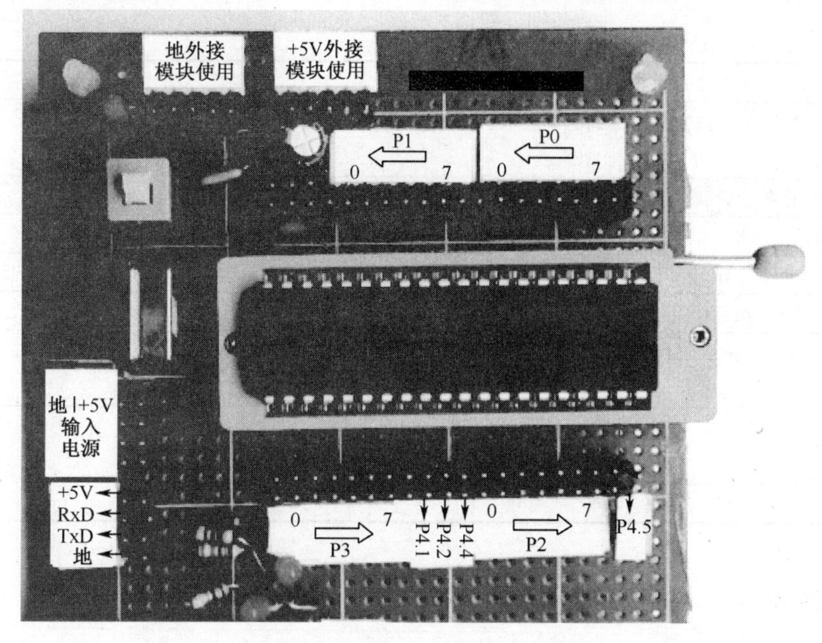

图 2-11　STC15 最小系统实物图

（5）输入电源引入端子：电源正与双排自锁开关中间脚相连，地端公共。

（6）各脚引出端子：40 个单排针与 40 个脚一一对应相连。

（7）数据烧写端子：单片机 21 脚与 TxD 脚相连，22 脚与 RxD 脚相连，外接时不需要再调换读写数据线。电源正负从最下面的外接模块电源引出端子引入。

4．判断电路焊接是否完好，须使用万用表、示波器等工具进行检测，关键点如下。

（1）电源是否工作正常：检测到+5V。

（2）指示灯电路是否工作正常：按下自锁按钮，电源指示灯亮。

（3）单片机放置是否正常：缺口与锁紧座手柄同方向。

（4）各脚与引出端子是否正常：使用万用表电阻挡进行检测。

根据不同压降或相应信息提示进行排障，直到故障全部排除。

任务评价

通过以上学习，根据任务实施过程，将完成任务情况记入表 2-3 中，完成任务评价。

表 2-3　任务评价表

1．元器件部分　（□已做　□不必做　□没有做）	
① 检查元器件型号、数量是否符合本次任务的要求	□是　　□否
② 检测元器件是否可用	□是　　□否
你在完成第一部分子任务的时候，遇到了哪些问题？你是如何解决的？	
2．多孔板上构建最小系统部分　（□已做　□不必做　□没有做）	
① 检查工具是否安全可靠	□是　　□否
② 在此过程中是否遵守了安全规程和注意事项	□是　　□否

续表

③ 是否完成了相应的电路的构建	□是　　　　□否
你在完成第二部分子任务的时候，遇到了哪些问题？你是如何解决的？	
3. 检测　（□已做　□不必做　□没有做）	
① 检查电源是否正常	□是　　　　□否
② 各端子连接是否完好	□是　　　　□否
③ 通电检测发光二极管是否正常发光	□是　　　　□否
你在完成第三部分子任务的时候，遇到了哪些问题？你是如何解决的？	
完成情况总结及评价：	
学习效果：　□优　□良　□中　□差	

知识链接

目前工业控制设备、日常生活家电的控制系统都向着高集成、微型化、实用性方向发展，宏晶公司的51系列单片机顺着时代的潮流在不断发展，2013年研制生产出功能更强大的51系列单片机，命名为STC15系列单片机。典型机型如图2-12所示。

图2-12　IAP15F2K61S2单片机和STC15F2K56S2单片机

STC15系列单片机与传统51单片机的最大区别如下。

（1）引脚被赋予新功能，与传统51单片机的引脚不能通用，虽然它也是40引脚的单片机，但如果把它直接插在做好的ISP下载线里，会发现单片机是不工作的。不仅I/O接口不兼容，连VCC电源输入的位置也不同，具体的STC15引脚图如图2-9所示。

（2）不需要接外部晶振，因为它的内部集成了一个高精度的时钟源，可以用软件设置成5～35MHz的时钟频率。

（3）内部集成高可靠复位电路，不需外部复位的单片机。

（4）能够进行“片上仿真”。片上仿真是基于单片机本身的仿真，也就是说只要一块单片机，不需要修改电路，不需要额外购买其他设备，就可以实现仿真。其中IAP15F2K61S2、

IAP15W4K61S4 等芯片具有硬件仿真功能。

在 STC15 系列单片机中宏晶 STC15F2K60S2 是本书采取使用较多的单片机型号，它的主要性能如下。

（1）装载大容量 2048 字节片内 RAM 数据存储器。

（2）高速：1 个时钟/机器周期，增强型 8051 内核，速度比传统 8051 快 7～12 倍，速度也比 STC 早期的 1T 系列单片机（如 STC12/11/10）系列快 20%。

（3）61K 字节片内 Flash 程序存储器，擦写次数在 10 万次以上。

（4）不需外部复位的单片机，内置高可靠复位电路。

（5）不需外部晶振的单片机，内部时钟 5～35MHz 可选。

（6）ISP/IAP（在系统可编程/在应用可编程），无需编程器/仿真器。

任务拓展

1．烧写设备的选择

在前面的任务中，已制作完成 STC15 单片机最小系统，但没有烧写设备，编写好的程序没办法写入单片机中，单片机就不能完成指定任务。

针对 STC 系列芯片，烧写设备的选择有三种方案。

2．第一种方案：购置 USB 转 TTL 级小板 CH340G 模块

STC 单片机与笔记本电脑相连使用 CH340G 程序烧写模块，由于 CH340G 芯片与 STC 各种系列单片机电性能指标匹配较好，该芯片是 STC 公司指定用于 STC 单片机与笔记本电脑相连的烧写芯片。电路也比较简单，自己购元件进行焊装，网上 CH340G 模块成品价为 6～8 元，不同生产厂家输出端子设计不一样，购回后看清说明书再与单片机最小系统进行连接。

3．第二种方案：购置 STC 公司 U8 编程器

U8/U8-Sx 是一款集在线联机下载和脱机下载于一体的编程（程序烧写）工具。应用范围可支持 STC 目前的全部系列的 MCU，Flash 程序空间和 EEPROM 数据空间不受限制。具体使用方法可到官方网站 www.stcmcu.com 下载资料参阅。

4．第三种方案：自购元件制作

（1）制作说明及电路原理。

第三种方案使用的是通用元件，只需要 2 元成本，实施方便。本任务就是使用 232 系列芯片制作程序烧写模块。自己制作的烧写模块与具有仿真芯片 IAP15F2K61S2 的 STC15 最小系统相连，该最小系统具有硬件仿真功能，给调试程序带来极大的方便。

每台 PC 都有一个标准 RS-232 串口，RS-232 接口电平很高，达±15V，常用的 TTL 电平最高 5V，通过 232 模块可以实施高低电平转换。一般笔记本电脑上没有配置 RS-232 串型接口。

232 芯片是专门为 PC 的 RS-232 标准串口设计的单电源电平转换芯片，使用+5V 单电源供电。232 芯片的作用是将单片机输出的 TTL 电平转换成 PC 能接收的 232 电平，或将 PC 输出的 232 电平转换成单片机能接收的 TTL 电平。图 2-13 就是 232 程序烧写电路原理图。

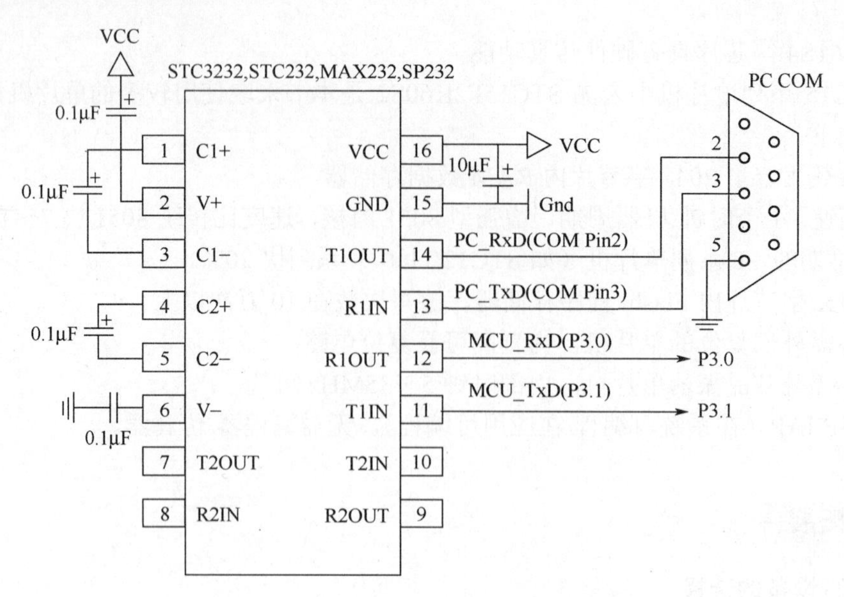

图 2-13　232 程序烧写电路原理图

（2）制作方法。

如图 2-14 所示，是参考焊接的 STC15 系列单片机最小系统、232 模块、CH340G 模块实物图。

制作 232 电平转换模块，需要使用的元器件有：1 个 10μF/25V 电解电容，4 个 0.1μF/50V 电解电容，1 片 MAX232 芯片，1 个 DB9 孔式（母头）串口插头 RS-232，1 根 2.54mm 间距/7P 单排针。

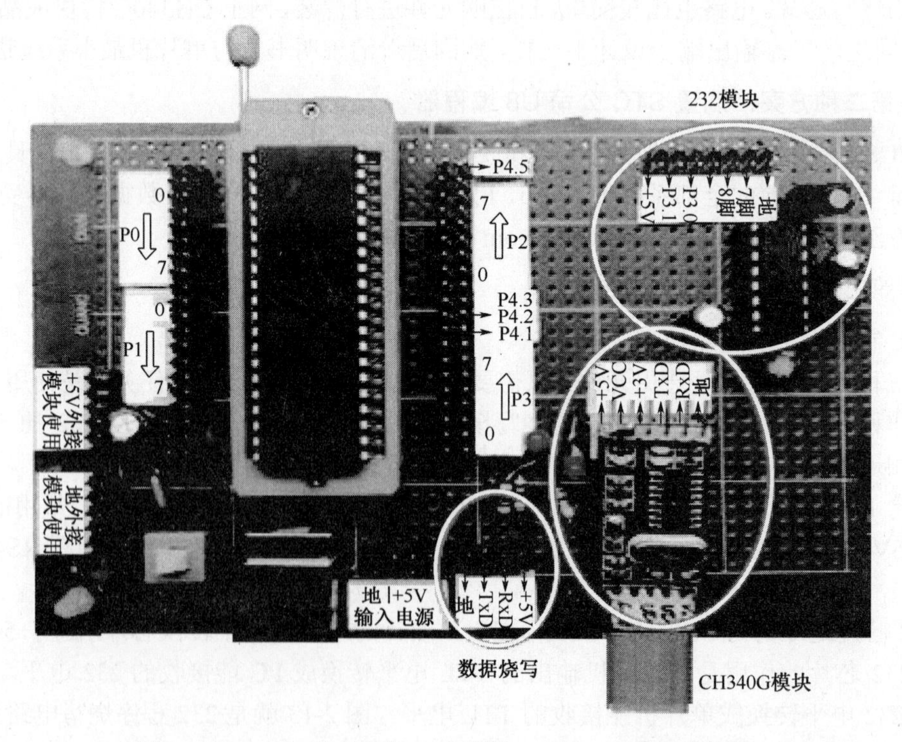

图 2-14　STC15 最小系统、232 模块、CH340G 模块实物图

在多孔板上按如图 2-14 所示实物图进行元件布局，参考图 2-13 原理图焊接。

① 232 电源：16 脚与排针“+5V”相连，15 脚与排针“地”相连。15 脚与 16 脚之间接一个 10μF/25V 电解电容。

② 电平输入：7 脚与排针“7 脚”相连，8 脚与排针“8 脚”相连。

③ 电平输出：12 脚与排针“P3.0”相连，11 脚与排针“P3.1”相连。

④ 自制 RS-232 串口线：DB9 孔式串口 RS-232 母插头，如图 2-13 中标识，将 2、3、5 脚各引出一根线，再使用杜邦母线与引出线相连，2 脚引出线标注“7 脚”，3 脚引出线标注“8 脚”，5 脚引出线标注“地”，它们可以分别与排针上的相同标注针连接。

⑤ 0.1μF 电解电容：根据图 2-13 所示进行焊接。

判断电路焊接是否完好，须使用万用表、示波器等工具进行检测，电压参考值见表 2-4。测试方法：将万用表的黑表笔接 15 脚，红表笔量其他各脚，读数即可。

表 2-4　232 芯片正常工作各引脚电压值

232 引脚	1	2	3	4	5	6	7	8	9	10	11	12	13	14	15	16
实测电压（V）	7.7	9.8	2.8	4.5	−5	−9.5	−9.5	0	5	5	5	5	0	−9.5	0	5

根据不同压降或相应信息提示进行排障，依图 2-14 所示，测试 232 引脚与排针是否完好连接，反复测试，直至故障全部排除。

项目总结

通过项目的实施，掌握了传统 51 单片机最小系统组成、Keil C51 软件安装，了解了使用 STC-ISP 下载编程烧录软件在 Keil C51 软件中对 STC 公司生产的芯片的设置，通过使用 Keil C51 软件，掌握了该软件编辑、调试及编译程序的步骤。

通过制作 STC15 单片机最小系统，学会认识元件、使用元件及构建相应硬件电路。

要提高编程序、调试程序的能力，需要多阅读他人程序，一定要在 Keil C51 软件环境下从最简单的程序调试起，经过几十次，甚至上百次的找错，不断提高自己的阅读与调试程序的水平。

做好 51 单片机最小系统硬件模块，熟练使用 Keil C51 软件是完成单片机控制外围设备，实现各项任务的前提保证。

课后练习

2-1　什么是单片机？

2-2　STC89 系列单片机芯片有几个端口？各有什么作用？

2-3　设计传统 51 单片机最小系统。

2-4　Keil C51 软件的主要功能是什么？

2-5　简述 Keil C51 软件开发一个项目工程的主要步骤。

2-6　编写程序实现在 P0.2 口的高低电平转换。

2-7　编写程序实现 P0 口的低 2 位为高电平，其他口为低电平。

2-8　编写程序实现 P0 口低四位与高四位每秒交替出现低、高电平。

2-9　编写已知 3 和 20 两个整数，求出它们和的程序，并在 Keil C51 软件中观察结果。

2-10　编写比较两个整数大小关系的程序，并在 Keil C51 软件中观察结果。

2-11　编写使用逻辑运算符的程序，并在 Keil C51 软件中观察结果。

2-12　画出 STC15 单片机最小系统原理图。

2-13　简述 STC15 单片机与传统 51 单片机硬件的区别。

2-14　简述 STC15 系列单片机的特点与使用理由。

2-15　画出使用 STC15 单片机进行在线编程或仿真的原理图。

2-16　制作带硬件仿真功能的 STC15 单片机最小系统。

项目 3 蜂鸣器的安装与调试

项目描述

蜂鸣器是一种常见的电子器件，广泛应用于家用电器、仪器仪表和工业控制等需要声音提示、报警的场合。

蜂鸣器根据驱动方式不同分为有源蜂鸣器和无源蜂鸣器两种类型，有源蜂鸣器和无源蜂鸣器的区别在于对输入信号的要求不一样。有源蜂鸣器内部有一个简单的振荡电路，直接接上额定电源即可连续发声；而无源蜂鸣器（有些公司和工厂称为讯响器，国标中称为声响器）没有内部振荡电路，必须用 2～5kHz 的方波去驱动它。

本项目的主要任务是了解蜂鸣器驱动电路的工作原理，学会使用单片机控制无源蜂鸣器进行发声，并动手制作蜂鸣器电路实物，任务如下。

任务 1　蜂鸣器控制电路设计

任务 2　在 Proteus 仿真软件中实现蜂鸣器控制

任务 3　蜂鸣器电路的制作

任务 1　蜂鸣器控制电路设计

学习目标

- 正确理解蜂鸣器的发声原理。
- 正确理解单片机驱动蜂鸣器电路的工作原理。
- 能绘制出单片机控制蜂鸣器的电路原理图。

任务呈现

在日常生活中，随处可见蜂鸣器的使用场合，如，当冰箱门忘记关上时，冰箱会发出“嘀”的报警声提示关门；遥控空调时，每次按键空调会发出“嘀”的一声，表示收到控制信息；洗衣机完成洗涤后，会发出“嘀嘀”声提醒取出衣物。这些都是蜂鸣器在发出声响，完成提醒和报警的功能。

蜂鸣器是一种一体化结构的电子讯响器，广泛应用于计算机、打印机、复印机、报警器、电子玩具、汽车电子设备、电话机、定时器等电子产品中。蜂鸣器在电路中用字母“H”或“HA”表示。蜂鸣器的外观如图 3-1 所示。

图 3-1　蜂鸣器实物图

想一想

（1）蜂鸣器是如何发出声音的？

（2）单片机如何控制并驱动蜂鸣器发声？

理解并设计蜂鸣器的单片机控制电路。

一、蜂鸣器的分类及特点

在蜂鸣器中，声音由蜂鸣器的振动产生。

根据发声材料和结构的不同，蜂鸣器可以分为压电式、电磁式等，见表 3-1。

表 3-1　蜂鸣器根据材料和结构分类

分类	特　　点
压电式蜂鸣器	由多谐振荡器、压电蜂鸣器、阻抗匹配器及共鸣箱、外壳等组成，具有工作电压高、可以大型化（大的直径）、声音分贝高等特点
电磁式蜂鸣器	由振荡器、电磁线圈、磁铁、振动膜片及外壳等组成，具有工作电压低、工艺简单等特点，不能做到很大的直径和较高的分贝

根据驱动方式分类，可以分为有源蜂鸣器和无源蜂鸣器两种，见表 3-2。需要注意的是，这里的“源”不是指电源，而是指振荡源。

有源蜂鸣器内部带振荡源，只要一通电就会鸣叫。无源蜂鸣器内部不带振荡源，如果用直流信号无法令其鸣叫，必须用 2～5kHz 的方波去驱动它，有源蜂鸣器往往比无源的贵，是因为里面多设计了振荡电路。

表 3-2　蜂鸣器根据驱动方式分类

分类	特　点
有源蜂鸣器	有源蜂鸣器又称直流蜂鸣器，其内部包含一个多谐振荡器，只要在两端施加额定直流电压即可发声。具有驱动、控制简单的特点，但价格略高
无源蜂鸣器	无源蜂鸣器又称交流蜂鸣器，内部没有振荡器，需要在其两端施加特定频率的方波电压（注意并不是交流，即无需负极性电压）才能发声。具有可靠性高、成本低、发声频率可调整等特点

二、驱动电路分析

由于无源蜂鸣器具有可靠性高、成本低、发声频率可调整等特点，所以被广泛应用于各类单片机控制系统中。

本项目将介绍如何使用单片机对无源蜂鸣器进行发声控制。由于无源蜂鸣器的发声原理是电流通过蜂鸣器，驱动振动膜发声，因此需要一定的电流才能驱动它，单片机 I/O 口输出低电平的驱动能力比高电平要强得多，但一般都在几毫安到十几毫安，而蜂鸣器需要的驱动电流较大（50~100mA），所以驱动电路采用低电平有效，且外接三极管起到开关控制作用，如图 3-2 所示。

单片机接口输出低电平的驱动能力比高电平要强得多，所以实际电路中一般采用图 3-2（a）所示电路。当需要 I/O 口驱动蜂鸣器鸣叫时，只需要对 I/O 口电平按一定的频率翻转即可发出对应频率的声调，直到蜂鸣器不需要鸣叫时，将 I/O 口电平设置为高电平即可。

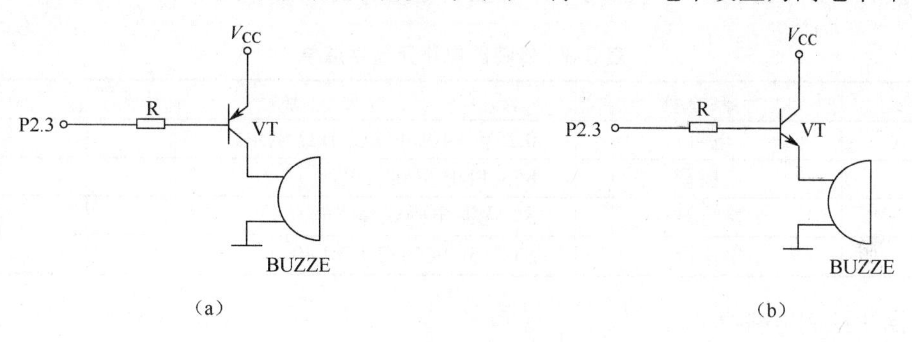

图 3-2　蜂鸣器驱动电路

三、驱动程序设计

1. 直流蜂鸣器驱动程序

直流蜂鸣器的驱动是非常简单的，只要在其两端施加额定工作电压，蜂鸣器就能发声。

以 NPN 三极管驱动电路为例，只要在三极管的基极接入高电平，蜂鸣器就能发声。例如，蜂鸣器每秒内发声 100ms 时，三极管驱动直流蜂鸣器，其基极的驱动波形如图 3-3 所示。

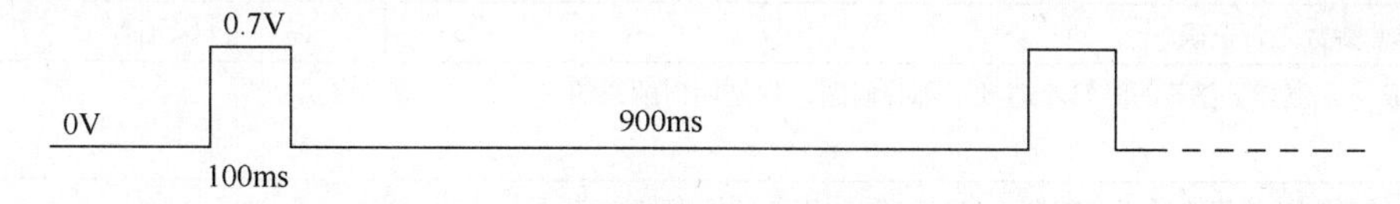

图 3-3　三极管驱动直流蜂鸣器驱动波形

2．交流蜂鸣器驱动程序

交流蜂鸣器的驱动相对复杂一点，要在蜂鸣器两端施加额定电压的方波。蜂鸣器的工作频率范围通常是很窄的，这意味着一个蜂鸣器通常只能工作在其额定频率才会有良好的发声效果（包括声压和音色等）。有些蜂鸣器的工作频率范围是比较宽的，这样就可以通过调整驱动方波的频率而使蜂鸣器发出音乐，演奏歌曲。例如，蜂鸣器每秒发声 100ms 时，三极管驱动交流蜂鸣器，其基极的驱动波形如图 3-4 所示。

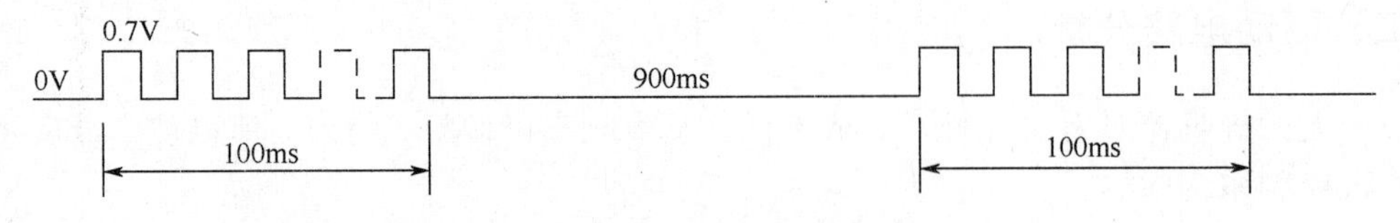

图 3-4　三极管驱动交流蜂鸣器驱动波形

任务实施

通过上面的介绍，理解并设计蜂鸣器的单片机控制电路。

1．绘制单片机最小系统电路。

2．设计并绘制蜂鸣器驱动电路，并与单片机最小系统连接。

3．按表 3-3 列出制作蜂鸣器的单片机控制电路所需元器件清单。

表 3-3　蜂鸣器电路元器件清单

序　号	元器件名称	型　　号	数　量
1	电阻	0.25W 四色环碳膜 1kΩ 电阻	1
2	三极管	8550PNP 型硅三极管	1
3	蜂鸣器	5V 无源电磁式蜂鸣器	1
4	单片机	STC15F2K56S2-PDIP40	1

4．描述控制电路原理。

任务评价

通过以上学习，根据任务实施过程，将完成任务情况记入表 3-4 中，完成任务评价。

表 3-4　任务评价表

1．绘制单片机最小系统部分　（□已做　□不必做　□没有做）		
① 电路是否正确	□是	□否
② 元器件参数是否正确	□是	□否
你在完成第一部分子任务的时候，遇到了哪些问题？你是如何解决的？		
2．设计并绘制蜂鸣器驱动电路部分　（□已做　□不必做　□没有做）		
① 电路是否正确	□是	□否
② 元器件参数是否正确	□是	□否

续表

③ 对电路工作原理的描述是否正确	□是　　□否
你在完成第二部分子任务的时候，遇到了哪些问题？你是如何解决的？	
3. 元器件清单　（□已做　□不必做　□没有做）	
① 元器件清单是否完整	□是　　□否
② 元器件数量是否正确	□是　　□否
你在完成第三部分子任务的时候，遇到了哪些问题？你是如何解决的？	
完成情况总结及评价：	
学习效果：　□优　□良　□中　□差	

任务拓展

在后面的各项目中，需要使用蜂鸣器实现相关的提示音或报警音功能，根据本任务中所列的元器件清单购置相关元器件。

任务 2　在 Proteus 仿真软件中实现蜂鸣器控制

学习目标

- 了解 Proteus 仿真软件中蜂鸣器的使用方法。
- 掌握控制蜂鸣器的编程方法。

任务呈现

蜂鸣器的原理是通过给其内部线圈不断地通断电流，造成蜂鸣器薄膜的振动，从而产生空气的振动而发出声音，不同的频率可以控制发出不同的音调。在连接有蜂鸣器的输出引脚输出高低不同的电平，通过控制高低电平的延时时间，就会产生不同音调的声音。

本任务利用程序控制单片机输出引脚所输出的高、低电平的延时时间，在 Proteus 仿真软件中实现对蜂鸣器的控制。

想一想

（1）单片机如何输出高电平或低电平？
（2）如何控制高电平或低电平所持续的时间？

本次任务

采用延时的方式，在 Proteus 仿真软件中实现对蜂鸣器的控制。具体任务如下。

1．在 Proteus 软件中绘制仿真电路图，如图 3-5 所示。

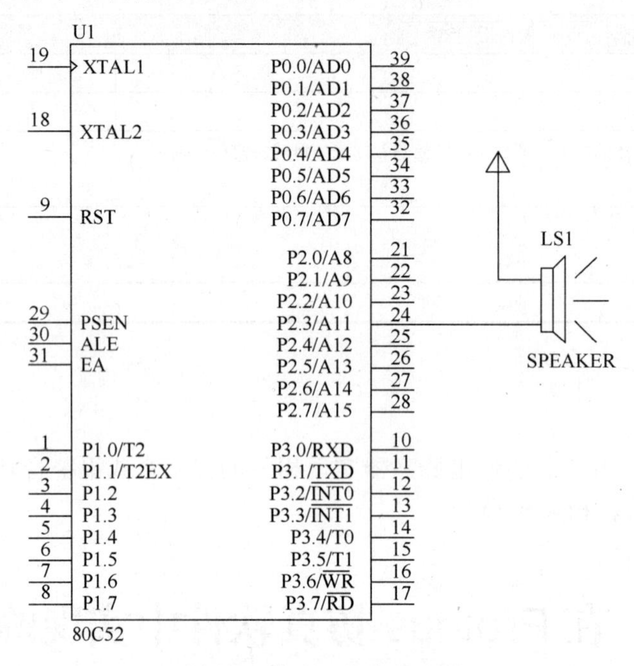

图 3-5　蜂鸣器仿真电路图

2．软件编程。

（1）编写程序，在 Proteus 软件中实现系统上电后蜂鸣器发出频率为 50Hz 的声音。

（2）编写程序，在 Proteus 软件中实现系统上电后蜂鸣器发出中音 1、2、3、4 的声音。

（3）使用中断编写音乐程序，在 Proteus 软件中播放《小星星》这首歌。

程序分析

【例 3-1】 蜂鸣器每 1s 后发出 10 次频率为 50Hz 的声音。

程序如下：

```
/****************************************************************************
* 程 序 名：蜂鸣器发音
* 程序说明：循环语句、函数定义、调用函数的应用
* 连接方式：P2^3 口与蜂鸣器模块信号端口连接
* 调试芯片：STC15F2K60S2-PDIP40 系列/ IAP15F2K61S2，1T 芯片
* 使用模块：5V 电源、STC15 最小系统
* 适用芯片：89、90、STC10、STC11、STC12、STC15 系列
* 注　　意：89 或 90 系列可运行，须修改 Delay10ms 延时函数
****************************************************************************/
//--包含要使用到相应功能的头文件--//
```

```
#include <reg51.h>                      //此文件中定义了51系列单片机的一些特殊功能寄存器
//--函数声明--//
void Delay10ms(void);                   //延时10ms
void Delay_n_10ms(unsigned int n);      //延时n个10ms
void beep( );                           //产生50Hz频率的方波
//--定义全局变量--//
sbit fmq = P2^3;
/*******************************************************************************
* 函 数 名：main
* 函数功能：主函数
* 参    数：无
* 返 回 值：无
*******************************************************************************/
void main()
{
    unsigned int t;                     //定义局部变量t
    while (1)
    {
        for(t=0;t<10;t++)               //调用发出50Hz的声音10次
            beep();                     //调用产生50Hz频率方波函数
        fmq=1;                          //让蜂鸣器停止工作
        Delay_n_10ms(100);              //延时1秒
    }
}
/*******************************************************************************
* 函 数 名：beep
* 函数功能：产生50Hz频率方波
* 输    入：无
* 输    出：无
*******************************************************************************/
void beep()    //50Hz
{
    fmq=0;              //让蜂鸣器工作
    Delay10ms();        //延时10ms
    fmq=1;              //让蜂鸣器停止工作
    Delay10ms();        //延时10ms
}
/*******************************************************************************
* 函 数 名：Delay10ms
* 函数功能：延时函数，延时10ms
* 参    数：无
* 返 回 值：无
```

```
* 来    源：使用 STC-ISP 软件的“延时计算器”功能实现
*************************************************************************/
void Delay10ms( )                      //@11.0592MHz
{
    unsigned char i, j;
    i = 108;                           //1T 芯片 i=108，12T 芯片 i=18
    j = 145;                           //1T 芯片 j=145，12T 芯片 j=235
    do
    {
        while (--j);
    } while (--i);
}
/*************************************************************************
* 函 数 名：Delay_n_10ms
* 函数功能：延时 n 个 10ms
* 参    数：无
* 返 回 值：无
* 注    意：形参定义类型为 unsigned char，则实参最小值为 0，最大值为 255
* 来    源：根据功能要求自写程序
*************************************************************************/
void Delay_n_10ms(unsigned int n)          //@11.0592MHz
{
     unsigned int i;
     for(i=0;i<n;i++)
          Delay10ms();
}
```

【例 3-2】 蜂鸣器发出中音 1、2、3、4 的声音。

（1）根据任务分析，需要编写实现发出中音 1、2、3、4 的函数；

（2）实现发出中音 1 的函数后，其他函数代码几乎相同，只要改变发音频率即可；

（3）在编写发出中音 1 的函数时，需要编写一个延时 10μs 的函数及调用延时函数的通用函数；

（4）确保发出的中音 1、2、3、4 比较清楚，在主函数中各调用发出中音 1、2、3、4 函数 10 次；

（5）发音音符延时时间长度可参考表 3-5。

程序如下：

```
/*************************************************************************
* 程 序 名：蜂鸣器发出中音 1、2、3、4 的声音
* 程序说明：双循环、函数定义、调用函数的应用
* 连接方式：P2^3 口与蜂鸣器连接
* 调试芯片：STC15F2K60S2-PDIP40 系列/ IAP15F2K61S2，1T 芯片
* 使用模块：5V 电源、STC15 最小系统、 蜂鸣器模块
```

```
* 适用芯片：89、90、STC10、STC11、STC12、STC15 系列
* 注    意：STC89、STC90 系列可运行，须修改 Delay10μs 延时函数
*******************************************************************************/
//--包含要使用到相应功能的头文件--//
#include <reg51.h>                      //此文件中定义了 51 系列单片机的一些特殊功能寄存器
//--函数声明--//
void Delay10us(void);                   //延时 10μs
void Delay_n_10us(unsigned int n);      //延时 n 个 10μs
void beep1( );                          //产生 523Hz 频率的方波，即发中音 1
void beep2( );                          //产生 587Hz 频率的方波，即发中音 2
void beep3( );                          //产生 659Hz 频率的方波，即发中音 3
void beep4( );                          //产生 698Hz 频率的方波，即发中音 4
//--定义全局变量--//
sbit fmq=P2^3;                          //定义蜂鸣器接口
/*******************************************************************************
* 函 数 名：main
* 函数功能：主函数
* 参    数：无参数
* 返 回 值：无返回值
*******************************************************************************/
void main()
{
    unsigned int t;
    while (1)
    {
        for(t=0;t<10;t++)               //产生 10 个中音 1，时间短，仅听到 1 个中音 1，音变纯厚
            beep1( );                   //产生 1 个中音 1
        Delay_n_10us(30000);            //延时 0.3s，发音间隔，便于分清发音
        for(t=0;t<10;t++)               //产生 10 个中音 2
            beep2( );
        Delay_n_10us(30000);
        for(t=0;t<10;t++)               //产生 10 个中音 3
            beep3( );
        Delay_n_10us(30000);
        for(t=0;t<10;t++)               //产生 10 个中音 4
            beep4( );
        Delay_n_10us(30000);
    }
}
/*******************************************************************************
* 函 数 名：beep1、beep2、beep3、beep4
* 函数功能：产生 523Hz、587Hz、659Hz、698Hz 频率方波，即发出中音 1、2、3、4 的声音
```

```
* 参    数：无参数
* 返 回 值：无返回值
*******************************************************************************/
void beep1( )              //523Hz 频率的声音
{
    fmq=0;
    Delay_n_10us(1);
    fmq=1;
    Delay_n_10us(95);
}
void beep2( )              //587Hz 频率的声音
{
    fmq=0;
    Delay_n_10us(1);
    fmq=1;
    Delay_n_10us(85);
}
void beep3( )              //659Hz 频率的声音
{
    fmq=0;
    Delay_n_10us(1);
    fmq=1;
    Delay_n_10us(76);
}
void beep4( )              //698Hz 频率的声音
{
    fmq=0;
    Delay_n_10us(1);
    fmq=1;
    Delay_n_10us(72);
}
/*******************************************************************************
* 函 数 名：Delay10us
* 函数功能：延时函数，延时 10μs
* 来    源：使用 STC-ISP 软件的“延时计算器”功能实现
*******************************************************************************/
void Delay10us( )              //@11.0592MHz
{
    unsigned char i;
    i = 25;                    //12T 芯片设置 i=2，1T 芯片设置 i=25
    while (– –i);
}
```

```
/********************************************************************************
* 函 数 名：Delay_n_10us
* 函数功能：延时 n 个 10μs
* 输　　入：有参数
* 输　　出：无返回值
* 注　　意：形参定义类型为 unsigned char，则实参最小值为 0，最大值为 255
* 来　　源：根据功能要求自写程序
********************************************************************************/
void Delay_n_10us(unsigned int n)          //@11.0592MHz
{
    unsigned int i;
    for(i=0;i<n;i++)
        Delay10us();
}
```

【例 3-3】 编写歌曲《小星星》的程序。

如图 3-6 所示是《小星星》歌谱。

小　星　星

1＝G $\frac{2}{4}$　　（法　国）　　史蒂文森　填词
盛　茵　译配

1 1	5 5	6 6	5 –	4 4	3 3	2 2	1 –
小 小	星 星	亮 晶	晶，	请 你	对 我	说 说	清。
太 阳	下 山	夜 来	临，	你 在	天 空	放 光	明。

5 5	4 4	3 3	2 –	5 5	4 4	3 3	2 –
你 像	宝 石	挂 天	空，	天 高	路 远	怎 能	行？
为 何	眨 着	小 眼	睛，	整 个	夜 晚	都 不	停？

图 3-6　《小星星》歌谱

单片机演奏一个音符，是通过引脚周期性地输出一个特定频率的方波实现的。这就需要单片机在半个周期内输出低电平，另外半个周期输出高电平，周而复始。半个周期的时间是多长呢？众所周知，周期为频率的倒数，可以通过音符的频率计算出半周期。演奏时，要根据音符频率的不同，把对应的半个周期的定时初始值，送入定时器，再由定时器按时输出高低电平。

下面是网上广泛流传的单片机音乐演奏程序，它可以循环播放《小星星》这首乐曲。很多人都关心如何修改这个乐曲的内容，但不知如何入手。下面给出说明，读懂后就能够编写新的乐曲了。

在这个程序中，有两个数据表，其中之一用于存放事先算好的、各种音符频率所对应的半周期的定时初始值。有了这些数据，单片机就可以演奏从低音、中音、高音到超高音，四个八度共 28 个音符。演奏乐曲时，根据音符的不同数值，从半周期数据表中找到定时初始值，送入定时器即可控制发音音调。

比如把表中的 0xF2 和 0x42 送到定时器，定时器按照这个初始值来产生中断，输出方波，人们听起来，这就是低音 1。

乐曲的数据，也要写个数据表，程序中以 code unsigned char Song_Long[ ]命名。

这个表中每三个数字，代表一个音符，它们分别代表：

第一个数字是音符 1、2、3、4、5、6、7 之一，代表哆、来、咪、发、嗦、拉、西；

第二个数字是 0、1、2、3 之一，代表低音、中音、高音、超高音；

第三个数字代表时间长度，以半拍为单位。

乐曲数据表的结尾是三个 0。

程序如下：

```
/*************************************************************************
* 程 序 名：蜂鸣器演奏《小星星》歌曲
* 程序说明：定义数组、中断、函数调用
* 连接方式：P2^3 口与蜂鸣器连接
* 调试芯片：STC15F2K60S2-PDIP40 系列/ IAP15F2K61S2，1T 芯片
* 使用模块：5V 电源、STC15 最小系统、蜂鸣器模块
* 适用芯片：89、90、STC10、STC11、STC12、STC15 系列
*************************************************************************/
//--包含要使用到相应功能的头文件--//
#include <reg52.h>
//--定义全局变量--//
sbit    speaker = P2^3;
unsigned char timer0h, timer0l, time;
//单片机晶振采用 11.0592MHz
//频率-半周期数据表高八位，本程序共保存了四个八度的 28 个频率数据
code unsigned char Song_Tone_H[ ] = {
    0xF2, 0xF3, 0xF5, 0xF5, 0xF6, 0xF7, 0xF8,          //低音 1234567
    0xF9, 0xF9, 0xFA, 0xFA, 0xFB, 0xFB, 0xFC,          //中音 1234567
    0xFC,0xFC, 0xFD, 0xFD, 0xFD, 0xFD, 0xFE,           //高音 1234567
    0xFE, 0xFE, 0xFE, 0xFE, 0xFE, 0xFE, 0xFF};         //超高音 1234567
//频率-半周期数据表低八位
code unsigned char Song_Tone_L[ ]= {
    0x42, 0xC1, 0x17, 0xB6, 0xD0, 0xD1, 0xB6,          //低音 1234567
    0x21, 0xE1, 0x8C, 0xD8, 0x68, 0xE9, 0x5B,          //中音 1234567
    0x8F, 0xEE, 0x44, 0x6B, 0xB4, 0xF4, 0x2D,          //高音  1234567
    0x47, 0x77, 0xA2, 0xB6, 0xDA, 0xFA, 0x16};         //超高音 1234567
//小星星数据表。要想演奏不同的乐曲，只需要修改这个数据表
code unsigned char Song_Long[] = {
1,2,2, 1,2,2, 5,2,2, 5,2,2, 6,2,2, 6,2,2, 5,2,4,
//一个音符有三个数字。第 1 位代表第几个音符、第 2 位代表第几个八度、
//最后 1 位代表时长（以半拍为单位）
//1, 2, 2  分别代表：哆，中音，2 个半拍
```

```
//5, 2, 2 分别代表：嗦，中音，2个半拍
//6, 2, 2 分别代表：拉，中音，2个半拍
//5, 2, 4 分别代表：嗦，中音，4个半拍
4,2,2, 4,2,2, 3,2,2, 3,2,2, 2,2,2, 2,2,2, 1,2,4,
5,2,2, 5,2,2, 4,2,2, 4,2,2, 3,2,2, 3,2,2, 2,2,4,
5,2,2, 5,2,2, 4,2,2, 4,2,2, 3,2,2, 3,2,2, 2,2,4, 0, 0, 0};
/***********************************************************************
* 函 数 名：Timer0
* 函数功能：T0中断程序
* 输　　入：无参数
* 输　　出：无返回值
***********************************************************************/
void Timer0() interrupt 1                  //T0中断程序，控制发音的音调
{
    TR0 = 0;                               //先关闭T0
    speaker = ~speaker;                    //输出方波，发音
    TH0 = timer0h;                         //下次的中断时间，这个时间控制音调高低
    TL0 = timer0l;
    TR0 = 1;                               //启动T0
}
/***********************************************************************
* 函 数 名：delay
* 函数功能：延时程序
* 参　　数：无
* 返 回 值：无
***********************************************************************/
void delay(unsigned char t)                //延时程序，控制发音的时间长度
{
    unsigned char t1;
    unsigned long t2;
    for(t1 = 0; t1 < t; t1++)              //双重循环，共延时t个半拍
      for(t2 = 0; t2 < 8000; t2++);        //延时期间，可进入T0中断去发音
    TR0 = 0;                               //关闭T0，停止发音
}
/***********************************************************************
* 函 数 名：song
* 函数功能：演奏一个音符
* 参　　数：无参数
* 返 回 值：无返回值
***********************************************************************/
void song()                                //演奏一个音符
{
```

```
        TH0 = timer0h;                          //控制音调
        TL0 = timer0l;
        TR0 = 1;                                //启动 T0，由 T0 输出方波去发音
        delay(time);                            //控制时间长度
}
/*****************************************************************************
* 函 数 名：main
* 函数功能：主函数
* 参    数：无参数
* 返 回 值：无返回值
*****************************************************************************/
void main(void)
{
        unsigned char k, i;
        TMOD = 1;                               //置 T0 定时工作方式 1
        ET0 = 1;                                //开 T0 中断
        EA = 1;                                 //开 CPU 中断
        while(1)
        {
                i = 0;
                time = 1;
                while(time)
                {
                        k = Song_Long [i] + 7 * Song_Long[i + 1]–1;
                                                //第 i 个是音符，第 i+1 个是第几个八度
                        timer0h = Song_Tone_H[k];       //从数据表中读出高位定时的时间长度
                        timer0l = Song_Tone_L[k];       //低位
                        time = Song_Long [i + 2];       //读出时间长度数值
                        i += 3;
                        song();                         //发出一个音符
                }
        }
}
```

以李叔同大师的《送别》的前两小节来说明转换的方法。

这部分的歌词是：**长 亭 外， 古 道 边，**

这部分的乐谱是：5 3 5 i — 6 i 5 —

那么，据此就可以写出《送别》前两小节的数据表：

```
code unsigned char sszymmh[] = {5, 2, 2,    3, 2, 1,    5, 2, 1,    1, 3, 4,
6, 2, 2,    1, 3, 1,    5, 2, 4,    0, 0, 0};
//嗦，中音，2 个半拍；咪，中音，1 个半拍；嗦，中音，1 个半拍；哆，高音，4 个半拍
//啦，中音，2 个半拍；哆，高音，1 个半拍；嗦，中音，4 个半拍；结束标记
```

用这个数据表，替换掉程序中《小星星》的数据表，本程序就可以播放《送别》的前两小节了。

知识链接

改变蜂鸣器控制信号的频率即可令蜂鸣器发出不同的声音，不同频率的声音被称为“音调”。音调与频率的关系见表 3-5。

表 3-5　音调与频率的关系

音　符	频率（Hz）	音　符	频率（Hz）
低 1　DO	262	中 5　SO	784
低 2　RE	294	中 6　LA	880
低 3　MI	330	中 7　XI	988
低 4　FA	349	高 1　DO	1046
低 5　SO	392	高 2　RE	1175
低 6　LA	440	高 3　MI	1318
低 7　XI	494	高 4　FA	1397
中 1　DO	523	高 5　SO	1568
中 2　RE	587	高 6　LA	1760
中 3　MI	659	高 7　XI	1967
中 4　FA	698		

任务实施

1．在 Proteus 中绘制仿真电路图，如图 3-5 所示。

注意：图 3-5 所示为 Proteus 中进行仿真的简化画法，实际电路必须采用任务 1 中所描述的驱动方式去驱动蜂鸣器，程序无须做任何改动。

2．软件实施。

（1）使用 Keil 软件输入、调试、编译已分析过的程序，并生成 HEX 文件。

（2）将生成的 HEX 格式文件载入 Proteus 中，启动仿真，通过计算机音箱，就能听到仿真电路中蜂鸣器发出的声音。

（3）修改子函数 Delay10ms 的延时时间，蜂鸣器声音会有什么变化，为什么？

任务评价

1．仿真电路的评价

关键点如下。

（1）正确调用所需元器件。

（2）正确绘制仿真电路原理图。

2．程序检测

主要注意以下问题：程序输入、调试、编译无错误，可通过软件仿真观察 P2.3 的值，判断程序中是否有编程错误。

通过以上学习，根据任务实施过程，将完成任务情况记入表 3-6 中，完成任务评价。

表 3-6 任务评价表

1．仿真电路部分 （□已做 □不必做 □没有做）		
① 检查所使用元器件是否符合本次任务的要求	□是	□否
② 检查电路连接是否正确	□是	□否
你在完成第一部分子任务的时候，遇到了哪些问题？你是如何解决的？		
2．程序及软件仿真部分 （□已做 □不必做 □没有做）		
① 检查所使用软件是否可用	□是	□否
② 程序输入是否正常	□是	□否
② 程序出错能否调试	□是	□否
② 软件仿真能否顺序完成	□是	□否
你在完成第二部分子任务的时候，遇到了哪些问题？你是如何解决的？		
完成情况总结及评价：		
学习效果： □优 □良 □中 □差		

任务拓展

本任务仅完成了蜂鸣器发声的简单控制。课后可以在电路没有变化的情况下，设计程序实现：蜂鸣器发出类似救护车的声音，蜂鸣器发出一段简单的电子音乐。

任务 3 蜂鸣器电路的制作

学习目标

- 正确理解蜂鸣器电路工作原理。
- 能说出制作蜂鸣器电路所需元器件名称及型号。
- 能在多孔板上制作蜂鸣器控制硬件电路。
- 学会检测蜂鸣器电路能否正常工作的方法。

任务呈现

指示灯电路可给使用人以光的提示，蜂鸣器电路可给使用人以声的提示。一般控制系统

中都需要这两个电路。图 3-7 是日常生活中常见的蜂鸣器的应用场合。

（a）防盗报警系统

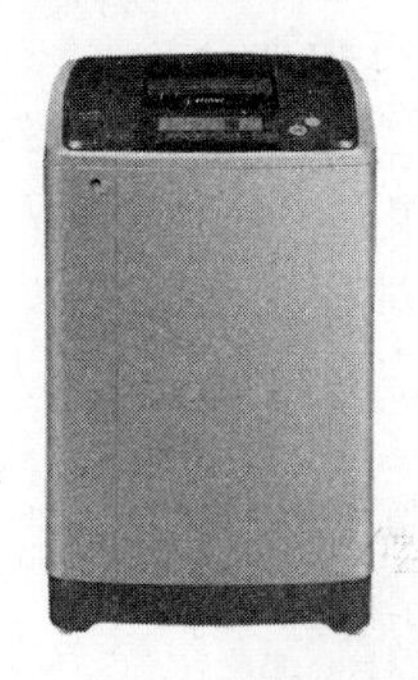

（b）洗衣机

图 3-7 蜂鸣器的应用

想一想

（1）蜂鸣器的分类及工作原理是什么？

（2）单片机是如何驱动蜂鸣器发声的？

本次任务

在多孔板上制作蜂鸣器控制硬件电路。

电路分析

图 3-8 所示是无源蜂鸣器的单片机控制原理图。

上述电路由电阻 R、三极管 VT 及无源蜂鸣器 BUZZE 构成。R 的阻值取 1kΩ，VT 采用型号为 8550 的 PNP 型晶体三极管，BUZZE 为普通 5V 无源蜂鸣器。将上述电路接入单片机的 I/O 端口，如 P2.3 端口，通过单片机输出某一频率的方波信号即可发声。

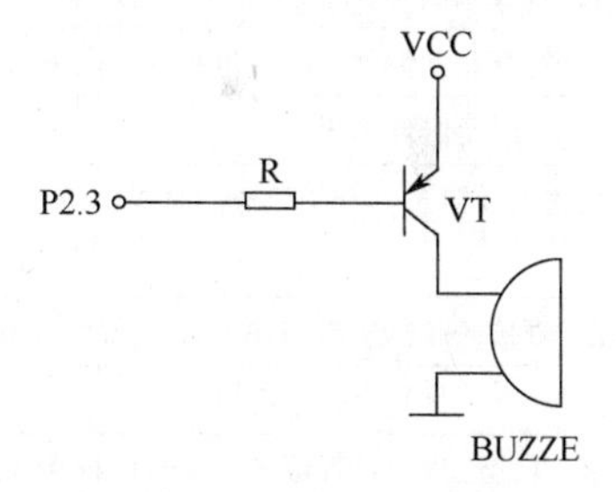

图 3-8 蜂鸣器的单片机控制原理图

知识链接

无源电磁式蜂鸣器的检测：可用万用表 R×10Ω 挡，将黑表笔接蜂鸣器的正极，用红表笔去点触蜂鸣器的负极。正常的蜂鸣器应发出较响的“喀喀”声，万用表指针也大幅度向左摆动。若无声音，万用表指针也不动，则是蜂鸣器内部的电磁线圈开路损坏。

任务实施

1．选择元器件制作蜂鸣器控制硬件电路。

（1）1 块 15cm×9cm 多孔板。

（2）1 个 0.25W 四色环碳膜 1kΩ 电阻。

（3）1 个 8550 三极管。

（4）1 个 5V 无源电磁式蜂鸣器。

（5）排针分两组，一组为电源及接地引入端，一般焊接 2 个排针端子，另一组为 1 个排针端子，供 1 路控制信号引入。

（6）焊接工具、焊丝等。

图 3-9　蜂鸣器控制电路实物图

2. 在多孔板上按图 3-9 所示进行插接并焊接。要注意蜂鸣器、三极管的引脚极性。

3. 将控制程序下载到单片机，蜂鸣器即可发声。若单片机最小系统正常下载程序后蜂鸣器无声响，须使用万用表进行检测。可能出现下列几种情况。

（1）元器件损坏。

（2）电源不供电。

（3）元器件虚焊。

（4）蜂鸣器插反。

根据不同现象排除故障，直到故障全部排除，蜂鸣器能响为止。

任务评价

通过以上学习，根据任务实施过程，将完成任务情况记入表 3-7 中，完成任务评价。

表 3-7　任务评价表

1. 选择元器件　（□已做　□不必做　□没有做）		
① 检查元器件型号、数量是否符合本次任务的要求	□是	□否
② 检测元器件是否可用	□是	□否
你在完成第一部分子任务的时候，遇到了哪些问题？你是如何解决的？		
2. 焊接蜂鸣器驱动模块　（□已做　□不必做　□没有做）		
① 检查工具是否安全可靠	□是	□否
② 在此过程中是否遵守了安全规程和注意事项	□是	□否
③ 是否完成了蜂鸣器电路板的制作	□是	□否
你在完成第二部分子任务的时候，遇到了哪些问题？你是如何解决的？		
3. 调试与检测　（□已做　□不必做　□没有做）		
① 检查电源是否正常	□是	□否
② 与单片机最小系统连接后蜂鸣器是否发声	□是	□否
你在完成第三部分子任务的时候，遇到了哪些问题？你是如何解决的？		
完成情况总结及评价：		
学习效果：　□优　□良　□中　□差		

项目总结

通过本项目的实施，掌握了蜂鸣器电路模块的工作原理、元器件的选择、构建相应硬件电路，通过实践对电路知识有更深刻的理解，对单片机控制原理有了新的认识。

通过蜂鸣器电路模块与单片机最小系统硬件连接，并调试通过了发声控制功能。在调试程序过程中，进一步熟悉了如何解决软件、硬件出错问题，软件编译程序过程中程序语法错误、功能不能实现等问题。通过动手，提高了排除硬、软件故障的能力。

课后练习

3-1 简述常见的蜂鸣器的分类。

3-2 请描述无源蜂鸣器的控制方法。

3-3 简述如何编程实现对蜂鸣器声调的控制。

3-4 简述如何编程实现对蜂鸣器发声长短的控制。

3-5 编写一个频率为 3kHz 让蜂鸣器鸣响的函数。

3-6 简述如何编程实现对蜂鸣器发声长短的控制。

3-7 蜂鸣器模块信号口与最小系统的 P2.3 口连接，编程实现救护车拉笛声音功能。

3-8 制作一个蜂鸣器模块。

3-9 编写一个程序，实现播放歌曲《读书郎》。

3-10 编写一个程序，实现播放国歌。

3-11 编写一个程序，实现播放歌曲《世上只有妈妈好》。

3-12 编写一个程序，实现播放歌曲《生日快乐》。

项目 4 流水灯的安装与调试

项目描述

彩灯技术已广泛应用于高楼大厦室外点缀，家庭、大酒店和娱乐场所等的室内装潢，尤其广泛应用于霓虹灯、广告彩灯、汽车车灯等领域。彩灯工程是单片机控制电路设计的典型应用。

可编程的现代彩灯控制系统一般采用在系统可编程（In-System Programming，ISP）技术来实现。该方案的优点是系统体积小、功耗小、可靠性高、调节灵活、多功能、多方案、使用灵活方便。通过I/O扩充技术控制系统可控制的灯具数为*N*组，控制方案也有*N*种。根据需要减少或扩展灯具组数和控制方案的种数，可以控制高电压的大彩灯、霓虹灯发光。根据需要设计出不同频率的信号控制彩灯扫描速度，每次循环后可以根据需要自动或手动改变扫描速度，还可以控制语音集成电路播放一段语音或音乐。通过将*N*组彩灯在空间中进行适当的排列组合，可得到各种不同的效果。

本项目任务如下。

任务 1　设计 8 路流水灯电路

任务 2　在 Proteus 仿真软件中实现流水功能

任务 3　实现多种花样流水功能

任务 1　设计 8 路流水灯电路

学习目标

- 正确理解 8 路流水灯电路的工作原理。
- 能说出制作 8 路流水灯电路所需的元器件名称及型号。
- 能在面包板、多孔板上制作 8 路流水灯硬件电路。
- 学会检测 8 路流水灯能否正常工作的方法。

任务呈现

在日常生活中，到处可见各种各样的彩灯、流水灯，比较常见的有流水彩灯、七彩球、

彩色灯条、圣诞树彩灯等，如图 4-1 所示就是常见的彩灯、流水灯造型。

图 4-1 常见的彩灯、流水灯造型

想一想

（1）彩灯的工作电压是多少？
（2）LED 灯需要串联多大的电阻？

本次任务

（1）在面包板上制作 8 路共阳流水灯硬件电路。
（2）在多孔板上制作 8 路共阳流水灯硬件电路。

电路分析

一、电路分析

流水灯电路是在项目 1 的基础上扩展而来的，即在指示灯电路的基础上将 1 路扩展为 8 路。

如图 4-2 所示，先忽略单片机控制部分，将原本要接入单片机的 8 个端口连接起来，用一个开关 K 和一个 5V 直流电源控制。8 条支路相同，都是由 1 个电阻和 1 个发光二极管构成的，总电流是各支路电流之和。合上开关 K，8 路发光二极管均导通；断开开关 K，8 路发光二极管均熄灭。

如图 4-2 所示，选用元器件为：8 个 3mm 红色 LED 发光二极管、8 个 0.25W 四色环碳膜 1kΩ 电阻、1 个 5V 直流电源、1 个 8.5mm×8.5mm 双排自锁开关。流过开关的工作电流计算如下：

$$I_1=（E-2V）/R=（5V-2V）/ 1k\Omega = 3mA$$

$$I=8\times I_1=8\times 3mA = 24mA$$

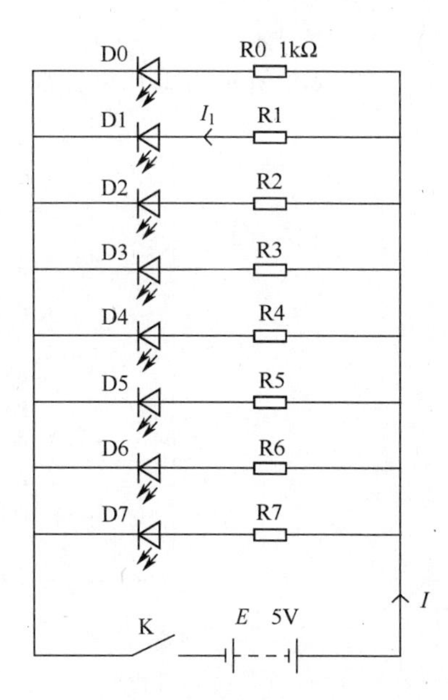

图 4-2 8 路流水灯电路连接图

上述开关如果演变成接入单片机的 8 个端口，只要控制单片机每个端口的通与断，就能控制 8 路流水灯的亮与灭。

二、共阳电路

在单片机控制电路中，若功能相同的若干支电路有一端连在一起，该端加高电平，另一端加低电平，各支路才能工作，这样的电路称为共阳电路；反之，称为共阴电路。

早期普通型单片机每个 I/O 端口向外供电电流（拉电流）的最大值为 230μA，由外电路向单片机输送电流（灌电流）的最大值为 6mA。STC10、STC11、STC12、STC15 系列芯片，拉电流默认值与普通单片机的相同，而灌电流最大值可达 20mA。STC 公司芯片从 STC10 系列开始，可以通过软件设置使得芯片拉电流最大值达到 20mA，但使用时注意加限流电阻，以防损坏单片机。

通过一个普通单片机芯片的总电流，一般不超过 71mA，STC 公司的芯片从 STC10 系列芯片开始，总电流可达 120mA。因此在设计、选择元器件时，要考虑总电流这个因素。这就是在单片机设计电路中一般让 I/O 端口低电平工作的原因。

假设使用 STC15 系列单片机，并且只使用单片机 8 个端口对 8 路流水灯进行控制。因为总电流可达 120mA，理论上，假设 8 路在最大电流工作，每路的最大电流可达：120/8=15mA。单片机一般压降为 0.5V，简单计算 LED 发光二极管的压降为 2V，因此通过限流电阻的电压大小为 2.5V。每路最大电流为 15mA，因此电阻值最小应为 2.5V/15mA≈167Ω，理论上阻值在 167Ω 以上的电阻都可以使用，一般单片机电路中常见的是 300Ω 左右的限流电阻就是根据这个原理设计的。

但是单片机内部运行时有电流，同时还要带其他负载工作，选择电阻的依据是只要最低电流满足用户要求即可。

查阅资料，思考如果 3mm 红色 LED 发光二极管在 2.5V 电源下工作，可串联的最大电阻是多少？选择不同型号的 LED，电阻最大值是不一样的，工作中一般都选用熟悉的元器件进行设计。

图 4-3 所示为单片机控制 8 路共阳流水灯电路的工作原理图。

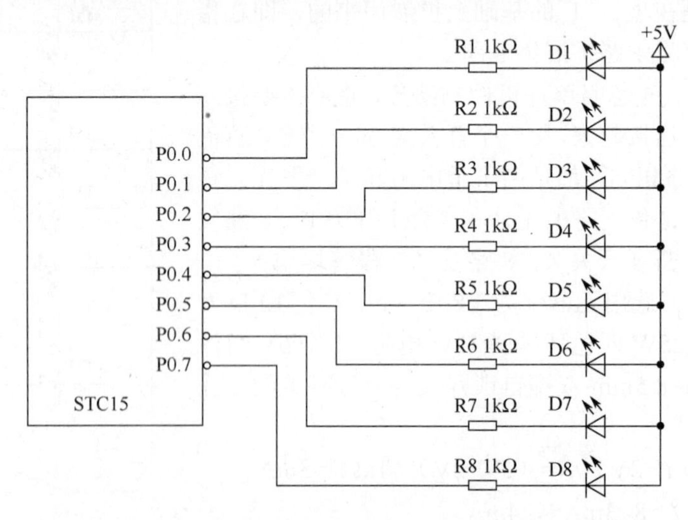

图 4-3 单片机控制 8 路共阳流水灯电路的工作原理图

任务实施 1

在面包板上制作 8 路共阳流水灯硬件电路。

1．选择元器件。

（1）1 个 SYB-130 万能面包板。

（2）8 个 0.25W 四色环碳膜 1kΩ 电阻。

（3）8 个 3mm 红色 LED 发光二极管。

（4）4 根 20cm 双公杜邦线。

（5）1 个 8.5mm×8.5mm 双排自锁开关。

（6）1 个 5V 开关电源。

2．在面包板上插接 8 路共阳流水灯电路。

按照图 4-4 所示的参考实物图，在面包板上插接 8 路共阳流水灯电路。具体插接步骤如下。

图 4-4 插接 8 路共阳流水灯电路

（1）双排自锁开关：一端插入中间隔槽上方的插孔内，另一端插入中间隔槽下方的插孔内。

（2）电阻：一端插入中间隔槽上方的竖向插孔内，另一端插入中间隔槽下方同一列竖向插孔内。若电阻下端直接插入电源地插孔内，则不能实现对每路电路的单独控制。

（3）发光二极管：长脚端是发光二极管的正极，将长脚端插入电源正极插孔内，另一端与电阻端相连。

（4）双公杜邦线：第一根线为电源正极引入线，与自锁开关相连；第二根线为电源地引入线，插入电源地插孔中；第三根线为自锁开关与电源正极的连接线，用于开关开启后给每个支路供电；第四根线用于检测每路电路工作是否正常，一端插入电源地插孔内，另一端悬空，准备与每路电阻的下端相接。

任务评价 1

将双公杜邦线第四根线的悬空端依次插入中间隔槽下方各电阻所对应的竖向插孔中，若相应的发光二极管点亮，说明接插完好，若不亮，须使用万用表进行检测，可能出现下列几种情况。

（1）元器件损坏。

（2）电源不供电。

（3）元器件没插好。

（4）发光二极管插反。

（5）按了自锁开关。

根据不同现象排除故障，直到故障全部排除，8 路发光二极管均能点亮为止。

任务实施 2

在多孔板上焊接 8 路共阳流水灯硬件电路。

1．选择元器件。

（1）1 个 15cm×9cm 多孔板。

（2）8 个 3mm 红色 LED 发光二极管。

（3）1 个 2.54mm 间距/1×40P 排针。

（4）8 个 0.25W 四色环碳膜 1kΩ 电阻。

（5）1 个 5V 开关电源。

（6）焊接工具、焊丝等。

2．在多孔板上进行 8 路共阳流水灯电路的实物焊接。

按照图 4-5 所示的参考实物图，在多孔板上焊接 8 路共阳流水灯电路。具体焊接步骤如下。

图 4-5　8 路共阳流水灯电路的焊接实物图

（1）排针：分两组，一组为电源正极引入端，一般焊接 2 个排针端子；另一组为 8 个排针端子，供 8 路信号引入。

（2）电阻：8 个电阻的一端分别焊接到 8 个排针端子上，另一端分别与发光二极管负极焊接。

（3）发光二极管：将 8 个发光二极管的长引脚焊接在一起，引入到电源正极排针端子上，另一端分别与电阻焊接。

任务评价 2

将电源正极插在 2 个排针端子的一个端子上，负极依次插到 8 个排针端子上，若对应端子的发光二极管点亮，说明焊接完好，若不亮，须使用万用表进行检测，可能出现下列几种

情况。

（1）元器件损坏。

（2）电源不供电。

（3）元器件虚焊。

（4）发光二极管插反。

根据不同现象排除故障，直到故障全部排除，8 路发光二极管均能点亮为止。

通过以上学习，根据任务实施过程，将完成任务的情况记录在表 4-1 中，完成任务评价。

表 4-1　任务评价表

1．元器件部分　（□已做　□不必做　□没有做）	
① 检查元器件型号、数量是否符合本次任务的要求	□是　□否
② 检测元器件是否可用	□是　□否
你在完成第一部分子任务的时候，遇到了哪些问题？你是如何解决的？	
2．在面包板上构建电路部分　（□已做　□不必做　□没有做）	
① 检查工具是否安全可靠	□是　□否
② 在此过程中是否遵守了安全规程和注意事项	□是　□否
③ 是否完成了相应的电路构建	□是　□否
你在完成第二部分子任务的时候，遇到了哪些问题？你是如何解决的？	
3．焊接部分　（□已做　□不必做　□没有做）	
① 检查工具是否安全可靠	□是　□否
② 在此过程中是否遵守了安全规程和注意事项	□是　□否
③ 是否完成了相应的硬件电路的制作	□是　□否
你在完成第三部分子任务的时候，遇到了哪些问题？你是如何解决的？	
4．检测　（□已做　□不必做　□没有做）	
① 检查电源是否正常	□是　□否
② 通电检测各路发光二极管是否正常发光	□是　□否
你在完成第四部分子任务的时候，遇到了哪些问题？你是如何解决的？	
完成情况总结及评价：	
学习效果：□优　□良　□中　□差	

任务拓展

根据图 4-6 所示，完成以下两个任务。

（1）在面包板上制作 8 路共阴流水灯硬件电路。

（2）在多孔板上焊接 8 路共阴流水灯硬件电路。

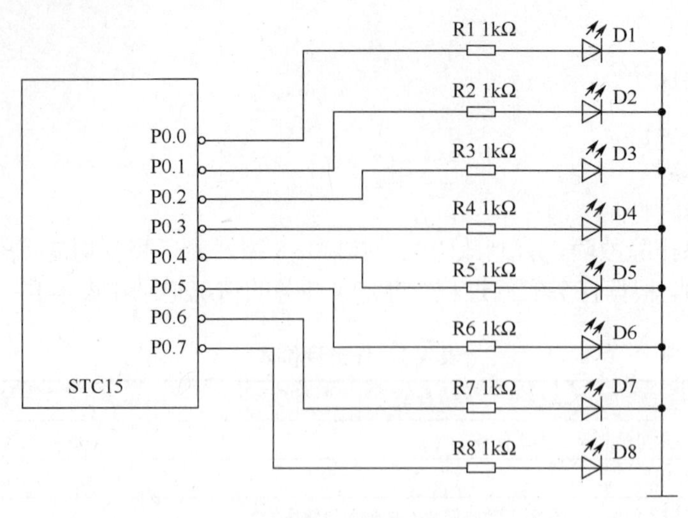

图 4-6　8 路共阴流水灯电路原理图

任务 2　在 Proteus 仿真软件中实现流水功能

学习目标

- 能使用 STC15 单片机最小系统调试出流水灯模块的简单流水功能。
- 能运用 Proteus 仿真软件和 Keil C51 软件实现流水灯的设计和仿真。

任务呈现

根据已学指示灯电路，若要点亮发光二极管，须在其阴极加低电平，阳极加高电平。一般发光二极管的工作电流为 3～10mA，发光二极管被点亮的最小电流为 3mA，点亮后的压降值为 1.7V，V_{CC} = +5V，电阻上的电压为 3.3V，根据欧姆定律 R = 3.3V/3mA = 1.1kΩ，因此要选用 1 kΩ 的电阻。

如图 4-7 所示，如果要让接在 P0.0 口的 LED1 亮起来，只要把 P0.0 口的电平变为低电平即可；相反，如果要让接在 P0.0 口的 LED1 熄灭，须把 P0.0 口的电平变为高电平。同理，接在 P0.1～P0.7 口的其他 7 个 LED 的点亮和熄灭的方法同 LED1。

那么要实现流水灯功能，只要将发光二极管 LED1～LED8 依次点亮、熄灭，8 只 LED 灯便会按一定的亮灭规律形成流水灯了。

还应注意一点，由于人眼的视觉滞留效应及单片机执行每条指令的时间很短，在控制 LED 亮灭的时候应该延时一段时间，否则就看不到“流水”效果了。

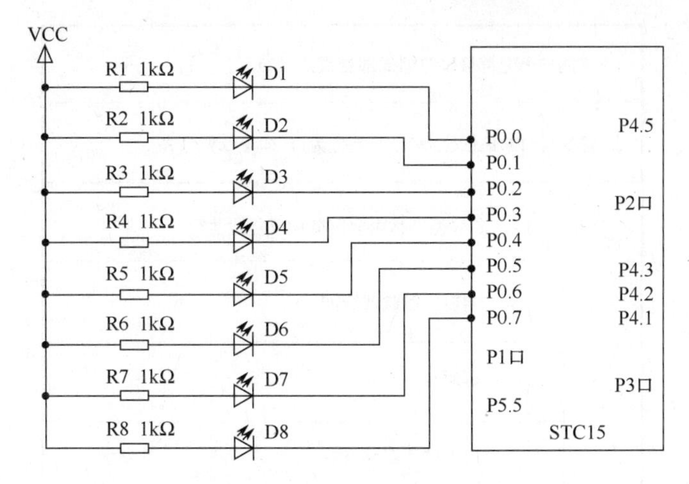

图 4-7 8 路 LED 与 STC15 单片机连接原理图

想一想

（1）将 8 路共阳流水灯模块连接到 P1 口、P2 口或 P3 口也能实现“流水”效果吗？

（2）若将 8 路共阳流水灯模块换成 8 路共阴流水灯模块连接到 P1 口，如何控制 P1 口实现“流水”效果？

本次任务

让 8 盏 LED 灯实现“流水”效果的方法是从低位向高位依次点亮。本次任务需要完成如下 3 个小任务。

（1）使用 Keil C51 软件编写程序，在 Keil C51 软件中观察 P0 口值的变化规律。

（2）使用传统 51 芯片的最小系统与 8 路流水灯模块在 Proteus 仿真软件中实现流水功能。

（3）使用带硬件仿真的 STC15 单片机最小系统与 8 路流水灯模块进行实物连接、调试，实现流水功能。

程序分析

【例 4-1】 如图 4-8 所示是流水灯实现流水功能的流程图。程序功能是：8 路共阳流水灯按从 D1 至 D8 的顺序依次点亮，每次只有一盏灯亮，点亮时间是 1s。

```
/*****************************************************************************
* 程 序 名：实现 LED 流水灯流水功能
* 程序说明：8 路共阳流水灯按从低位向高位的顺序点亮，每次只有一盏灯被点亮
* 连接方式：P0 口与 8 路共阳流水灯模块对应顺序口连接
* 调试芯片：IAP15F2K61S2-PDIP40
* 使用模块：5V 电源、STC15 单片机最小系统、8 路共阳流水灯模块
* 适用芯片：89、90、STC10、 STC11、STC12、STC15 系列
```

定义一个无符号字符型局部变量：LED

置变量LED最低位为0，其他位为1，即最低位灯亮

while（1）　（循环体内容可循环反复地运行）

将LED循赋值给P0

延时1s

LED循环左移1位

图 4-8　流水灯实现流水功能的流程图

```
* 注　　意：89 或 90 系列可运行，须修改 Delay10ms 延时函数
******************************************************************************/
#include <reg52.h>              //此文件中定义了 51 系列单片机的一些特殊功能寄存器
#include <intrins.h>            //调用空、左右循环等标准函数库文件
void Delay10ms(unsigned int c);                  //延时 10ms
void Delay_n_10ms(unsigned char n);              //延时 n 个 10ms
/******************************************************************************
* 函 数 名：main
* 函数功能：主函数
* 参　　数：无参数
* 返 回 值：无返回值
******************************************************************************/
void main()
{
    unsigned char LED;
    LED = 0xfe;                              //0xfe = 1111 1110
    while (1)
    {
        P0 = LED;                        //点亮 P0 口低电平的 LED 灯
        Delay_n_10ms(100);               //延时 1 秒
        LED = _crol_(LED , 1);           //循环左移 1 位，最高位值循环到最低位
    }
}
/******************************************************************************
* 函 数 名：Delay10ms
* 函数功能：延时函数，延时 10ms
* 输　　入：无参数
* 输　　出：无返回值
```

```
* 来    源：使用 STC-ISP 软件的“延时计算器”功能实现
***************************************************************************/
void Delay10ms( )        //@11.0592MHz
{
        unsigned char i, j;
        i = 108;              //12T 芯片 i=18，1T 芯片 i=108
        j = 145;              //12T 芯片 j=235，1T 芯片 j=145
      do
      {
            while (--j);
       } while (--i);
}
/***************************************************************************
* 函 数 名：Delay_n_10ms
* 函数功能：延时 n 个 10ms
* 输    入：有参数
* 输    出：无返回值
* 注    意：形参定义类型为 unsigned char，则实参最小值为 0，最大值为 255
           形参定义类型为 unsigned int，则实参最小值为 0，最大值为 65535
* 来    源：根据功能要求自写程序
***************************************************************************/
void Delay_n_10ms(unsigned char n)            //@11.0592MHz
{
        unsigned char i;
        for(i=0;i<n;i++)
            Delay10ms();
}
```

【例 4-2】 如图 4-9 所示是调试流水灯模块的实物图。编写程序实现功能：8 路共阳流水灯按从低位向高位的顺序依次点亮，每次一盏灯点亮后不熄灭，直到所有 8 盏灯全部点亮，时间间隔是 1s。

图 4-9　调试流水灯模块的实物图

图 4-10 所示为流水灯实现流水功能的流程图。

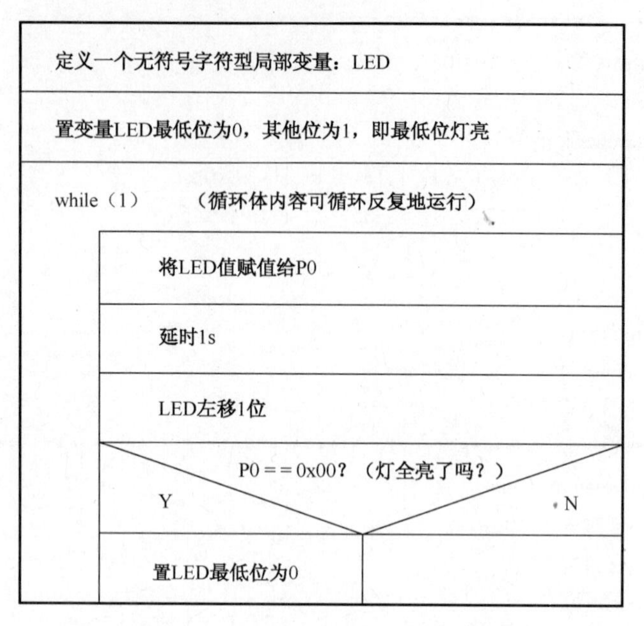

图 4-10　流水灯实现流水功能的流程图

```
/*******************************************************************************
*程序名：实现 LED 流水灯流水功能
*程序说明：8 路共阳流水灯按从低位向高位的顺序被点亮，一次循环结束灯被全部点亮
*连接方式：P0 口与 8 路共阳流水灯模块对应顺序口连接
*调试芯片：IAP15F2K61S2-PDIP40
*使用模块：5V 电源、STC15 单片机最小系统、8 路共阳流水灯模块
*适用芯片：89、90、STC10、STC11、STC12、STC15 系列
*注意：89 或 90 系列可运行，须修改 Delay10ms 延时函数
*******************************************************************************/
//--包含要使用到相应功能的头文件--//
#include <reg51.h>                        //此文件中定义了 51 的一些特殊功能寄存器
//--函数声明--//
void Delay10ms(void);                     //延时 10ms
void Delay_n_10ms(unsigned int n);        //延时 n 个 10ms
/*******************************************************************************
* 函 数 名：main
* 函数功能：主函数
* 参    数：无参数
* 返 回 值：无返回值
*******************************************************************************/
void main( )
{
    unsigned char LED;
    LED = 0xfe;                           //0xfe = 1111 1110
```

```
        while (1)
        {
            P0 = LED;                       //点亮 P0 口最低位相连的 LED 灯
            Delay_n_10ms(100);              //延时 1s
            LED = LED << 1;                 //左移 1 位，点亮前一个 LED，"<<"表示左移
            if (P0 == 0x00)                 //当共阳流水灯全灭的时候，重新赋值
            {
                LED = 0xfe;                 //0xfe = 1111 1110
            }
        }
}
/************************************************************************************
* 函 数 名：Delay10ms
* 函数功能：延时函数，延时 10ms
* 参    数：无参数
* 返 回 值：无返回值
* 来    源：使用 STC-ISP 软件的"延时计算器"功能实现
************************************************************************************/
void Delay10ms( )                   //@11.0592MHz
{
        unsigned char i, j;
        i = 108;                    //12T 芯片 i=18， 1T 芯片 i=108
        j = 145;                    //12T 芯片 j=235，1T 芯片 j=145
        do
        {
            while (--j);
        } while (--i);
}
/************************************************************************************
* 函 数 名：Delay_n_10ms
* 函数功能：延时 n 个 10ms
* 参    数：无参数
* 返 回 值：无返回值
* 注    意：形参定义类型为 unsigned char，则实参最小值为 0，最大值为 255
            形参定义类型为 unsigned int，则实参最小值为 0，最大值为 65535
* 来    源：根据功能要求自写程序
************************************************************************************/
void Delay_n_10ms(unsigned int n)           //@11.0592MHz
{
       unsigned int i;
       for(i=0;i<n;i++)
          Delay10ms();
}
```

解决问题

（1）程序中的延时程序是否能够理解？如何实现延时？
（2）C 语言程序中的左移、右移应该如何正确使用？

任务实施

一、用 Keil C51 软件仿真

使用 Keil C51 软件进行编辑、调试、编译程序后，参考附录 6 设置好 Keil C51 软件的仿真参数，单击 Keil C51 软件的主菜单选择【Peripherals】→【I/O-Ports】→【Port0】后，在工作界面中出现“Port0”窗口，在该窗口中可观察 P0 口值的变化规律。

二、在 Proteus 仿真软件中进行流水功能仿真

1．打开 Proteus 仿真软件，进入仿真软件主操作界面。

2．选择元器件。

在元器件浏览区单击元器件选择按钮“P”，从弹出的“PickDevices”对话框中拾取所需的元器件。

元器件清单如下：一个传统 51 单片机最小系统所需的所有元器件，8 只红色发光二极管 LED-RED，8 只 1 kΩ 电阻 RES。

如图 4-11 所示是流水灯电路所需的元器件。

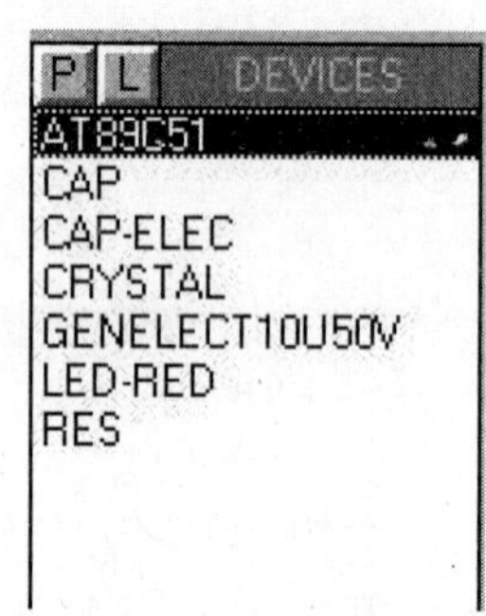

图 4-11　流水灯电路所需的元器件

3．放置元器件与连线。

参考图 4-12，对流水灯电路进行元器件放置与连线。

4．添加电源与信号地。

在 Proteus 软件中，单片机芯片默认已经添加电源与信号地，可以省略，但外围电路的电源与信号地不能省略。

5．绘制总线。

所谓“总线”，就是为了简化原理图，将原先数条并行的导线用一条导线来表示。图 4-12 中相对较粗的那条线就是总线。下面介绍总线的绘制方法。

（1）在左侧的模式选择工具栏中，单击第六个总线模式按钮，如图 4-13（a）所示。

（2）在图形编辑窗口中，将 8 个引脚 P0.0～P0.7 和 8 个发光二极管 D1～D8 相连，除了使用传统的手动一一对应连接的方法，还可以使用总线方法。

在画总线的起始处单击一下，默认为总线起始点，移动鼠标指针就会画出总线，按照自己设计的路线画完总线，在结束处双击鼠标左键，即表示该段总线绘制完毕，如图 4-13（b）所示。

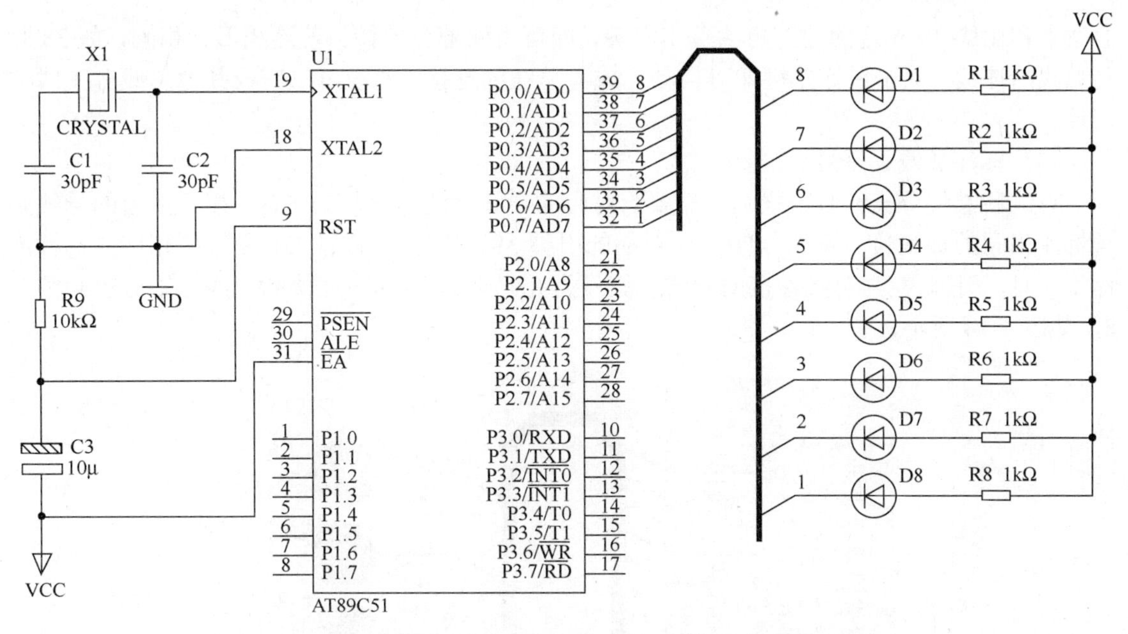

图 4-12 使用 AT89C51 单片机完成的流水灯仿真原理图

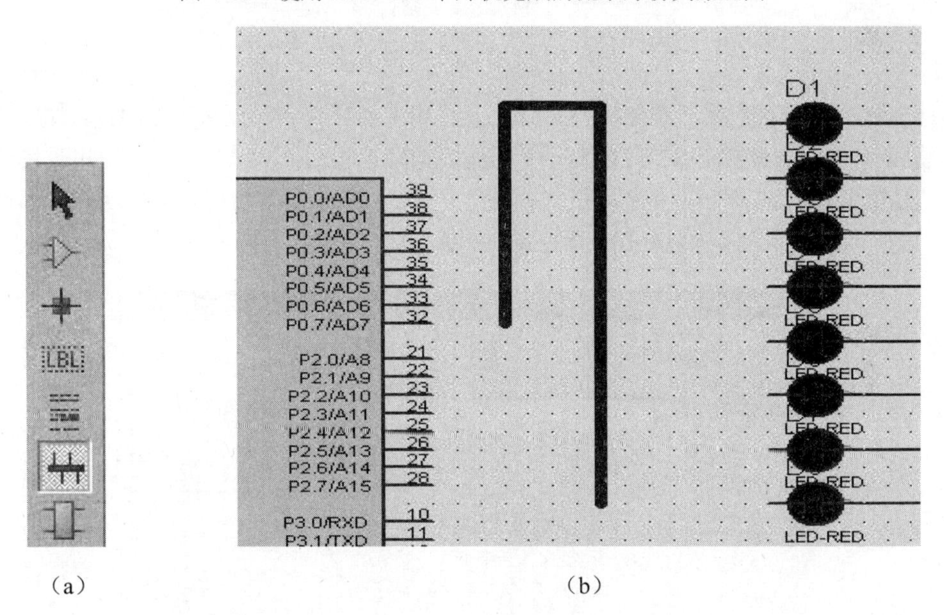

（a） （b）

图 4-13 总线的绘制

（3）画总线拐角。

如图 4-13（b）所示，直角总线的视觉效果不理想，一般拐角处使用 45° 斜线，总线分支线的倾角一般与总线平行。

画拐角的方法：光标到拐角开始处时单击左键，按下 Ctrl 键，移动鼠标至拐角结束处，再次单击左键，松开 Ctrl 键。

（4）画总线分支线。

总线分支线是指连接总线和元器件引脚的连线。例如，单击引脚 39，引出一条线，在总线上和引脚 39 相连的地方再次单击左键，即可将两部分连接。若连线形状相同，如 38 脚与总线的连线，双击鼠标左键即可自动完成与总线的连接，同理可以完成其他总线分支线的连接。

（5）标注导线标签号。

总线和总线分支线画好之后，需要给对应的导线标注标签号。注意，相互接通的导线必须标注相同的标签号。例如，P0.0 口对应的引脚 39 与发光二极管 D1 是需要相连的，标注标签号时，引脚 39 与总线连接的导线标签号为 8，则 D1 与总线连接的导线标签号也必须是 8，如图 4-14 所示。

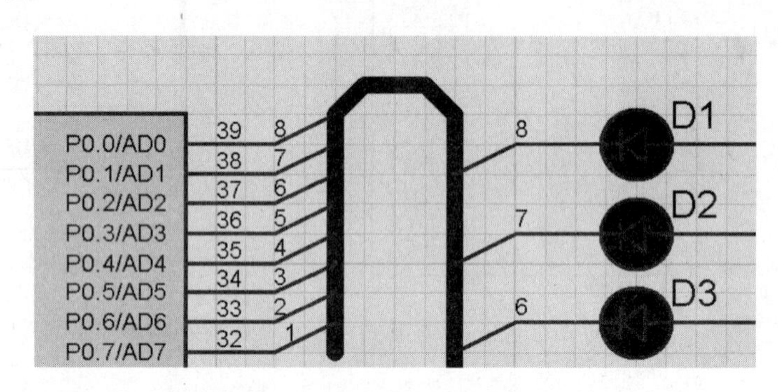

图 4-14　标注导线标签号

标注标签号的方法：单击左侧模型选择工具栏中的第四个导线标签按钮LBL，如图 4-13（a）所示，将指针置于需要标签的导线上，接着鼠标指针会变成一个“×”号，此时单击鼠标，会弹出“Edit Wire Label”对话框，在“标号”一栏中输入标签名称，如图 4-15 所示，单击“确定”按钮即可。同理，可以完成其他导线的标注。

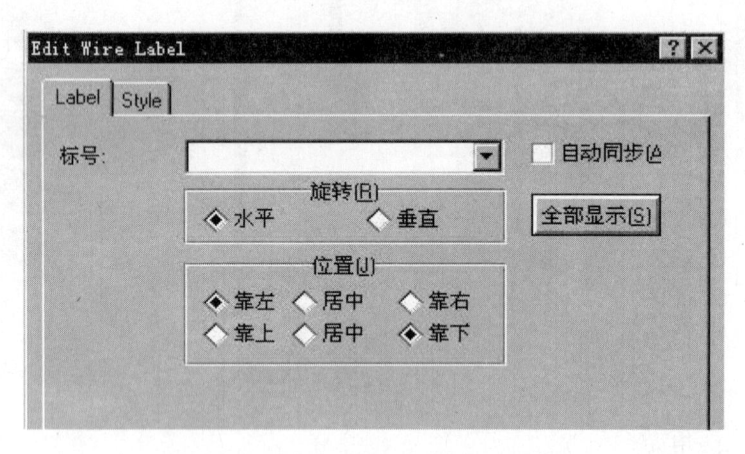

图 4-15　“Edit Wire Label”对话框

6．在 Keil C51 软件中完成程序的编写，生成 HEX 文件。在 Proteus 仿真软件中，没有 1T 芯片数据库，但不影响使用其他芯片仿真观察效果。调试程序可使用程序分析中程序 1 或程序 2，调整 Delay10ms( )的相关参数如下。

```
void Delay10ms( ) //@11.0592MHz
{
    unsigned char i, j;
    i = 18;          //12T 芯片 i=18，  1T 芯片 i=108
    j = 235;         //12T 芯片 j=235，1T 芯片 j=145
    do
    {
        While(--j);
    }while(--i);
}
```

7．在 Proteus 仿真软件中，双击 U1 单片机加载 HEX 运行程序，如图 4-16 所示。

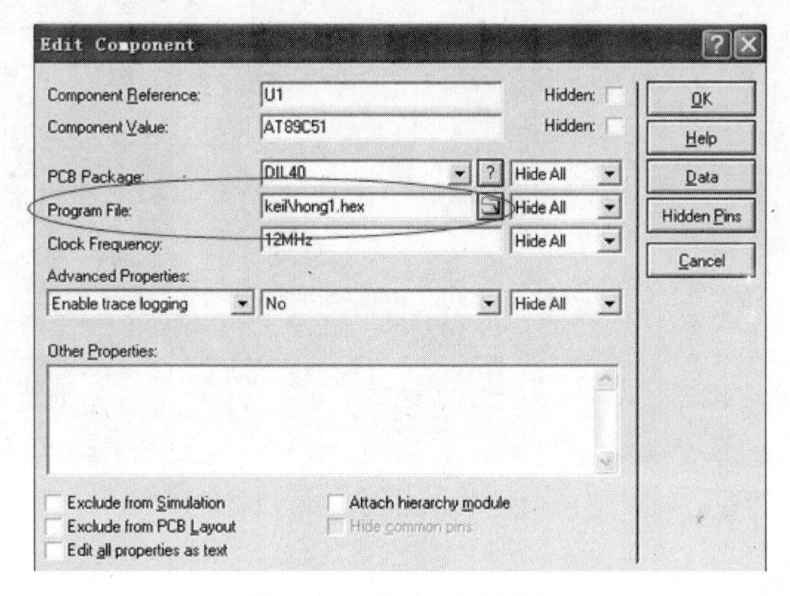

图 4-16　加载 HEX 运行程序

8．单击运行按钮 ▶ ，观察程序运行结果。

三、硬件仿真

1．硬件接线

使用 IAP15F2K61S 单片机最小系统、8 路共阳流水灯模块及电源模块。单片机 P0 口与流水灯模块使用 8 路双母杜邦线相连，接口按位号从小到大的顺序一一对应相连。流水灯模块的电源正极接最小系统中的“外模块使用”正极端。

如图 4-17 所示，是带硬件仿真功能的 STC15 单片机最小系统、8 路共阳流水灯模块实物连接参考图。

2．用 Keil C51 软件进行硬件仿真

参考附录 6 中的 Keil C51 硬件仿真。

（1）打开“STC-ISP 下载编程烧录软件”，设置【Keil 仿真设置】→【添加 STC 仿真驱

动到 Keil 中】→【将 IAP15F2K61S 设置为 2.0 版仿真芯片】。

（2）打开 Keil C51 软件，设置【Project】→【Option for Target ‘Target1’】→【Debug】→【USE】→【Setting】。通过上述处理，在 Keil C51 环境下编写、调试、编译程序，可以对单片机进行硬件仿真的调试。

如果不进行硬件仿真调试，可参考附录 5 相关内容，进行程序下载后调试。下载程序调试可以不使用带硬件仿真功能的芯片，调试过程中，若发现程序不能实现相应的功能，修改好程序后，须经过再次编译，重新下载程序才能观察运行效果，下载程序时注意芯片型号、实际连接串口等参数与下载软件中的相关参数必须吻合。

图 4-17　调试流水灯模块的实物图

任务评价

1. 硬件检测

判断硬件连接任务是否完成，须使用万用表等工具进行检测，关键点如下。

（1）5V 电源是否正确输出。

（2）STC15 芯片在锁紧座上的放置位置是否正确。

（3）加电可直接检测共阳流水灯模块是否完好。

（4）连接顺序是否正确。

2. 软件检测

本任务程序相对简单，我们应通过这些任务不断积累编程、调试经验。若不能调试出相应结果，主要检查以下几点。

（1）程序输入、调试、编译无错误，可通过软件仿真观察 P0 口值的变化情况，判断程序中初值等设置是否正确。

（2）进行硬件仿真设置时，一定要在 Keil C51 软件中对 STC 芯片及串口号进行正确设

置，若这两项参数设置错误，则不能继续下一步的调试，请参考附录 6 相关部分进行修改。

（3）使用检测设备检查问题。若运行结果经反复调试仍未达到理论值，则故障比较隐蔽，可使用万用表或示波器测试 P0 口等重要观察点的电平变化，找出问题。

通过以上学习，根据任务实施过程，将完成任务情况记录在表 4-2 中，完成任务评价。

表 4-2 任务评价表

1. 硬件部分 （□已做 □不必做 □没有做）	
① 检查硬件模块、数量是否符合本次任务的要求	□是 □否
② 检测硬件模块是否可用	□是 □否
你在完成第一部分子任务的时候，遇到了哪些问题？你是如何解决的？	
2. 软件部分 （□已做 □不必做 □没有做）	
① 检查所使用软件是否可用	□是 □否
② 程序输入是否正常	□是 □否
③ 程序出错能否调试	□是 □否
④ Proteus 软件能否仿真	□是 □否
⑤ 硬件仿真是否顺序完成	□是 □否
你在完成第二部分子任务的时候，遇到了哪些问题？你是如何解决的？	
完成情况总结及评价：	
学习效果：□优 □良 □中 □差	

任务拓展

本任务仅完成了简单的流水灯功能。课后在硬件没有变化的情况下，调试程序，实现让 8 路流水灯按你所设想的方式亮起来。如一个个按顺序亮、向左移动亮、向右移动亮、四个一组交替亮等，至少实现 2、3 种不同的流水功能。

任务 3 实现多种花样流水功能

学习目标

- 掌握使用 Proteus 仿真软件调试出流水灯模块的多种花样流水功能。
- 掌握使用 STC15 单片机最小系统调试出流水灯模块的多种花样流水功能。

任务呈现

户外广告屏、霓虹灯、广告彩灯等宣传工具，长期竖立户外，外观不发生变化，但色彩、宣传的内容可以不断地更新。原来它们通过计算机、手机、通信设备，改变了运行内容，让用户使用很方便，这些宣传工具因实用性强而得到了推广。

本任务的硬件仍使用任务 2 中的模块，如图 4-17 所示，包括 STC15 单片机最小系统模块、8 路共阳流水灯模块及电源模块。

想一想

如何实现“多样流水”效果？

本次任务

让 8 盏 LED 灯实现多样流水效果的变化规律是：从高位至低位流水一次，再从低位至高位流水一次，然后全亮、全熄各两次。分别完成如下三个小任务。

（1）使用 Keil C51 软件编写程序，在 Keil C51 软件中观察 P0 口值的变化规律。

（2）使用传统 51 芯片的最小系统、8 路共阳流水灯模块，在 Proteus 仿真软件中实现多种花样流水功能。

（3）使用带硬件仿真的 STC15 单片机最小系统、8 路共阳流水灯模块进行实物连接、调试，实现多种花样流水功能。

程序分析

程序功能：第一次左移，第二次右移，第三次实现全亮与全灭功能。图 4-18 是流水灯实现流水功能的程序流程图。

程序由 Delay10ms( )、Delay_n_10ms( )及 main( )三个函数组成。主函数中调用循环左移函数、循环右移函数及对 P0 直接赋值来实现功能。

```
/*******************************************************************************
* 程 序 名：实现 LED 流水灯的多种变化流水功能
* 程序说明：左移、右移函数的使用
* 连接方式：P0 口与共阳跑马灯连接
* 使用模块：5V 电源、STC15 单片机最小系统、共阳跑马灯
* 调试芯片：IAP15F2K61S2-PDIP40
* 适用芯片：89、90、STC10、STC11、STC12、STC15 系列
* 注    意：89 或 90 系列可运行，须修改 Delay10ms 延时函数
*******************************************************************************/
//--包含要使用到相应功能的头文件--//
#include <reg51.h>
#include <intrins.h>
//--函数声明--//
void Delay10ms(void);                    //延时 10ms
void Delay_n_10ms(unsigned int n);       //延时 n 个 10ms
/*******************************************************************************
* 函 数 名：main
```

```
* 函数功能：主函数
* 参    数：无参数
* 返 回 值：无返回值
*******************************************************************************/
void main( )
{
    unsigned char LED,i;
    while (1)
    {
        LED = 0xfe;                         //0xfe = 1111 1110
        for(i=0;i<8;i++)                    //LED 灯左移 8 次
        {
            P0 = LED;                       //P0 获得 LED 当前值
            Delay_n_10ms(100);              //保持上述状态 1 秒
            LED = _crol_(LED ,1);           //将低一位值左移至高一位，最高位值移至最低位
        }               //如果原值为 1111 1110，执行_crol_函数后，LED 值为 111 1101

        for(i=0;i<8;i++)                    //LED 灯右移 8 次
        {
            P0 = LED;                       //P0 获得 LED 当前值
            Delay_n_10ms(100);              //保持上述状态 1 秒
            LED = _cror_(LED ,1);           //将高一位值右移至低一位，最低位值移至最高位。
        }               //如果原值为 1111 1110，执行_cror_函数后，LED 值为 0111 1111

        for(i=0;i<2;i++)                    //8 个 LED 灯全亮、熄两次
        {
            P0 = 0x00;                      //LED 灯全亮
            Delay_n_10ms(100);
            P0 = 0xff;                      //LED 灯全熄
            Delay_n_10ms(100);
        }
    }
}
/*******************************************************************************
* 函 数 名：Delay10ms
* 函数功能：延时函数，延时 10ms
* 参    数：无参数
* 返 回 值：无返回值
* 来    源：使用 STC-ISP 软件的“延时计算器”功能实现
*******************************************************************************/
void Delay10ms(   )           //@11.0592MHz
{
```

```
    unsigned char i, j;
    i = 108;          //12T 芯片 i=18， 1T 芯片 i=108
    j = 145;          //12T 芯片 j=235，1T 芯片 j=145
    do
    {
        while (--j);
    } while (--i);
}
/*********************************************************************************
* 函 数 名：Delay_n_10ms
* 函数功能：延时 n 个 10ms
* 输    入：有参数
* 输    出：无返回值
* 来    源：根据功能要求自写程序
*********************************************************************************/
void Delay_n_10ms(unsigned int n)        //@11.0592MHz
{
    unsigned int i;
    for(i=0 ; i<n ; i++)
        Delay10ms();
}
```

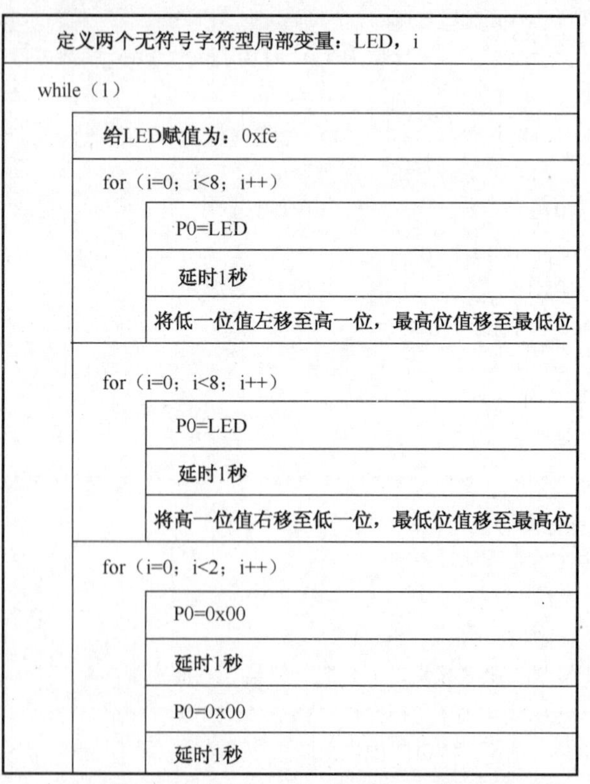

图 4-18 流水灯实现流水功能的流程图

（1）该流水灯程序一次循环结束点亮 8 盏灯的顺序是什么？

（2）若要按从高位至低位依次点亮 1 盏灯，程序应如何修改？

C 语言介绍：头文件

在 51 单片机编程中，常使用到一些头文件。这些头文件将常用寄存器的地址、特殊寄存器的位地址、常用的函数定义在其中，使用时不需要记住那些地址值或编写已定义好的函数，只需记住已在头文件中定义的对应符号及函数，这样可提高编程效率。现在对常用的 reg51.h、intrins.h 头文件做简单介绍。

1．reg51.h

reg 51.h 中规定的 SFR 寄存器地址与 Intel MCS-8051 单片机的相同，SFR 是任何一种型号的 51 单片机都有的最基本寄存器。reg52.h 是对 reg51.h 的扩充，增加了 T2 和 DPTR1。因此可以认为 reg51.h 是 reg52.h 的子集，此外对于不同厂家生产的 51 单片机，如 STC、Philips、Atmel 等都有自己相应的 SFR 定义头文件。

（1）在 reg51.h 头文件中规定的符号名与地址的对应关系。

例：sfr　P1 = 0x90;

即定义 P1 与地址 0x90 对应，P1 口的地址就是 0x90（0x90 是 C 语言中十六进制数的写法，相当于汇编语言中的 90H）。

sfr 并非标准 C 语言的关键字，而是 Keil 为能直接访问 80C51 中的 SFR 寄存器而提供一个新的关键词，其用法为

sfr　变量名 = 地址值

（2）符号 P10 表示 P1.0 引脚。

在 C 语言里，如果直接写 P1.0，C 编译器并不能识别，而且 P1.0 也不是一个合法的 C 语言变量名，所以得给它另起一个名字，这里起名为 P10，可是 P10 是不是就是 P1.0 呢？你这么认为，C 编译器可不这么认为，所以必须给它们建立联系，这里使用了 Keil C 的关键字 sbit 来定义，sbit 的用法有三种。

第一种方法：sbit 位变量名＝地址值；

第二种方法：sbit 位变量名＝SFR 名称^变量位地址值；

第三种方法：sbit 位变量名＝SFR 地址值^变量位地址值。

如定义 PSW 中的 OV 可以用以下三种方法。

sbit　OV=0xd2;　　　说明：0xd2 是 OV 的位地址值

sbit　OV=PSW^2;　　说明：其中 PSW 必须先用 sfr 定义好

sbit　OV=0xD0^2;　　说明：0xD0 就是 PSW 的地址值

因此这里用“sfr　P10=P1^0”就是定义用符号 P10 来表示 P1.0 引脚，如果你愿意也可以起 P1_0 之类的名字，只要在下面程序中也随之更改就行了。

以下就是 reg51.h 文件的具体内容。

```
/*------------------------------------------------------------------------
REG51.H
Header file for generic 80C51 and 80C31 microcontroller.
Copyright (c) 1988-2002 Keil Elektronik GmbH and Keil Software, Inc.All rights reserved.
------------------------------------------------------------------------*/
#ifndef __REG51_H__
#define __REG51_H__
/*  BYTE Register  */
sfr  P0    = 0x80;
sfr  P1    = 0x90;
sfr  P2    = 0xA0;
sfr  P3    = 0xB0;
sfr  PSW   = 0xD0;
sfr  ACC   = 0xE0;
sfr  B     = 0xF0;
sfr  SP    = 0x81;
sfr  DPL   = 0x82;
sfr  DPH   = 0x83;
sfr  PCON = 0x87;
sfr  TCON = 0x88;
sfr  TMOD = 0x89;
sfr  TL0   = 0x8A;
sfr  TL1   = 0x8B;
sfr  TH0   = 0x8C;
sfr  TH1   = 0x8D;
sfr  IE    = 0xA8;
sfr  IP    = 0xB8;
sfr  SCON = 0x98;
sfr  SBUF = 0x99;

/*  BIT Register   */
/*  PSW    */
sbit  CY   = 0xD7;
sbit  AC   = 0xD6;
sbit  F0   = 0xD5;
sbit  RS1  = 0xD4;
sbit  RS0  = 0xD3;
sbit  OV   = 0xD2;
sbit  P    = 0xD0;
/*  TCON   */
sbit  TF1  = 0x8F;
sbit  TR1  = 0x8E;
```

```
sbit  TF0  = 0x8D;
sbit  TR0  = 0x8C;
sbit  IE1  = 0x8B;
sbit  IT1  = 0x8A;
sbit  IE0  = 0x89;
sbit  IT0  = 0x88;
/*  IE   */
sbit  EA   = 0xAF;
sbit  ES   = 0xAC;
sbit  ET1  = 0xAB;
sbit  EX1  = 0xAA;
sbit  ET0  = 0xA9;
sbit  EX0  = 0xA8;
/*  IP   */
sbit  PS   = 0xBC;
sbit  PT1  = 0xBB;
sbit  PX1  = 0xBA;
sbit  PT0  = 0xB9;
sbit  PX0  = 0xB8;

/*  P3  */
sbit  RD   = 0xB7;
sbit  WR   = 0xB6;
sbit  T1   = 0xB5;
sbit  T0   = 0xB4;
sbit  INT1 = 0xB3;
sbit  INT0 = 0xB2;
sbit  TXD  = 0xB1;
sbit  RXD  = 0xB0;
/*  SCON   */
sbit  SM0  = 0x9F;
sbit  SM1  = 0x9E;
sbit  SM2  = 0x9D;
sbit  REN  = 0x9C;
sbit  TB8  = 0x9B;
sbit  RB8  = 0x9A;
sbit  TI   = 0x99;
sbit  RI   = 0x98;
#endif
```

2．intrins.h

intrins.h 中定义的常用函数如下。

crol(val , n)、_irol_(val , n)、_lrol_(val , n) 函数，将变量 val 循环左移 n 位。

cror(val , n)、_iror_(val , n)、_lror_(val , n) 函数，将变量 val 循环右移 n 位。

void _nop_( ) 函数可用于程序中的延时，产生一个 NOP 指令。

bit _testbit_(bit x) 函数对字节中的一位进行测试。

要使用这些函数，在程序开始处，必须引用 intrins.h 头文件。

任务实施

同本项目中任务 2 的任务实施，不同之处是程序内容，其他操作均相同。

任务评价

同本项目中任务 2 的任务评价。不同之处是着重考察编程及排障能力。

通过以上学习，根据任务实施过程，将完成任务情况记入表 4-3 中，完成任务评价。

表 4-3 任务评价表

1. 硬件部分 （□已做 □不必做 □没有做）		
① 检查硬件模块、数量是否符合本次任务的要求	□是	□否
② 检测硬件模块是否可用	□是	□否
你在完成第一部分子任务的时候，遇到了哪些问题？你是如何解决的？		
2. 软件部分 （□已做 □不必做 □没有做）		
① 检查所使用软件是否可用	□是	□否
② 程序输入是否正常	□是	□否
③ 程序出错能否调试	□是	□否
④ Proteus 软件能否调试	□是	□否
⑤ 硬件仿真能否顺序完成	□是	□否
你在完成第二部分子任务的时候，遇到了哪些问题？你是如何解决的？		
完成情况总结及评价：		
学习效果： □优 □良 □中 □差		

任务拓展

本任务仅实现了四种流水变化情况，变化规律实际上有很多种，设计程序实现：让 8 路流水灯按你设想的顺序亮起来，如两个两个顺序亮、向左移动并慢慢变亮、向右移动并慢慢亮、四个四个交替亮等。

项目总结

通过本项目的实施，掌握了 8 路流水灯电路模块的工作原理、元器件的选择、构建相应的硬件电路，通过实践对电路知识有了更深刻的理解，对电路的参数计算有了新的认识。

通过流水灯电路模块与单片机最小系统硬件连接，并调试通过了流水功能、多样流水功能等程序，在硬件方面进一步提高了模块间连接的能力，在软件方面熟悉了编程软件 Keil C51、单片机仿真软件 Proteus 的使用。在调试程序过程中，学会了软件仿真、硬件仿真、下载程序时芯片、串口等功能参数的设置，提高了解决软件、硬件的排障能力。

课后练习

4-1 何谓共阳极电路及共阴极电路？

4-2 如何选择共阳流水灯电路元器件？

4-3 单片机外挂电路一般为何选择共阳电路？

4-4 STC10/ STC11/ STC12/ STC15 系列芯片拉电流、灌电流与传统单片机有什么不同？

4-5 画出 8 路共阴、共阳流水灯电路图。

4-6 简述使用 Keil C51 软件进行软件仿真的调试步骤。

4-7 简述使用 Keil C51 软件进行硬件仿真的调试步骤及调试条件。

4-8 编写程序实现从低位至高位逐一点亮一盏灯，直至八盏灯全亮。

4-9 编写程序实现从高位至低位逐一点亮一盏灯，直至八盏灯全亮。

4-10 编写程序实现从低位至高位，每次只点亮一盏灯。

4-11 编写程序实现从高位至低位，每次只点亮一盏灯。

4-12 编写程序实现从高位至低位，每次点亮两盏灯。

4-13 请设计出一款属于自己的花样流水灯点亮和闪烁方式，并调试出相应程序。

项目 5 直流电动机的控制

项目描述

电动机是把电能转换成机械能的一种设备，可以用来驱动各种用途的生产机械。在机械制造工业、冶金工业、煤炭工业、石油工业、轻纺工业、化学工业及其他各种工矿企业中，广泛地应用着各种电动机。根据电动机工作电源的不同，可分为直流电动机和交流电动机。

直流电机应用在办公自动化、智能家居、生产自动化、医疗器械、金融机械、游戏玩具等领域，如录像机、复印机、照相机、自动窗帘、玻璃幕墙、点钞机、ATM 机、自动售货机等各种自动设备。

本项目的主要任务是了解直流电动机的控制原理，学会通过单片机控制直流电动机。具体任务如下。

任务 1　设计直流电动机的运行控制电路

任务 2　控制按键的设计

任务 3　在 Proteus 仿真软件中实现直流电动机的点动与连续运行

任务 4　制作直流电动机点动与连续运行模块

任务 1　设计直流电动机的运行控制电路

学习目标

- 理解直流电动机控制的基本原理。
- 能设计出直流电动机的运行控制电路。

任务呈现

直流电动机广泛应用于各种便携式的电子设备或器具中，如录音机、电风扇、电动按摩器及各种玩具，也广泛应用于汽车、电动自行车、蓄电池车、船舶、航空、机械等行业，在一些高精尖产品中也有着广泛应用，如手机、精密机床、自动点钞机、捆钞机等。

如图 5-1 所示为常用直流电动机应用设备，图 5-1（a）是电动玩具汽车，图 5-1（b）是

电动螺丝刀。

（a）

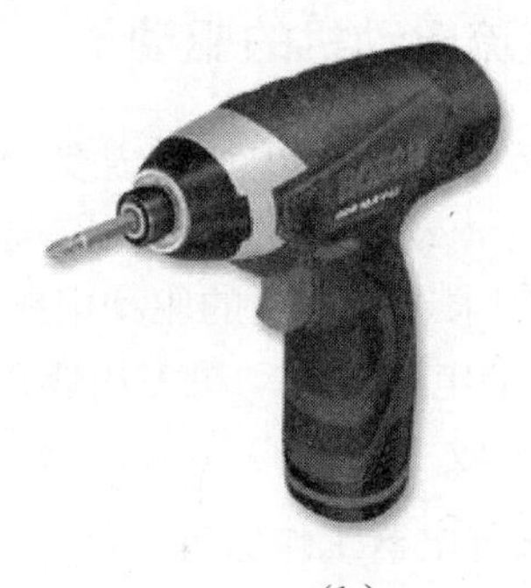

（b）

图 5-1　直流电动机在生活中的应用

想一想

（1）直流电动机是如何实现调速的？
（2）单片机能直接驱动直流电动机吗？

本次任务

选择合适的元器件，设计出 12V 直流电动机的运行控制电路。

知识链接

一、直流电动机简介

电动机是使电能转换为机械能的设备，直流电动机把直流电能转变为机械能。普通直流电动机实物如图 5-2 所示。

图 5-2　普通直流电动机实物图

直流电动机具有以下优点。

（1）调速范围广，易于平滑调节。
（2）过载、启动、制动转矩大。
（3）易于控制，可靠性高。

（4）调速时的能量损耗较小。

二、直流电动机的驱动

由于电动机启动及运行时需要较大的电流，所以用单片机控制直流电动机时，需要驱动电路来为直流电动机提供足够大的驱动电流。使用不同的直流电动机，其驱动电流就不同，要根据实际需求选择合适的驱动电路，常见的有以下几种：电磁继电器控制的驱动电路，三极管 H 桥驱动电路、电动机专用驱动模块（如 L298）、达林顿驱动器等。电磁继电器控制是驱动电路中较为简便的一种。

1. 电磁继电器工作原理

电磁继电器是一种电子控制器件，具有控制系统（又称输入回路）和被控制系统（又称输出回路），通常应用于自动控制电路中，它实际上是用较小的电流、较低的电压去控制较大电流、较高电压的一种“自动开关”。在电路中起着自动调节、安全保护、转换电路等作用。电磁式继电器的工作原理如图 5-3 所示，其主要工作部件包括线圈、常开触点，常闭触点。

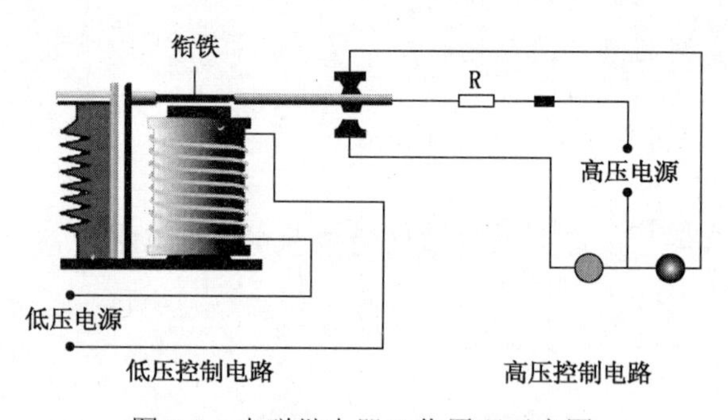

图 5-3　电磁继电器工作原理示意图

电磁继电器是在输入电路电流的作用下，由机械部件的相对运动产生预定响应的一种继电器。电磁式继电器一般由控制线圈、铁芯、衔铁、触点簧片等组成，控制线圈和接点组之间是相互绝缘的，因此，能够为控制电路起到良好的电气隔离作用，内部结构如图 5-4 所示。当在继电器的线圈两端加上额定电压时，线圈中就会流过一定的电流，从而产生电磁效应，衔铁就会在电磁力吸引的作用下克服返回弹簧的拉力被铁芯吸住，从而带动衔铁与常开触点吸合。当线圈断电后，电磁的吸力也随之消失，衔铁就会因弹簧的反作用力返回原来的位置，使动触点与常闭触点吸合。这样吸合、释放，从而达到了在电路中接通、切断开关的目的。

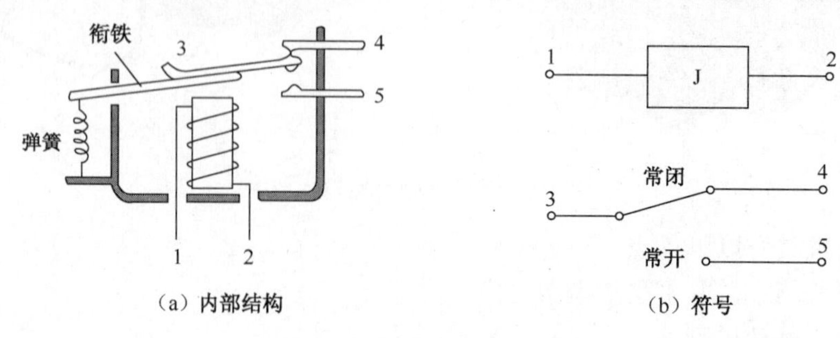

图 5-4　电磁继电器结构图

2. 继电器的选用

（1）须了解必要的条件。

① 控制电路的电源电压，能提供的最大电流。

② 被控制电路中的电压和电流。

③ 被控电路需要几组、什么形式的触点。

选用继电器时，一般控制电路的电源电压可作为选用的依据。控制电路应能给继电器提供足够的工作电流，否则继电器吸合是不稳定的。

（2）查阅有关资料确定使用条件后，可查找相关资料，找出需要的继电器的型号和规格。若手头已有继电器，可依据资料核对是否可以利用，并考虑尺寸是否合适。

（3）注意器具的容积。

若是用于一般用电器，除考虑机箱容积外，小型继电器主要考虑电路板安装布局。对于小型电器，如玩具、遥控装置则应选用超小型继电器产品。

任务实施

将继电器的常开触点串联到直流电动机的运行回路中，通过控制继电器线圈的通电与断电，带动常开触点的闭合与断开，以此控制直流电动机的运行与停止。

图 5-5（a）所示为直流电动机运行控制原理图。继电器线圈的通断电由单片机控制，当单片机 P2.0 口输出低电平时，三极管 Q1 饱和导通，继电器线圈通电，常开触点闭合，直流电动机开始运行。反之，P2.0 口输出高电平，电动机停止运行。图 5-5（b）是单个继电器驱动模块控制直流电动机运行实物参考图。

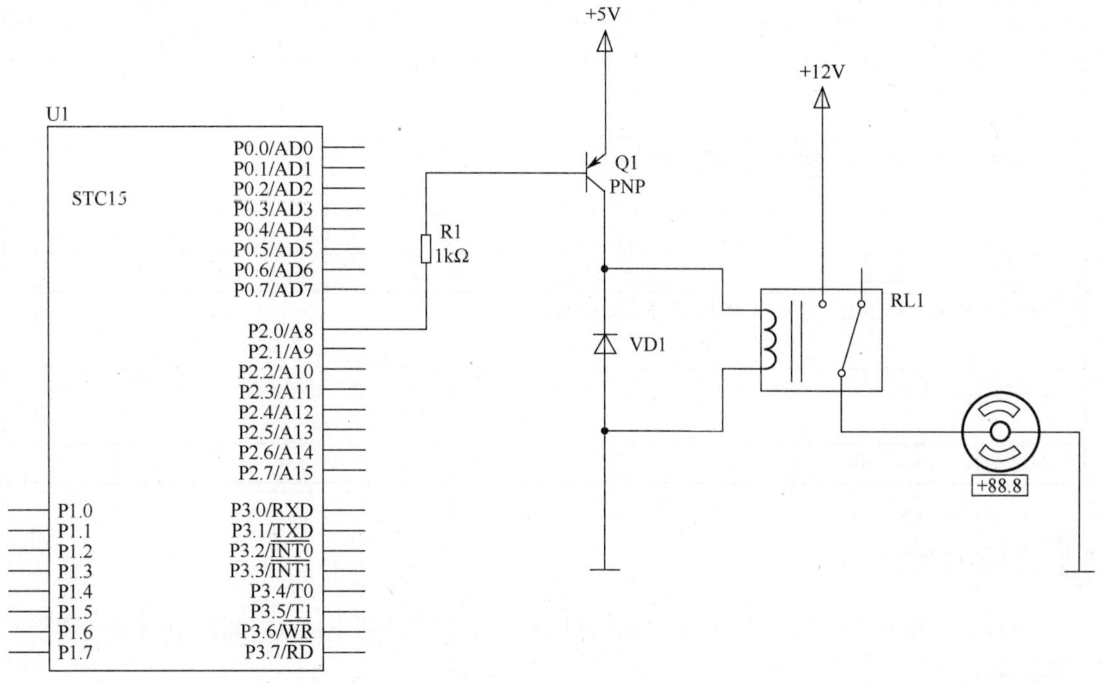

（a）直流电动机运行控制原理图

图 5-5 直流电动机控制

（b）继电器驱动模块控制直流电动机运行实物参考图

图 5-5　直流电动机控制（续）

在三极管截止的瞬间，由于线圈中的电流不能突变为零，继电器线圈两端会产生一个较高电压的感应电动势，线圈产生的感应电动势则可以通过二极管 VD1 释放，从而保护了三极管免被击穿，也消除了感应电动势对其他电路的干扰。

任务评价

选择合适的元器件，设计出直流电动机的运行控制电路。填写表 5-1，总结讨论完成情况。

表 5-1　任务评价表

1. 继电器的选择　（□明白　□不明白　□没有做）		
① 线圈电压选择的是几伏？	□5V	□12V
② 触点负荷选择的是几伏？	□5V	□12V
你选择的继电器是什么型号？选择的理由是什么？		
2. 控制电路的设计　（□完成　□有疑问　□没有做）		
① 是否是低电平触发继电器	□是	□否
② 继电器是否能控制直流电动机的运行	□是	□否
③ 是否有防干扰装置	□是	□否
你在完成设计任务的时候，遇到了哪些问题？你是如何解决的？		
完成情况总结及评价：		
学习效果：　□优　□良　□中　□差		

任务拓展

查找相关资料，了解直流电动机的运行原理，并尝试设计电路，使用继电器驱动实现直流电动机的正反转控制运行。

任务 2　控制按键的设计

学习目标

- 掌握按键去抖动、连接及控制方式。
- 掌握独立式按键及其接口电路。

任务呈现

在单片机设计中常用的按键是轻触按键，它是按键类产品中的一种，相当于一种电子开关。只要轻轻地按下按键就可以接通电路，松开时就断开连接，它主要是通过按键内部金属弹片的受力弹动来实现接通和断开的。

轻触按键由于微动开关的特性及体积小、质量轻的优势在家用电器方面得到了广泛的应用，如电视机按键、光驱按键、键盘按键、显示器按键、照明按键等。如图 5-6 所示为轻触按键在生活中常见的应用，图 5-6（a）是计算机键盘，图 5-6（b）是电视机控制键。

（a）

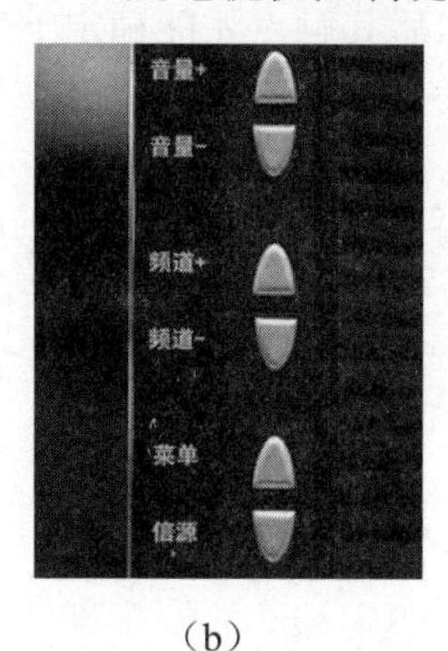

（b）

图 5-6　轻触按键在生活中的应用

想一想

（1）常用的按键还有哪些？
（2）按键有几个引脚？如何连接？

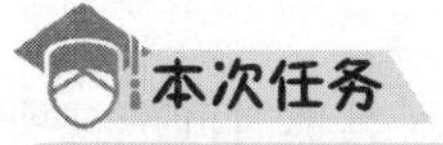

本次任务

掌握独立式按键接口电路，学会按键扫描程序的编写。

知识链接

1．轻触按键的特性

图 5-7 所示为轻触按键实物图，其主要特点如下。

（1）超小超薄，方形结构，有 6mm 及 12mm 两款。

（2）采用带接地端子。

（3）备有可安装键顶的凸出性柱塞。

（4）采用密封构造，即使在尘埃较多或者潮湿的环境下也能够保持高可靠性。

图 5-7　轻触按键实物图

2．按键开关的去抖动问题

机械式按键在按下或释放时，由于机械弹性作用的影响，通常伴有一定时间的触点机械抖动，然后其触点才能稳定下来。其抖动过程如图 5-8 所示，抖动时间的长短与开关的机械特性有关，一般为 5～10 ms。

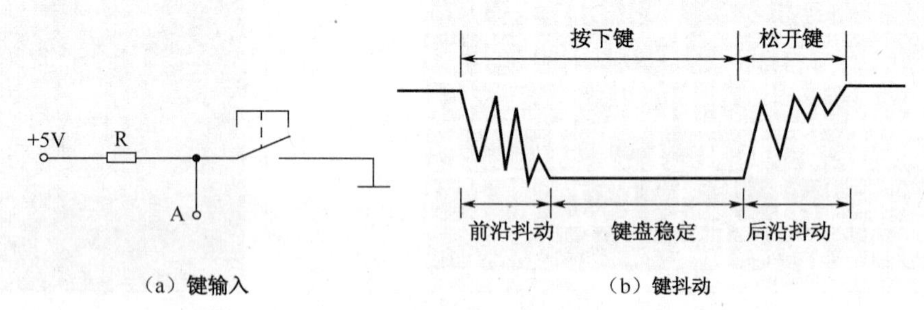

图 5-8　键输入与键抖动

在触点抖动期间检测按键的通、断状态，可能导致判断出错，即按键一次按下或释放可能被错误地认为是多次操作，这种情况是不允许出现的。为了克服按键触点机械抖动所导致的检测误判，必须采取消除抖动措施。这一点可从硬件、软件两方面予以考虑。在按键数量较少时，可采用硬件消抖，而当按键数量较多时，采用软件消抖。在硬件上可采用在按键输出端加 RS 触发器（双稳态触发器）或单稳态触发器构成消抖电路。如图 5-9 所示是一种由 RS 触发器构成的消抖电路，当触发器一旦发生翻转，触点抖动不会对其产生任何影响。

软件上采取的措施是：在检测到有按键按下时，执行一个 10 ms 左右（具体时间应视所使用的按键进行调整）的延时程序后，再确认该按键电平是否仍保持闭合状态电平，若仍保持闭合状态电平，则确认该按键处于闭合状态。同理，在检测到该按键释放后，也应采用相同的步骤进行确认，从而可消除抖动的影响。

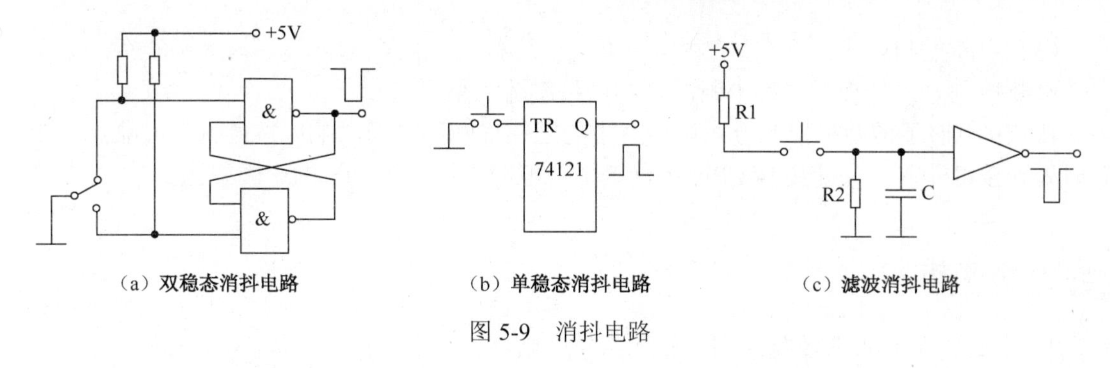

图 5-9 消抖电路

3. 独立式按键结构

单片机控制系统中，往往只需要几个功能键，此时，可采用独立式按键结构。

独立式按键是直接用 I/O 口线构成的单个按键电路，其特点是每个按键单独占用一根 I/O 口线，每个按键的工作不会影响其他 I/O 口线的状态。独立式按键的典型接口如图 5-10（a）、（b）所示，两电路的区别在于，图 5-10（a）中按键按下的检测信号为低电平，图 5-10（b）中按键按下的检测信号为高电平，实际使用中常采用图 5-10（a）的接法。

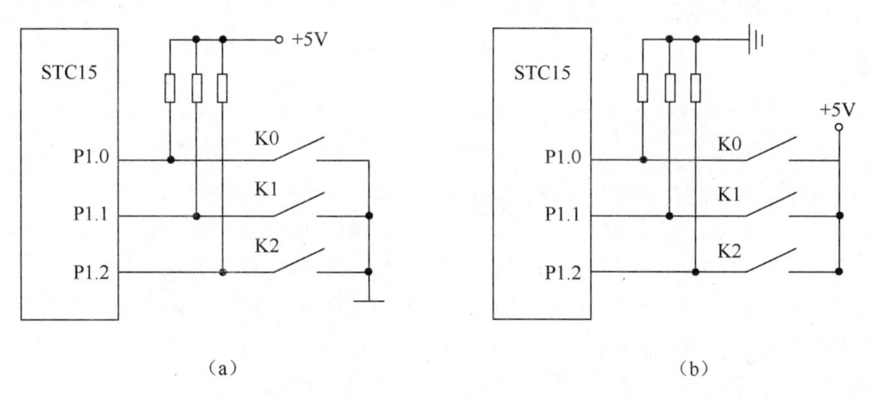

图 5-10 独立式按键的接口电路

独立式按键电路配置灵活，软件编程简单，但每个按键必须占用一根 I/O 口线，因此，在按键较多时，I/O 口线浪费较大，所以该电路通常在按键使用较少的情况下采用。

4. 键盘扫描控制方式

（1）程序控制扫描方式。

程序控制扫描方式是指键盘处理程序固定在主程序的某个程序段中。

特点：对 CPU 工作影响小，但应考虑键盘处理程序运行的间隔周期不能太长，否则会影响对按键输入响应的及时性。

（2）定时控制扫描方式。

定时控制扫描方式是指利用定时/计数器每隔一段时间产生定时中断，CPU 响应中断后对键盘进行扫描。

特点：与程序控制扫描方式的区别是，在扫描间隔时间内，前者用 CPU 工作程序填充，后者用定时/计数器定时控制。定时控制扫描方式也应考虑定时时间不能太长，否则会影响对按键输入响应的及时性。

（3）中断控制方式。

中断控制方式是利用外部中断源，响应按键输入信号。

特点：克服了前两种控制方式可能产生的空扫描和不能及时响应按键输入的缺点，既能及时处理按键输入，又能提高 CPU 运行效率，但要占用一个宝贵的中断资源。

任务实施

1．了解一个完善的键盘控制程序应具备的功能。

（1）检测有无按键按下，并采取硬件或软件措施，消除键盘按键机械触点抖动的影响。

（2）有可靠的逻辑处理办法。每次只处理一个按键，其间任何按键的操作对系统不产生影响，且无论一次按键时间有多长，系统仅执行一次按键功能程序。

（3）准确输出按键值（或键号），以满足跳转指令要求。

2．编写按键扫描程序，参考如下。

单片机 P0.1 口接发光二极管，P1.0、P1.1 口接独立按键 K1、K2，实现功能：按下按键 K1，二极管点亮；按下 K2，二极管熄灭。

源程序如下：

```
/*****************************************************************************
* 程 序 名：按键测试
* 程序说明：按下按键 K1，二极管点亮；按下 K2，二极管熄灭
* 连接方式：P0 接 8 路共阳流水灯模块，P1.0 口、P1.1 口与独立按键模块连接
* 调试芯片：STC15F2K60S2-PDIP40 系列/ IAP15F2K61S2，1T 芯片
* 使用模块：5V 电源、STC15 单片机最小系统、直流电动机控制、独立按键等模块
* 适用芯片：STC 89、STC 90、STC10、STC11、STC12、STC15 系列
* 注    意：STC 89、STC 90 系列可运行，须修改 Delay10ms 函数
*****************************************************************************/
#include <reg51.h>
sbit k1=P1^0;            //定义 P1.0 口为按键 K1 识别端口，低电平有效
sbit k2=P1^1;            //定义 P1.1 口为按键 K2 识别端口，低电平有效
sbit led=P0^1;           //定义 P0.1 口为发光二极管识别端口，低电平有效
/***************************************************************************
* 函 数 名：Delay10ms
* 函数功能：延时函数，延时 10ms
* 参    数：无
* 返 回 值：无
* 来    源：使用 STC-ISP 软件的“延时计算器”功能实现
***************************************************************************/
void Delay10ms( )     //@11.0592MHz
{
    unsigned char i, j;
    i = 108;      //12T 芯片 i=18， 1T 芯片 i=108
```

```
    j = 145;        //12T 芯片 j=235，1T 芯片 j=145
    do
    {
        while (--j);
    } while (--i);
}
/**********************************************************************
* 函 数 名：Delay_n_10ms
* 函数功能：延时 n 个 10ms
* 参    数：有
* 返 回 值：无
* 来    源：根据功能要求自写程序
**********************************************************************/
void Delay_n_10ms(unsigned int n)       //@11.0592MHz
{
    unsigned int i;
    for(i=0 ; i<n ; i++)
        Delay10ms();
}
/**********************************************************************
* 函 数 名：key
* 函数功能：按键扫描程序，两种消抖编程方法
* 参    数：无
* 返 回 值：无
**********************************************************************/
void key()
{
    if(k1==0)                   //检测按键 K1 是否按下，第一种消抖编程方法
    {
        Delay_n_10ms(1);        //延时 10ms，按键消抖
        if(k1==0)
            led=0;              //按键处理，点亮 led
        while(k1==0);           //不松开 K1 键，保持状态，松开后程序继续执行下一句
    }

    if(k2==0)                   //检测按键 K2 是否按下，第二种消抖编程方法
    {
        Delay_n_10ms(1);        //消除抖动
        while (k2==0)           //确认键按下去
            led=1;              //按键处理，熄灭 led
    }
}
```

```
/***************************************************************************
* 函 数 名：main
* 函数功能：主函数
* 输    入：无
* 输    出：无
***************************************************************************/
main()
{
      led = 1;
      while(1)
      {
           key();
      }
}
```

任务评价

根据实际完成情况，填写任务评价表，见表 5-2。

表 5-2　任务评价表

1．按键接口电路的设计　（□已做　□不必做　□没有做）	
① 是否明白按键控制的原理	□是　　□否
② 触发信号是否是低电平	□是　　□否
你在完成第一部分子任务的时候，遇到了哪些问题？你是如何解决的？	
2．独立按键扫描程序的编写　（□已做　□不必做　□没有做）	
① 是否进行 I/O 口定义	□是　　□否
② 是否有消抖的程序设计	□是　　□否
你在完成第二部分子任务的时候，遇到了哪些问题？你是如何解决的？	
完成情况总结及评价：	
学习效果：　□优　□良　□中　□差	

任务拓展

单片机 P0 口接流水灯模块，P1.0、P1.1 口接独立按键 K1、K2，编写程序实现：按下 K1 键，流水灯开始循环点亮，按下 K2 键，流水灯全灭。

任务 3 在 Proteus 仿真软件中实现直流电动机的点动与连续运行

学习目标

- 能通过 Keil C51 软件调试出直流电动机点动与连续运行的程序。
- 能运用 Proteus 软件仿真直流电动机点动与连续运行。

任务呈现

如图 5-11 所示，点动控制、连续运行、停止按键分别连接单片机的 P1.0、P1.1、P1.2 口，控制信号的输入，通过 P2.0 口输出相应的信号，以控制继电器触点的连通与断开，从而控制直流电动机的运行与停止。

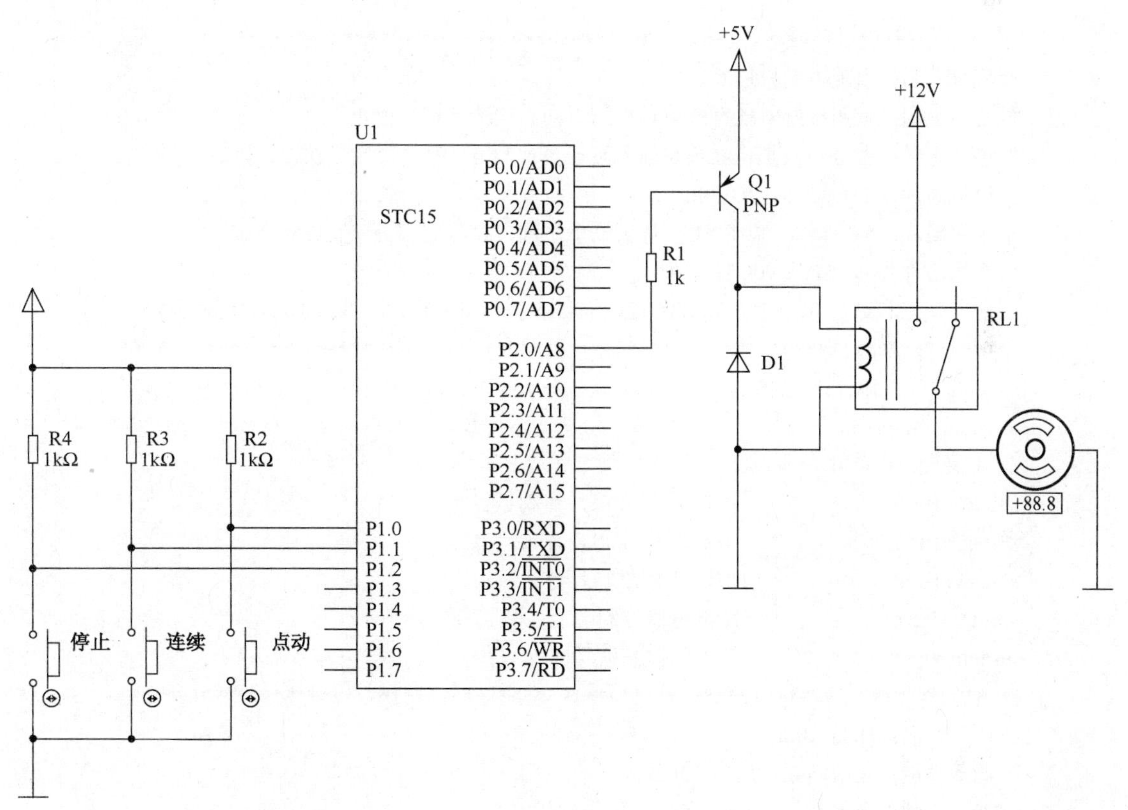

图 5-11 直流电动机运行控制仿真图

想一想

（1）在图 5-11 所示的独立按键接法中，是高电平有效？还是低电平有效？
（2）点动运行与连续运行对输出信号的控制区别是什么？

本次任务

使用 Keil 软件编写程序，并在 Proteus 仿真软件中实现以下功能：
（1）按下点动控制按键，直流电动机运行，松开按键，电动机停止运行；
（2）按下连续运行控制按键，直流电动机连续运行，松开按键电动机不会停止；
（3）电动机运行时，按下停止按键，电动机停止运行。

程序分析

程序由三个函数构成，main(void)主要测试三个键盘按下后的工作状态；Delay10ms()函数功能延时 1ms，该函数可由 STC-ISP 软件的“延时计算器”功能实现，代码可直接复制；Delay_n_10ms(unsigned int n)函数根据需要编写完成，函数功能是延时 n 个 1ms。

```
/*************************************************************************
* 程 序 名：直流电动机控制
* 程序说明：使用按键实现直流电动机的点动、连续运行与停止
* 连接方式：P2.0 口与继电器模块输入端连接，P1.0～P1.2 口接独立按键模块
* 调试芯片：STC90C51-PDIP40
* 使用模块：5V 电源、传统 51 单片机最小系统、直流电动机控制、独立按键等模块
* 适用芯片：89C51 或 90C51 系列
* 注      意：STC10、STC11、STC12、STC15 系列可运行，须修改 Delay10ms 函数
*************************************************************************/
//--包含要使用到相应功能的头文件--//
#include <reg51.h>
//--定义变量--//
sbit k1=P1^0;                //定义 P1.0 口，点动运行
sbit k2=P1^1;                //定义 P1.1 口，连续运行
sbit k3=P1^2;                //定义 P1.2 口，停止
sbit DJ=P2^0;                //继电器控制端
bit flag=0;                  //连续控制信号标志
/*************************************************************************
* 函 数 名：Delay10ms
* 函数功能：延时函数，延时 10ms
* 参      数：无参数
* 返 回 值：无返回值
* 来      源：使用 STC-ISP 软件的“延时计算器”功能实现
*************************************************************************/
```

```
void Delay10ms()                //@11.0592MHz
{
    unsigned char i, j;
    i = 18;         //12T 芯片 i=18， 1T 芯片 i=108
    j = 235;        //12T 芯片 j=235，1T 芯片 j=145
    do
    {
        while (--j);
    } while (--i);
}
/************************************************************************
* 函 数 名：Delay_n_10ms
* 函数功能：延时 n 个 10ms
* 参    数：有参数
* 返 回 值：无返回值
* 来    源：根据功能要求自写程序
************************************************************************/
void Delay_n_10ms(unsigned int n)        //@11.0592MHz
{
    unsigned int i;
    for(i=0 ; i<n ; i++)
        Delay10ms();
}
/************************************************************************
* 函 数 名：main
* 函数功能：主函数
* 参    数：无参数
* 返 回 值：无返回值
************************************************************************/
void  main(void )
{
    K1=K2=K3=1;                  //按键值初始化
    DJ = 1;                      //初始状态，电动机停止
    while(1)
    {
        if(k2= =0)               //检测按键 K2 是否按下，连续运行测试
        {
            Delay_n_10ms(1);     //消除抖动
            while (k2= =0)       //确认键按下去
                flag=1;              //启动电动机
        }
        if(k3= =0)               //检测按键 K3 是否按下，停止测试
```

```
        {
            Delay_n_10ms(1);   //消除抖动
            while (k3= =0)              //确认键按下去
                flag=0;                 //停止电动机
        }
        if(flag= =1||k1= =0)            //点动或连续控制电动机
            DJ = 0;                     //控制口低电平有效
        if(flag= =0&&k1!=0)             //停止电动机
            DJ = 1;                     //控制口高电平失效
    }
}
```

任务实施

1．打开 Proteus 仿真软件，进入仿真软件操作主界面。

2．选择元器件。

在元器件浏览区单击元器件选择按钮“P”，从弹出的“Pick Devices”对话框中拾取所需的元器件。

元器件清单如下：一个传统 51 单片机，最小系统中的所有元器件（可省略），4 个 1 kΩ 电阻 RES，3 个按键 BUTTON，1 个三极管 PNP，1 个二极管 DIODE，1 个继电器 G2R-1E-DC5，1 个直流电动机 MOTOR-DC。

3．放置元器件与连线。

参照图 5-11，对电动机运行控制电路进行元器件放置与连线。

4．添加电源与信号地。

在 Proteus 软件中，单片机芯片默认已经添加电源与信号地，可以省略，但外围电路的电源与信号地不能省略，添加并做好连线工作。

5．在 Keil C51 软件中完成程序的编写，生成 HEX 文件。

6．在 Proteus 仿真软件中，双击单片机加载 HEX 文件并运行程序。

7．单击运行按钮“▶”，观察程序运行效果。

任务评价

1．仿真电路的评价

（1）正确选用所需元器件。

（2）正确绘制仿真电路原理图。

2．程序及调试

（1）通过 Keil C51 软件编写程序，编译通过并生成 HEX 文件。

（2）在 Proteus 仿真软件中查看仿真结果，并进行相关调试，实现所需功能。

填写任务评价表，见表 5-3。

表 5-3 任务评价表

1．仿真电路部分 （□已做 □不必做 □没有做）		
① 检查所使用元器件是否符合本次任务的要求	□是	□否
② 检查电路连接是否正确	□是	□否
你在完成第一部分子任务的时候，遇到了哪些问题？你是如何解决的？		
2．程序及软件仿真部分 （□已做 □不必做 □没有做）		
① 检查所使用软件是否可用	□是	□否
② 程序输入是否正常	□是	□否
③ 程序出错能否调试	□是	□否
④ 软件仿真功能能否顺序实现	□是	□否
你在完成第二部分子任务的时候，遇到了哪些问题？你是如何解决的？		
完成情况总结及评价：		
学习效果： □优 □良 □中 □差		

任务拓展

尝试编写程序，使用两个继电器控制模块完成直流电动机的正反转运行控制，并进行仿真。

任务 4 制作直流电动机点动与连续运行模块

学习目标

- 正确理解直流电动机硬件电路连接方式。
- 能正确选择合适的继电器。
- 能在多孔板上制作独立按键模块和继电器控制模块。
- 学会检测继电器模块能否正常工作的方法。

任务呈现

使用单片机控制直流电动机，需要选择合适的驱动电路。继电器是具有隔离功能的自动开关元件，它能用较小的电流、较低的电压去控制较大的电流、较高的电压，因而广泛应用于遥控、遥测、通信、自动控制、机电一体化及电力电子设备中，是最重要的控制元件之一。使用继电器驱动电路控制直流电动机的运行，简单方便，易于操作。如图 5-12 所示为几种常见的直流继电器。

图 5-12　常见的直流继电器

本次任务

1. 硬件制作

在多孔板上制作独立按键模块和继电器控制模块，完成独立按键模块、继电器控制模块、直流电动机与单片机的电路连接。

2. 软件制作

运用 Keil C51 软件编写程序，实现由按键控制直流电动机的点动与连续运行。

（1）点动控制：直流电动机随着按键的按下与松开而运行与停止。

（2）连续运行：按下启动按键，电动机连续运行，按下停止按键，电动机停止运行。

电路分析

继电器模块与独立按键模块的电路原理如图 5-13 所示。COM 为公共端，NO 为常开触点，NC 为常闭触点。复位时，继电器线圈不通电，COM 端与 NC 导通，当继电器线圈通电后，COM 端与 NC 断开，与 NO 连接导通。所以，应将 COM 端与 NO 串联在直流电动机的运行回路中。

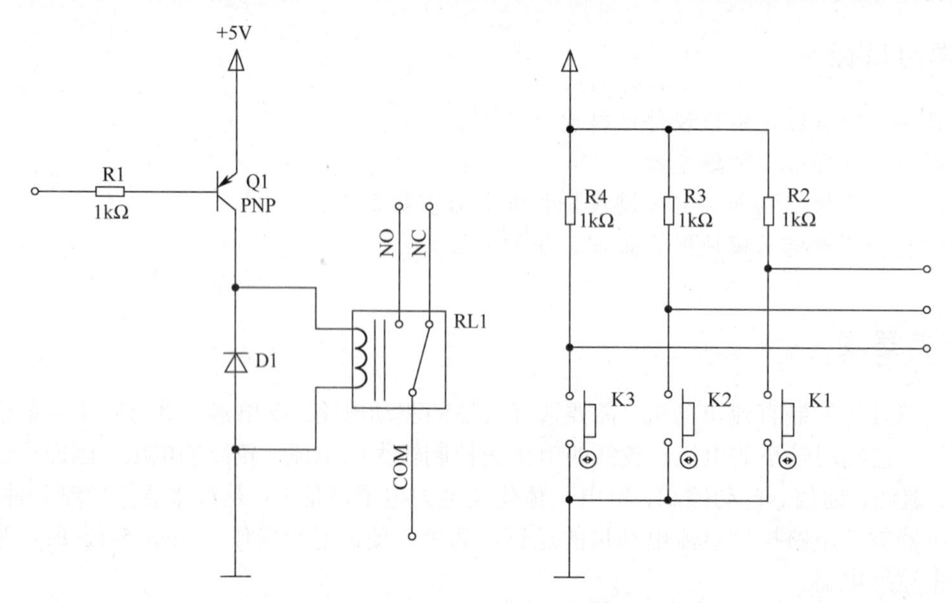

图 5-13　继电器模块与独立按键模块的电路原理

任务实施

1．制作继电器模块

图 5-14 为成套的继电器模块实物图，选择合适的元器件，参照图 5-13 和图 5-14，制作继电器驱动模块，所需元器件如下。

（1）1 块 15cm×9cm 多孔板。

（2）1 个 0.25W 四色环碳膜 1kΩ 电阻。

（3）S8550 型号三极管 1 个。

（4）1N4007 型号二极管 1 个。

（5）SRD-5VDC-SL-C 信号继电器 1 个。

2．制作独立按键模块

选择合适的元器件，参照图 5-13，制作独立按键控制模块，所需元器件如下。

（1）1 块 15cm×9cm 多孔板。

（2）4 个 0.25W 四色环碳膜 1kΩ 电阻。

（3）4 个轻触按键。

独立按键模块实物如图 5-15 所示。

图 5-14　继电器模块实物图

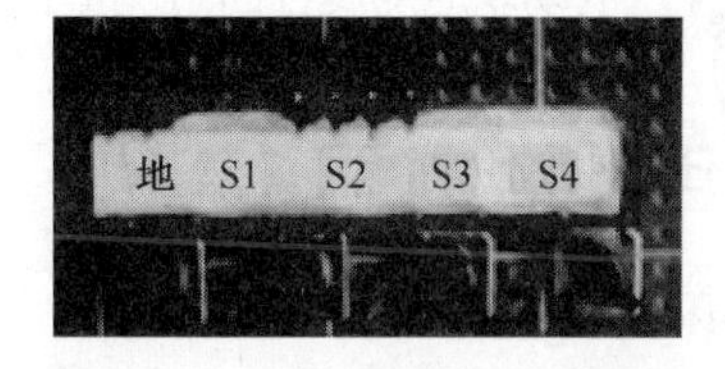

图 5-15　独立按键模块实物图

3．硬件的连接

参照图 5-16 所示继电器驱动直流电动机实物图，连接硬件电路。

（1）将独立按键模块与单片机最小系统板的 P1.0、P1.1、P1.2 口相连。

（2）将继电器模块与单片机最小系统板 P2.0 口相连。

（3）将继电器模块的常开触点与直流电动机、电源相串联。

（4）将各模块的电源、信号地与最小系统的电源、信号地分别连接。

4．硬件检测

常见的硬件故障如下。

（1）电源不供电。

图 5-16　继电器驱动直流电动机实物图

（2）元器件损坏。

（3）元器件虚焊。

（4）模块间连线断路或接触不良。

5. 编程与调试

程序的编写参照任务 3，将 HEX 文件下载到单片机中，根据不同现象进行软硬件的调试，实现电动机的点动与连续控制功能。

（1）上电复位时，电动机处于停止状态。

（2）按下点动控制按键，直流电动机运行，松开点动按键，电动机停止运行。

（3）按下连续运行控制按键，直流电动机连续运行。

（4）电动机连续运行时，按下停止按键，电动机停止运行。

任务评价

填写任务评价表，见表 5-4。

表 5-4　任务评价表

1. 元器件部分　（□已做　□不必做　□没有做）	
① 检查元器件型号、数量是否符合本次任务的要求	□是　□否
② 检测元器件是否可用	□是　□否
你在完成第一部分子任务的时候，遇到了哪些问题？你是如何解决的？	
2. 焊接部分　（□已做　□不必做　□没有做）	
① 检查工具是否安全可靠	□是　□否
② 在此过程中是否遵守了安全规程和注意事项	□是　□否
③ 是否完成了继电器模块的制作	□是　□否
你在完成第二部分子任务的时候，遇到了哪些问题？你是如何解决的？	

续表

3. 调试与检测　（□已做　□不必做　□没有做）		
① 检查电源是否正常	□是	□否
② 检查独立按键模块能否正常工作	□是	□否
③ 检查继电器模块能否正常工作	□是	□否
④ 与单片机最小系统连接后电动机是否能按要求动作	□是	□否
你在完成第三部分子任务的时候，遇到了哪些问题？你是如何解决的？		
完成情况总结及评价：		
学习效果：　□优　□良　□中　□差		

项目总结

直流电动机在生活中使用十分普遍，采用继电器作为驱动电路来控制电动机的运转简单方便，成本低廉。本项目完成了继电器驱动模块的设计及制作，实现了电磁继电器驱动方式下的小型直流电动机的点动与连续运行控制。通过硬件的设计与制作可以使学生更实际地理解程序的构建及编写。

独立按键控制作为输入模块，其扫描程序可作为固定子函数在以后的任务和拓展中应用。使用软件进行程序的仿真调试，直观形象，一步步完善功能，能减少芯片与硬件的损耗。在软硬件交替制作与练习中能熟练掌握解决软件编译过程中的语法错误、硬件功能不能实现等问题的方法，进一步提高排除硬、软件故障的能力。

课后练习

5-1　常用的直流电动机驱动电路有哪些？查找资料，写出其中的两种。

5-2　使用继电器控制作为驱动电路的优点有哪些？

5-3　常用的继电器有哪些？参数分别是什么？

5-4　继电器怎样控制直流电动机的运行？如何选择合适的继电器？

5-5　选择合适的继电器，设计出控制 24V 直流电动机工作、停止的电路，并购置元器件制作出相应模块，调试出实现相应功能的程序。

5-6　使用 STC15 最小系统、直流继电器控制模块、独立按键模块，编写程序并调试出直流电动机的正反转功能。

5-7　使用 STC15 最小系统、直流继电器控制模块、独立按键模块，编写程序并调试完成对直流电动机进行点动、连续运转、停止的控制。

5-8　做一个低电平驱动直流继电器动作的控制模块。

5-9　做一个高电平驱动直流继电器动作的控制模块。

项目 6 计数器的安装与调试

项目描述

数码管是显示设备中的一类，通过对其不同的引脚输入相应的电流，会使其发亮，从而显示出数字。数码管能够显示时间、日期、温度等所有可用数字表示的参数。由于它的价格便宜、使用简单，在电器控制特别是家电领域应用极为广泛，如空调、热水器、冰箱等都有使用。

单个数码管按段数分为 7 段数码管和 8 段数码管，8 段数码管比 7 段数码管多一个小数点显示发光二极管单元。数码管一般分为共阴极数码管和共阳极数码管，在显示原理上两者并无本质区别，只是因为各种场合的需要不同而选择使用共阴极或共阳极数码管。

本项目要求掌握单个数码管的发光原理，设计出单个数码管显示电路，通过单个数码管显示电路硬件的制作、软件的编程，完成由按键控制单个数码管的计数显示。具体任务如下。

任务 1　认识数码管

任务 2　外部中断的使用

任务 3　在 Proteus 软件中实现数码管的显示

任务 4　按键计数

任务 1　认识数码管

学习目标

- 理解数码管的发光原理。
- 能设计出单个数码管的显示电路。

任务呈现

数码管是一种以发光二极管为基本单元的半导体发光器件。在我们的日常生活中，电子秤、洗衣机等的显示都是利用数码管实现的，数码管现今已得到广泛的应用。如图 6-1 所示为常用的数码管显示使用设备，图 6-1（a）是全自动洗衣机显示，图 6-1（b）是交通灯显示。

（a）全自动洗衣机显示

（b）交通灯显示

图 6-1　数码管的应用

本次任务

选择合适的元器件，设计出单个数码管显示电路。

知识链接

1．数码管的分类

数码管按段数分为 7 段数码管和 8 段数码管，8 段数码管比 7 段数码管多一个发光二极管单元（多一个小数点显示），实物如图 6-2 所示。按能显示多少个 8 可分为 1 位、2 位、4 位等多位数码管，按发光二极管单元连接方式分为共阳极数码管和共阴极数码管。各引脚定义如图 6-3 所示。

图 6-2　数码管实物图

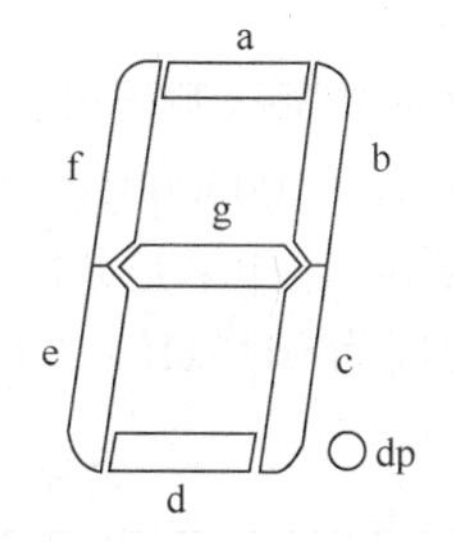

图 6-3　数码管引脚定义

2．数码管的结构

数码管是由多个发光二极管封装在一起组成“8”字形的器件，引线已在内部连接完成，只需要引出它们各自的笔画、公共电极。一般，LED 数码管常用段数为 7 段，有的另加一个小数点。数码管根据 LED 的接法不同分为共阴极和共阳极两类，了解 LED 这些特性，对编程很重要，因为不同类型的数码管，除了它们的硬件电路有差异外，编程方法也有不同。图 6-4（b）、（c）所示分别为共阴极、共阳极数码管的内部电路原理图，它们的发光原理是一样的，只是它们的电源极性不同。数码管发光颜色有红、绿、蓝、黄等几种。数码管广泛用于仪表、时钟、车站、家电等场合。选用时要注意产品尺寸、颜色、功耗、亮度、波长等参数。

3．数码管的显示

数码管分为共阴极和共阳极两种，这两种结构的数码管各段名和安排位置是相同的。当二极管导通时，相应的字段发亮，使某些字段点亮而另一些字段不亮就可以显示 0～9、A～F 等字符，通过控制字形码就可选择需要显示的内容。共阳极数码管是指将所有发光二极管的阳极接到一起形成公共阳极（COM）的数码管。共阳极数码管在应用时应将公共极接至+5V，当某一字段发光二极管的阴极为低电平时，相应字段点亮；当某一字段的阴极为高电平时，相应字段不亮。共阴极数码管则相反。

图 6-4（a）所示为数码管内部结构和引脚图，是从正面向下看的外形结构图，图 6-4（b）是共阴极数码管内部电路原理图，图 6-4（c）是共阳极数码管内部电路原理图。

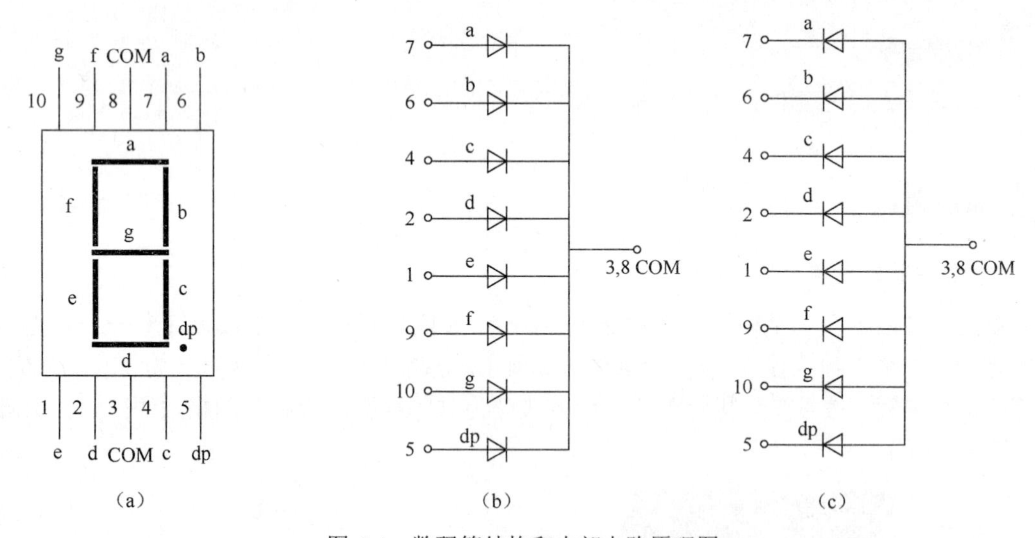

图 6-4 数码管结构和内部电路原理图

例如，对于共阳极数码管，要显示字符“6”，公共阳极接高电平，而阴极 dp、g、f、e、d、c、b、a 各段为 100000010，即对于共阳极数码管，“6”字形编码是 0x82。各数字具体字形编码可查表 6-1。如果是共阴极数码管，要显示字符“6”，公共阴极接地，查表 6-1 可得“6”的字形编码为 01111101（0x7d）。

表 6-1 共阳极和共阴极数码管字形编码表

显示字形	共 阳 极									共 阴 极								
	dp	g	f	e	d	c	b	a	字形编码	dp	g	f	e	d	c	b	a	字形编码
0	1	1	0	0	0	0	0	0	0xc0	0	0	1	1	1	1	1	1	0x3f
1	1	1	1	1	1	0	0	1	0xf9	0	0	0	0	0	1	1	0	0x06
2	1	0	1	0	0	1	0	0	0xa4	0	1	0	1	1	0	1	1	0x5b
3	1	0	1	1	0	0	0	0	0xb0	0	1	0	0	1	1	1	1	0x4f
4	1	0	0	1	1	0	0	1	0x99	0	1	1	0	0	1	1	0	0x66
5	1	0	0	1	0	0	1	0	0x92	0	1	1	0	1	1	0	1	0x6d
6	1	0	0	0	0	0	1	0	0x82	0	1	1	1	1	1	0	1	0x7d

续表

显示字形	共阳极									共阴极								
	dp	g	f	e	d	c	b	a	字形编码	dp	g	f	e	d	c	b	a	字形编码
7	1	1	1	1	1	0	0	0	0xf8	0	0	0	0	0	1	1	1	0x07
8	1	0	0	0	0	0	0	0	0x80	0	1	1	1	1	1	1	1	0x7f
9	1	0	0	1	0	0	0	0	0x90	0	1	1	0	1	1	1	1	0x6f

想一想

不带点数字与带点数字对应的十六进制数之间相差多少？

4．数码管的主要参数

小型数码管每段发光二极管的正向压降随显示发光颜色（红、绿、黄等）的不同稍有差别，为 2～2.5V，每个发光二极管的点亮电流为 5～10mA。静态显示时取 10mA 为宜，动态扫描显示，可加大脉冲电流，但一般不超过 40mA。为保证数码管的安全，通常加限流电阻。

任务实施

1．驱动共阳极数码管

单片机的外围电路设计及程序编写大多是以低电平有效来驱动电路的，这是因为当用低电平做驱动时，灌电流大，驱动能力强，所以通常会选择共阳极数码管，如图 6-5 所示为单个共阳极数码管显示的设计原理图。将数码管的 a~dp 引脚分别与 P0 口相连，进行段选控制，公共阳极 COM 需要接电源。R1~R8 为 300Ω 的限流电阻，防止电流过大而损坏数码管。

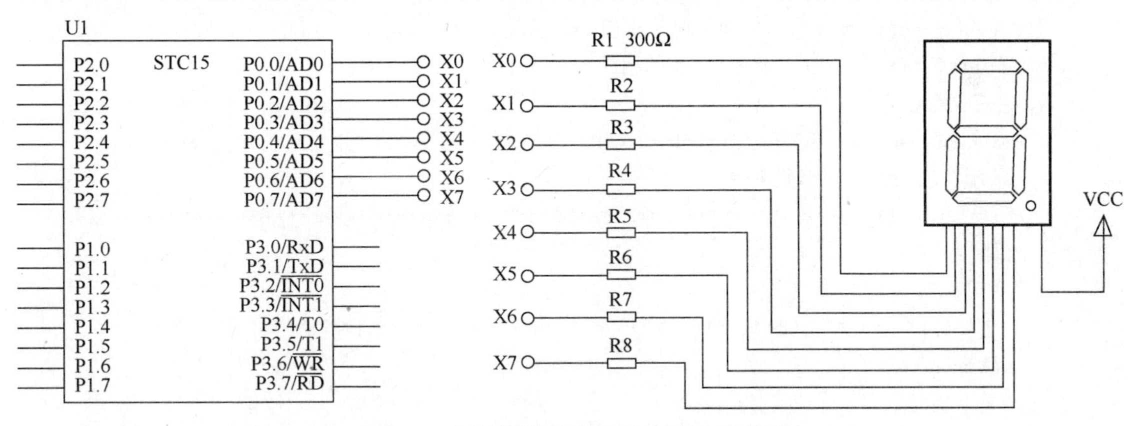

图 6-5　共阳极数码管显示的设计原理图

2．驱动共阴极数码管

共阴极数码管的驱动与共阳极数码管接法基本相同，如图 6-6 所示，将数码管的 a~dp 引脚分别与 P0 口相连，公共阴极 COM 接地。使用 STC15 系列芯片的最小系统，使用强推挽功能，驱动电流可达 20mA，可直接点亮数码管。

若使用传统 51 系列单片机驱动单个共阴数码管，除了限流电阻外，还需要接上拉电阻。这是因为传统 51 系列单片机 P0 口是集电极开路输出结构，其本身只能输出低电平，不能输出高电平，所以当需要使用该端口输出高电平时，必须使用上拉电阻。

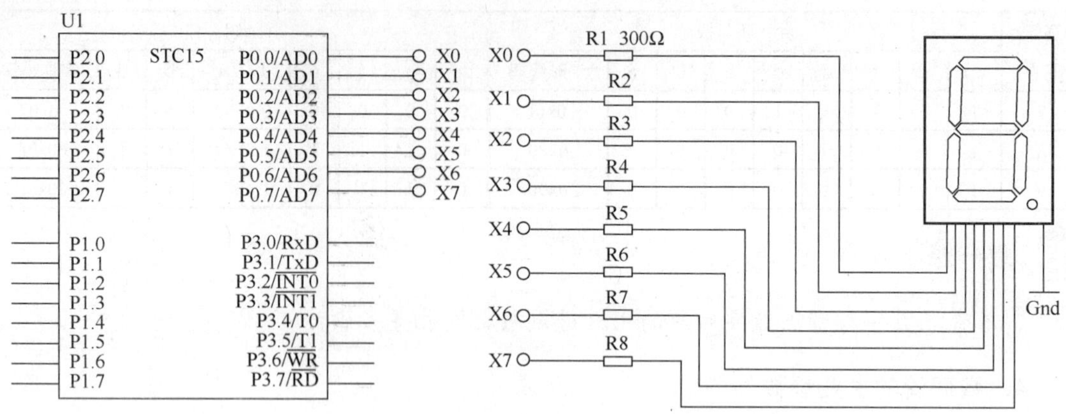

图 6-6　共阴极数码管显示的设计原理图

3．编写显示程序

（1）程序 1：按图 6-5 所示进行编程，在数码管中显示数字“3”，源程序如下。

```
/****************************************************************************
* 程 序 名：单个数码管显示
* 程序说明：在数码管中显示数字 3
* 连接方式：P0 口与共阳极数码管模块连接
* 调试芯片：STC15F2K60S2-PDIP40 系列/ IAP15F2K61S2，1T 芯片
* 使用模块：5V 电源、STC15 单片机最小系统、共阳极数码管模块
* 适用芯片：STC 89、STC 90、STC10、STC11、STC12、STC15 系列
****************************************************************************/
#include<reg51.h>            //--调用单片机接口的头文件--//
#define GPIO_DIG P0      //--定义要使用的 I/O 口--//
//--定义全局变量--//
unsigned char code DIG_CODE[10]={0xC0,0xf9,0xa4,0xb0,0x99,0x92,0x82,0xf8,0x80,0x90};
//共阳极数码管　字形码 0~9
/****************************************************************************
* 函 数 名：main
* 函数功能：主函数
****************************************************************************/
void main(void)
{
    unsigned char i = 3;
    while(1)
    {
        GPIO_DIG = DIG_CODE[i];
      //使用“共阳极数码管”字形码，改变 i 的值，即可改变数码管显示内容
    }
}
```

（2）程序 2：按图 6-6 所示进行编程，在数码管中显示数字“4”，源程序如下。

```
/*****************************************************************************
* 程 序 名：单个数码管显示
* 程序说明：在数码管中显示数字 4
* 连接方式：P0 口与共阴极数码管模块连接
* 调试芯片：STC15F2K60S2-PDIP40 系列/ IAP15F2K61S2，1T 芯片
* 使用模块：5V 电源、STC15 单片机最小系统、共阴极数码管模块
* 适用芯片：STC 89、STC 90、STC10、STC11、STC12、STC15 系列
*****************************************************************************/
#include<STC15Fxxxx.H>      //--调用 STC15 单片机接口的头文件--//
#define GPIO_DIG   P0       //--定义要使用的 I/O 口--//
//--定义全局变量--//
unsigned char code DIG_CODE[10]={ 0x3F, 0x06, 0x5B, 0x4F, 0x66, 0x6D, 0x7D, 0x07,
                                  0x7F, 0x6F };      //共阴极数码管   字形码 0~9
/*****************************************************************************
* 函 数 名：main
* 函数功能：主函数
*****************************************************************************/
void main(void)
{
    unsigned char i = 4;
    while(1)
    {
        //设置为强推挽输出，每口最大电流可达 20mA，使用电阻限流，不需要其他放大元件
        P0M1=0x00;          //P2M1.n,P2M0.n = 00—>准双向口，01—>强推挽输出
        P0M0=0XFF;          //              = 10—>高阻输入，11—>开漏
        GPIO_DIG = DIG_CODE[i];
       //使用"共阴极数码管"字形码，改变 i 的值，即可改变数码管显示内容
    }
}
```

使用传统 51 单片机调试程序，P0 口接上拉电阻，将程序 2 中的强推挽功能语句删除即可。

任务评价

选择合适的元器件，画出单个数码管的显示原理图，填写表 6-2 任务评价表，总结讨论完成情况。

表 6-2　任务评价表

1．数码管的选择　（□明白　□不明白　□没有做）	
① 选择的是共阴极还是共阳极数码管	□共阴极　　□共阳极
② 你选择的是什么颜色的数码管	□红　□绿　□黄
你选择这种数码管的理由是什么？	

续表

2．显示电路的设计　（□完成　□有疑问　□没有做）		
①没与单片机相连，使用高电平或低电平检测模块是否完好	□是	□否
②是否将数码管每个引脚与单片机对应 I/O 口相接	□是	□否
③是否完成了所有模块的连接，并测试能否显示数字	□是	□否
你在完成设计任务的时候，遇到了哪些问题？你是如何解决的？		
完成情况总结及评价：		
学习效果：　□优　□良　□中　□差		

任务拓展

1．在后面的任务中，需要使用独立键盘实现各种控制功能，尝试加上独立键盘控制，完善原理图设计。

2．尝试编写程序，使用传统单片机模块、共阴极数码管模块实现 0~9 的循环显示。

任务 2　外部中断的使用

学习目标

- 了解中断的概念。
- 掌握外部中断的使用方法及程序编写。

任务呈现

在单片机中，中断是实时处理内部或外部事件的一种内部机制。当 CPU 正在处理某件事的时候，外界发生了紧急事件请求，要求 CPU 暂停当前的工作，转而去处理这个紧急事件，处理完以后，再回到原来被中断的地方，继续原来的工作，这样的过程称为中断。如图 6-7 所示为中断执行过程示意图。

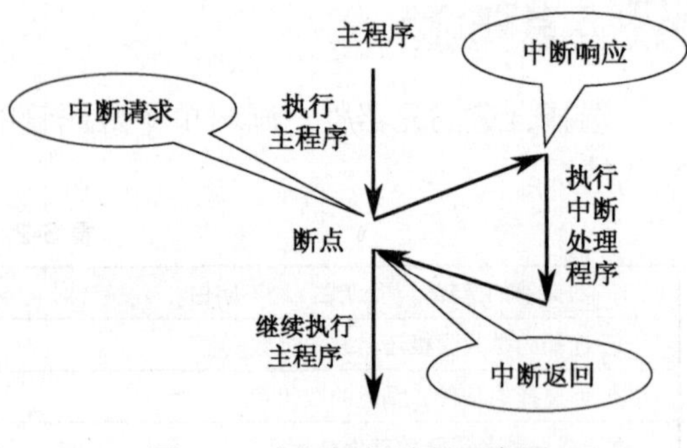

图 6-7　中断执行过程示意图

为了实现中断功能而配置的软件和硬件，称为中断系统。中断系统的处理过程包括中断请求、中断响应、中断处理和中断返回。把引起中断的原因，或者能够发出中断请求信号的来源统称为中断源，外部中断是中断的一种类型。

想一想

（1）中断源是怎样向单片机发出中断信号的?
（2）如果同时有两个中断源发出信号，CPU 该如何响应?

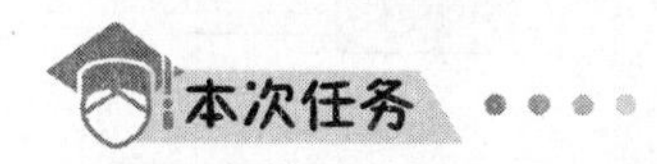

本次任务

（1）了解外部中断的执行原理。
（2）掌握外部中断的程序编写方法。

知识链接

单片机的中断系统一般允许多个中断源，当几个中断源同时向 CPU 请求中断要求为它服务的时候，就存在 CPU 优先响应哪一个中断源请求的问题。通常根据中断源的轻重缓急排队，优先处理最紧急事件的中断请求源，即规定每个中断源都有一个优先级别。CPU 总是先响应优先级别最高的中断请求。

当 CPU 正在处理一个中断源请求的时候（执行相应的中断服务程序），发生了另外一个优先级比它还高的中断源请求。如果 CPU 能够暂停对原来中断源的服务程序，转而去处理优先级更高的中断请求源，处理完以后，再回到原低级中断服务程序，这样的过程称为中断嵌套。这样的中断系统称为多级中断系统，没有中断嵌套功能的中断系统称为单级中断系统。

用户可以关总中断允许位（EA/IE.7）或相应中断的允许位来屏蔽所有的中断请求，也可以打开相应的中断允许位来使 CPU 响应相应的中断申请；每个中断源都可以用软件独立地控制为开中断或关中断状态；每个中断的优先级别均可用软件设置。高优先级的中断请求可以打断低优先级的中断，反之，低优先级的中断请求不可以打断高优先级及同优先级的中断。当两个相同优先级的中断同时产生时，将由查询程序来决定系统先响应哪个中断。

不同公司、不同型号的单片机提供的中断源有所区别，如 STC15F101W 系列提供了 8 个中断请求源，而 STC15F408AD 系列提供了 12 个中断请求源，使用时可以查询相关的使用手册。如图 6-8 所示为传统 51 系列中断系统的总体结构，图中包括：5 个中断请求源，4 个用于中断控制和管理的可编程和可位寻址的特殊功能寄存器（TCON、SCON、IE 和 IP），提供两个中断优先级，可实现二级中断嵌套，且每个中断源都可编程为开放或屏蔽。

1．中断源

在传统 51 系列中有 5 个中断源（52 系列有 6 个，STC 15 系列最多达 19 个中断源），分别是：

$\overline{\text{INT0}}$——外部中断 0 请求，低电平或脉冲下降沿有效。由 P3.2 引脚输入。

$\overline{\text{INT1}}$——外部中断 1 请求，低电平或脉冲下降沿有效。由 P3.3 引脚输入。

T0——定时/计数器 0 溢出中断请求。外部计数脉冲由 P3.4 引脚输入。

T1——定时/计数器 1 溢出中断请求。外部计数脉冲由 P3.5 引脚输入。

TxD/RxD——串行口中断请求。当串行口完成一帧发送或接收时，请求中断。

每个中断源都对应有一个中断请求标志位来反映中断请求状态，这些标志位分布在特殊功能寄存器 TCON 和 SCON 中。表 6-3 所示是 51 系列单片机的默认中断级别及中断号。

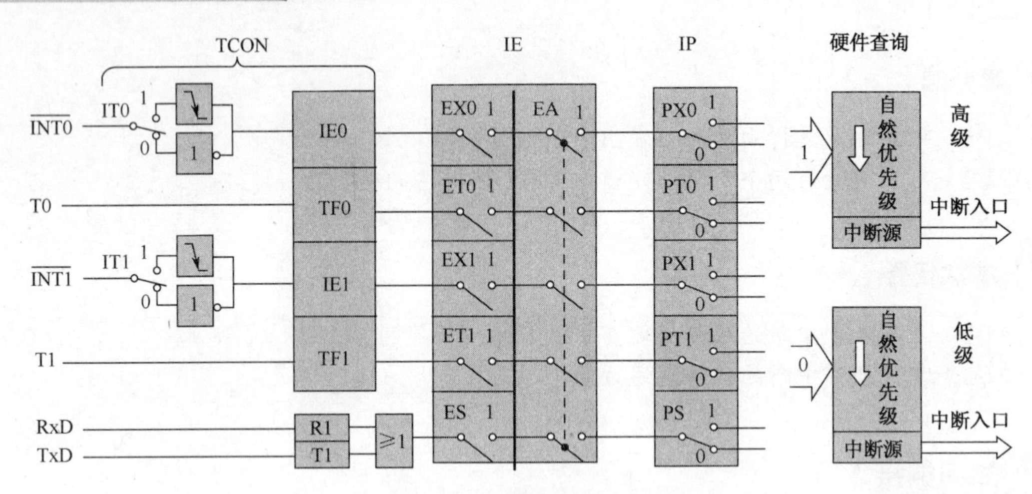

图 6-8　中断系统结构图

表 6-3　51 单片机中断级别

序号	中断源	默认中断级别	中断号（C 语言用）
1	$\overline{INT0}$——外部中断 0	最高	0
2	T0——定时/计数器 0 中断	第 2	1
3	$\overline{INT1}$——外部中断 1	第 3	2
4	T1——定时/计数器 1 中断	第 4	3
5	TI/RI——串行口中断	最低	4

2．中断特殊功能寄存器及作用

传统 51 系列单片机中关于中断的特殊功能寄存器有 4 个，分别是中断请求源标志寄存器 TCON 及 SCON，中断允许控制寄存器 IE 和中断优先级控制寄存器 IP。这里介绍与外部中断相关的 IE 和 TCON 寄存器。

（1）中断允许控制寄存器 IE。

单片机 CPU 对中断源的开放或屏蔽、每个中断源是否被允许中断，是由内部的中断允许控制寄存器 IE 控制的。IE 中断标志位见表 6-4。

表 6-4　IE 中断标志位

位序号	DB7	DB6	DB5	DB4	DB3	DB2	DB1	DB0
符号位	EA	ELVD	EADC	ES	ET1	EX1	ET0	EX0

① EA——全局中断允许位。

EA=1，打开全局中断控制，在此条件下，由各个中断控制位确定相应中断的打开或关闭。EA=0，关闭全部中断。

② ES——串行口中断允许位。

ES=1，打开串行口中断。ES=0，关闭串行口中断。

③ ET1——定时/计数器 1 中断允许位。

ET1=1，打开 T1 中断。ET1=0，关闭 T1 中断。

④ EX1——外部中断 1 中断允许位。

EX1=1，打开外部中断 1 中断。EX1=0，关闭外部中断 1 中断。

⑤ ET0——定时/计数器 0 中断允许位。

ET0=1，打开 T0 中断。ET0=0，关闭 T0 中断。

⑥ EX0——外部中断 0 中断允许位。

EX0=1，打开外部中断 0 中断。EX0=0，关闭外部中断 0 中断。

⑦ ELVD——低压检测中断允许位。STC15 系列芯片有此功能。

ELVD=1，允许低压检测中断。ELVD =0，禁止低压检测中断。

⑧ EADC——A/D 转换中断允许位。STC15 系列芯片有此功能。

EADC=1，允许 A/D 检测中断。EADC=0，禁止 A/D 检测中断。

对于 DB5、DB6 位，不同单片机生产厂家的内部设置不一样，使用时参考不同生产厂家的产品手册。

（2）中断请求源标志寄存器 TCON。

寄存器 TCON 的低 4 位与高 4 位分别是外部中断与定时/计数器的相关控制位，这里介绍低 4 位。

TCON 中断标志位见表 6-5。

表 6-5 TCON 中断标志位

位序号	DB7	DB6	DB5	DB4	DB3	DB2	DB1	DB0
符号位	TF1	TR1	TF0	TR0	IE1	IT1	IE0	IT0
	定时/计数器				外部中断			

低 4 位含义如下。

① IE1——外部中断 1 请求标志。当 IT1=0 时，为电平触发方式，每个机器周期的 S5P2 采样 INT1 引脚，若 INT1 脚为低电平，则置 1，否则 IE1 清 0。当 IT1=1 时，INT1 为边沿触发方式，当第一个机器周期采样到 INT1 为低电平时，则 IE1 置 1。IE1=1，表示外部中断 1 正向 CPU 中断申请。当 CPU 响应中断，转向中断服务程序时，该位由硬件清 0。

② IT1 —外部中断 1 触发方式选择位。IT1=0，为电平触发方式，引脚 INT1 上低电平有效。IT1=1，为边沿触发方式，引脚 INT1 上的电平从高到低的下降沿有效。

③ IE0——外部中断 0 请求标志，其功能及操作方法同 IE1。

④ IT0——外部中断 0 触发方式选择位，其功能及操作方法同 IT1。

3．中断响应条件

（1）中断源有中断请求。

（2）中断源的中断允许位为 1。

（3）CPU 开中断（EA=1）。

以上三条同时满足时，CPU 才有可能响应中断。

4．中断服务程序的函数编写格式

```
void 函数名()  interrupt 中断号   using 工作组
{
    中断服务程序内容
```

```
}
```

中断号即中断源编号 0～4，不同的中断源可根据表 6-3 选取不同的值。

工作组为该中断服务程序对应的工作组寄存器，取值 0～3，可省略不写。

任务实施

1．编写外部中断的初始化程序。

使用外部中断时，在程序开始处要对中断寄存器做初始化设置，打开相应中断，并设置外部触发方式。

```
/*****************************************************************
* 函 数 名：init_int0( )
* 函数功能：设置外部中断 0
*****************************************************************/
void init_int0( )       //INT0 初始化
{
    IT0=1;          //选择 INT0 触发方式，下降沿有效
    EX0=1;          //INT0 的中断允许
    EA=1;           //打开总中断
}
```

2．编写外部中断的服务程序。

```
/*******************************************************************
* 函 数 名：Int0
* 函数功能：外部中断 0 的中断函数
*******************************************************************/
void   Int0( )   interrupt 0   using   1       //外部中断 0 的中断函数
{
     中断服务程序内容
}
```

3．编写程序，使单片机 P3.2（INT0）引脚所接的按钮开关被按下后，P1^0 引脚所接的 LED 点亮，再次按下后 LED 熄灭。

源程序如下：

```
#include<reg51.h>
sbit   LED=P1^0;
void Init_int0( )            //INT0 初始化
{
    IT0=1;                   //选择 INT0 触发方式，下降沿有效
    EX0=1;                   //开外部中断
    EA=1;                    //开总中断
```

```
    }
    void main()
    {
        Init_int0( );
        while(1);
    }
    void   Int0( )   interrupt   0
    {
        LED=~LED;           //取反 P1^0
    }
```

任务评价

根据实际完成情况，填写任务评价表，见表 6-6。

表 6-6 任务评价表

1. 单片机中断系统知识阅读 （□已做 □不必做 □未做）	
① 中断源的概念是否理解	□是 □否
② 中断系统的执行过程是否明白	□是 □否
你在完成第一部分子任务的时候，遇到了哪些问题？你是如何解决的？	
2. 外部中断部分 （□已做 □不必做 □未做）	
① 是否知道单片机有几个外部中断	□是 □否
② 是否理解外部中断的作用	□是 □否
③ 是否了解外部中断的使用场合	□是 □否
你在完成第二部分子任务的时候，遇到了哪些问题？你是如何解决的？	
3. 外部中断的应用 （□已做 □不必做 □未做）	
① 能否写出外部中断的初始化条件	□是 □否
② 能否写出基本的中断服务程序	□是 □否
你在完成第三部分子任务的时候，遇到了哪些问题？你是如何解决的？	
完成情况总结及评价：	
学习效果： □优 □良 □中 □差	

任务拓展

单片机 P1 口接流水灯模块，P3.3（INT1）引脚接独立按键，尝试编写程序，当轻触按键时，循环点亮流水灯。

任务 3　在 Proteus 软件中实现数码管的显示

学习目标

- 能编写单个数码管显示程序，能通过 Keil C51 软件调试出正确程序。
- 能运用 Proteus 仿真软件和 Keil C51 软件实现单个数码管的显示。

任务呈现

如图 6-9 所示，独立按键 K1 控制输入，单片机由 P0 口输出合适的字形码，在数码管上显示出相应的数字。

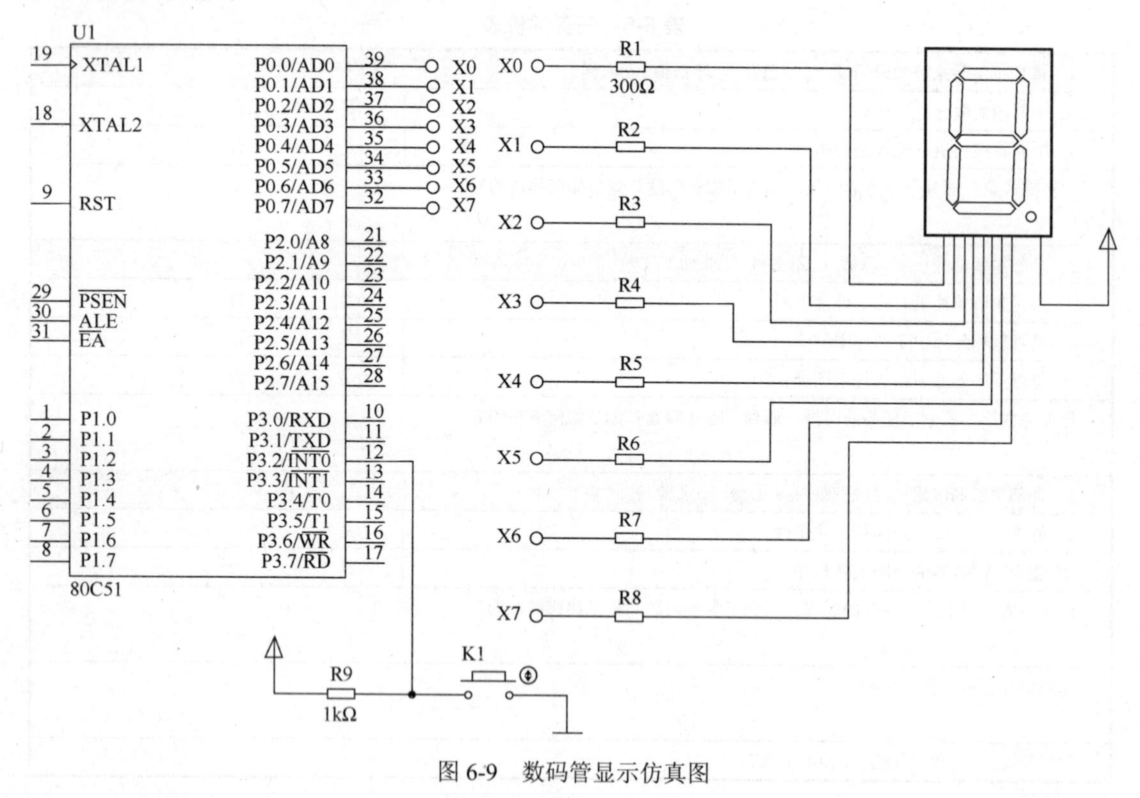

图 6-9　数码管显示仿真图

想一想

（1）若数码管的共阳极不接电源，还可以怎样连接？

（2）选用 P0 口连接数码管段选和其他端口是否有区别？

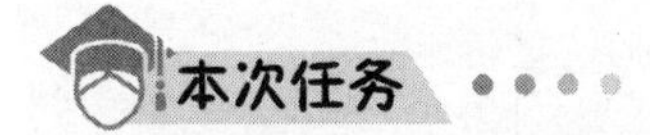

在 Proteus 仿真软件中实现如下功能：

① P3.2（INT0）口接独立按键；

② P0 口接单个数码管；

③ 每按一次按键，数码管显示的数字加 1；

④ 实现 0～F 循环显示。

程序分析

程序由三个函数构成，Init_int0( )函数实现初始化打开 0 号外部中断功能，Int0( )函数实现响应 0 号外部中断后的应答功能，main(void)函数等待按键，并具有显示的功能。

```
/*******************************************************************************
* 程 序 名：单个数码管的显示
* 程序说明：使用独立按键作为外部中断，按一次计一次数并显示，可使 0～F 循环显示
* 连接方式：数码管连接 P0 口，独立按键连接 P3.2（INT0）口
* 使用模块：5V 电源、STC15 单片机最小系统、单个显示模块、独立按键
* 适用芯片：89、90、STC10、STC11、STC12、STC15 系列
*******************************************************************************/
#include <reg51.H>                    //此文件定义了 51 系列单片机的一些特殊功能寄存器
#define GPIO_LED   P0                 //定义一个 GPIO_LED 符号常量代表 P0

//--函数声明--//
void Init_int0( );                    //外部中断 0 初始化

//--定义全局变量及数组--//
unsigned int KeyValue=0;
unsigned char code DIG_CODE[16]={ 0xC0,0xf9,0xa4,0xb0,0x99,0x92,0x82,
        0xf8,0x80,0x90, 0x88,0x83,0xc6, 0xa1,0x86,0x8e };       //共阳极数码管  0～F
/*******************************************************************************
* 函 数 名：main
* 函数功能：主函数
* 输    入：无参数
* 输    出：无返回值
*******************************************************************************/
void  main(void)
{
    Init_int0( );
    while(1)
    {
        GPIO_LED = DIG_CODE[KeyValue];         //显示按键次数
```

```
            if ( KeyValue= =16) KeyValue=0;                 //按了 16 次后，重新计数
        }
}
/*****************************************************************************
* 函 数 名：Init_int0(   )
* 函数功能：设置外部中断 0
* 输      入：无参数
* 输      出：无返回值
*****************************************************************************/
void Init_int0( )                       //设置 INT0
{
    IT0=1;                              //选择 INT0 触发方式，下降沿有效
    EX0=1;                              //打开 INT0 的中断允许
    EA=1;                               //打开总中断
}
/*****************************************************************************
* 函 数 名：Int0
* 函数功能：外部中断 0 的中断函数
* 输      入：无参数
* 输      出：无返回值
*****************************************************************************/
void Int0( ) interrupt 0                //外部中断 0 的中断函数
{
     KeyValue++;
}
```

如图 6-10 所示为主函数等待响应中断的程序流程图。

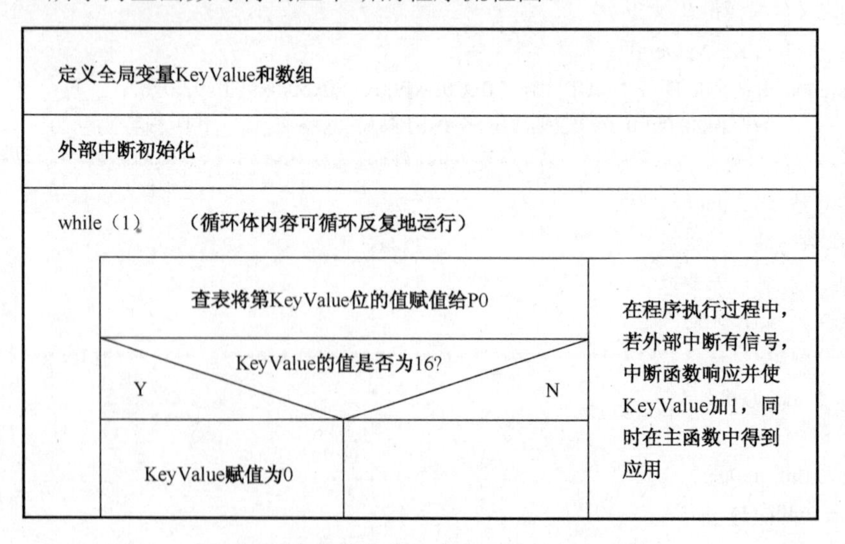

图 6-10　主函数等待响应中断的程序流程图

任务实施

1．打开 Proteus 仿真软件，进入主操作界面。

2．选择元器件。

在元器件浏览区单击元器件选择按钮“P”，从弹出的“Pick Devices”对话框中拾取所需的元器件。

元器件清单如下：一个传统 51 单片机，最小系统中的所有元器件，8 个 300Ω 电阻 RES、1 个 1kΩ电阻 RES，1 个按钮 Button，1 个共阳极数码管 7SEG-MPX1-CA。

3．放置元器件与连线。

参考图 6-9 所示，进行元器件放置与连线。

4．添加电源与信号地。

在 Proteus 软件中，单片机芯片默认已经添加电源与信号地，可以省略，但外围电路的电源与信号地不能省略，添加后并做好连线工作。

5．在 Keil C51 软件中完成程序的编写，生成 HEX 文件。在 Proteus 仿真软件中，没有 STC15 的 1T 芯片数据库，但不影响使用传统的 12T 芯片仿真观察效果。

6．在 Proteus 仿真软件中，双击单片机加载 HEX 运行程序。

7．单击运行按钮“▶”，观察程序运行效果。

任务评价

1．仿真电路的检查

（1）正确调用所需元器件。

（2）正确绘制仿真电路原理图。

2．程序检测

（1）通过 Keil C51 软件编写程序，编译通过说明无逻辑错误，生成 HEX 文件。

（2）在 Proteus 仿真软件中查看仿真结果，并进行相关调试，实现所需功能。

填写任务评价表，见表 6-7。

表 6-7　任务评价表

1．仿真电路部分　（□已做　□不必做　□没有做）	
① 检查所使用元器件是否符合本次任务的要求	□是　　□否
② 检查电路连接是否正确	□是　　□否
你在完成第一部分子任务的时候，遇到了哪些问题？你是如何解决的？	
2．程序及软件仿真部分　（□已做　□不必做　□没有做）	
① 检查所使用软件是否可用	□是　　□否
② 程序输入是否正常	□是　　□否
③ 程序出错能否调试	□是　　□否
④ 软件仿真能否按顺序完成	□是　　□否

续表

你在完成第二部分子任务的时候，遇到了哪些问题？你是如何解决的？
完成情况总结及评价：
学习效果：　□优　□良　□中　□差

任务拓展

0～F 的显示稍显单调，尝试在单个数码管上循环显示出不同的字母组合成文字，如 HELLO、On、OFF、Err 等。

任务 4　按 键 计 数

学习目标

- 正确理解外部中断的硬件电路连接方式。
- 能说出制作数码管显示电路元件的名称及型号。
- 能在多孔板上制作单个数码管显示模块。
- 学会检测单个数码管显示电路能否正常工作的方法。

任务呈现

数码管电路是日常生活中常见的显示电路，由按键控制数码管显示内容也十分常见。图 6-11 所示为常见的使用按键控制的数码管显示设备，图 6-11（a）是空调温控器，图 6-11（b）是数字电视机顶盒。

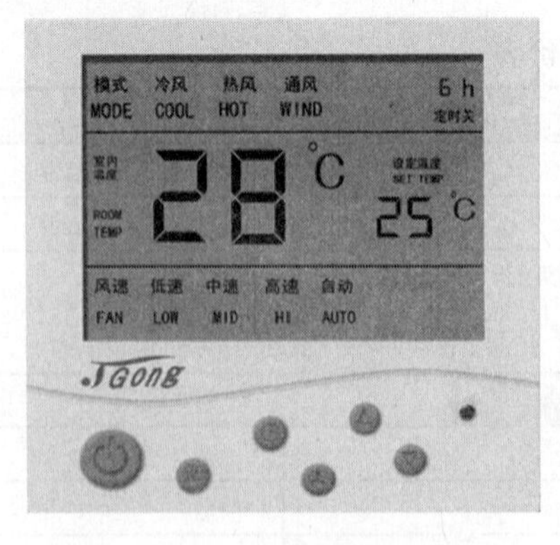

（a）空调温控器

（b）数字电视机顶盒

图 6-11　按键与数码管的应用

想一想

（1）按键应该与单片机的哪个端口相连接？

（2）按键如何控制数码管的显示内容？

在多孔板上制作单个数码管显示硬件电路。完成显示模块、按键模块与 STC15 单片机最小系统模块的连接。实现功能：按键控制数码管计数的显示。

电路分析

图 6-12 所示为单个数码管显示模块的硬件原理图，若使用的是共阳极数码管，将 COM 端与+5V 电源相连；若使用的是共阴极数码管，将 COM 端接地。笔画 a～dp 这 8 段须连接限流电阻，阻值大小视数码管型号而定，通常选取几百欧至 1kΩ即可，200Ω以下的电阻会使电流偏大，2kΩ 以上的电阻会使数码管亮度不够。

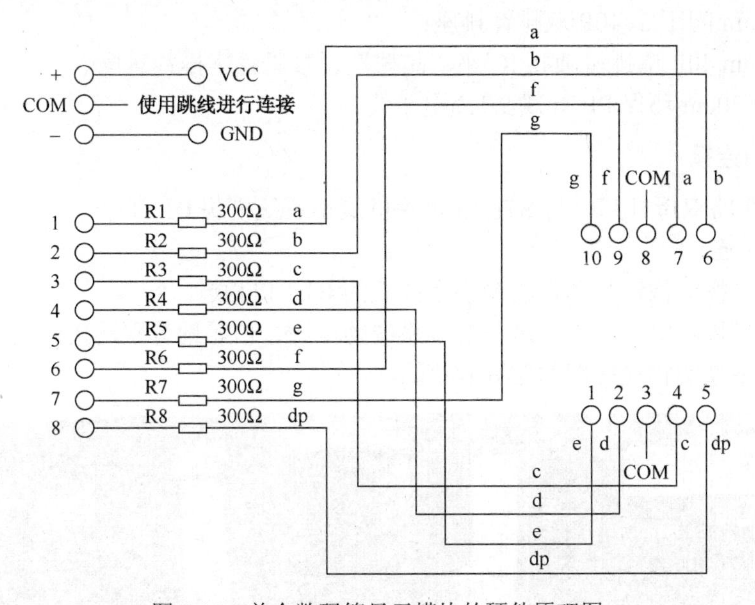

图 6-12　单个数码管显示模块的硬件原理图

任务实施

1. 制作单个数码管显示模块

图 6-13 所示为单个数码管显示模块实物图。

图 6-13 单个数码管显示模块实物图

选择合适的元器件，参照图 6-12 与图 6-13，制作单个数码管显示模块，所需元器件如下。

（1）1 块 9cm×15cm 多孔板。

（2）8 个 0.25W 四色环碳膜 300Ω 电阻。

（3）0.36 英寸红色 8 段共阳极、共阴极数码管各 1 个。

（4）2.54mm 间距/2×40P/双排针排座；

（5）2.54mm 40P 单排母圆孔 IC 座、晶振座、数码管座排针排座。

（6）30 根 20cm 环保 PE 导线 9/1.3 电子线。

2．硬件的连接

（1）使用 8 路双母杜邦线将 STC15 单片机最小系统模块 P1 口与一位数码管显示模块的 8 路输入端口相连。

（2）将独立按键模块与单片机最小系统板的 P3.2 口相连。

（3）将各模块的电源、信号地与最小系统的电源、信号地分别连接。

各模块的硬件实物连接图如图 6-14 所示。

图 6-14 最小系统、数码管、独立按键的实物连接图

3．硬件检测

常见的硬件故障如下。

（1）电源不供电。

（2）数码管损坏。

（3）元器件虚焊。

（4）模块间连线断路或接触不良。

4．编程与调试

程序参照任务 3 中的调试程序，硬件连接时注意 STC15 单片机与传统 51 单片机的端口定义区别，将控制程序下载到单片机，根据不同现象进行软硬件的调试，实现按键计数功能。

数码管初始显示“0”。每按下按键一次，数码管显示依次加 1，当显示“F”时，再按下按键，数码管显示为“0”，依次循环。

任务评价

填写任务评价表，见表 6-8。

表 6-8 任务评价表

1．元器件部分 （□已做 □不必做 □没有做）		
① 检查元器件型号、数量是否符合本次任务的要求	□是	□否
② 检测元器件是否可用	□是	□否
你在完成第一部分子任务的时候，遇到了哪些问题？你是如何解决的？		
2．焊接部分 （□已做 □不必做 □没有做）		
① 检查工具是否安全可靠	□是	□否
② 在此过程中是否遵守了安全规程和注意事项	□是	□否
③ 是否完成了单个数码管模块的制作	□是	□否
你在完成第二部分子任务的时候，遇到了哪些问题？你是如何解决的？		
3．调试与检测 （□已做 □不必做 □没有做）		
① 检查电源是否正常	□是	□否
② 与单片机最小系统连接后数码管能否按要求显示	□是	□否
你在完成第三部分子任务的时候，遇到了哪些问题？你是如何解决的？		
完成情况总结及评价：		
学习效果： □优 □良 □中 □差		

项目总结

本项目介绍了数码管的发光原理及其应用，通过设计、制作单个数码管显示模块，使读者对共阳、共阴驱动方式的不同有更深刻的理解。

中断在自动控制中应用非常广泛，使用外部中断控制是按键扫描控制方式的一种，与程序扫描方式相比，能更及时地处理按键输入，同时能提高 CPU 运行效率，通常用于紧急状态。经过编写外部中断程序，理解并掌握中断源、中断优先级、中断打开与关闭等概念。

课后练习

6-1　常见数码管的分类是怎样的？上网查阅常用数码管的大小、种类、颜色。

6-2　请描述单个数码管显示的控制方法。

6-3　若使用单片机 I/O 口控制数码管的公共端，硬件电路该如何设计？程序又该如何编写？

6-4　什么是中断？中断系统是什么？

6-5　若按自然中断优先级，打开外部中断 1 需要使用哪些中断寄存器？与之相关的位控制是如何设置的？

6-6　简述传统单片机各中断的自然优先级。

6-7　编写实现打开外部 0 号中断初始化函数。

6-8　试写出中断函数的一般格式。

6-9　编写程序实现如下功能：单片机 P3.2（INT0）引脚接有按键开关，按下此按键开关后，P1.0 引脚所接的 LED 点亮，再次按下后 LED 熄灭。

6-10　使用单个数码管显示模块、最小系统模块，编程实现循环显示 0～F。

6-11　使用单个数码管显示模块、最小系统模块、独立按键模块，编程实现按键一次计数一次。

6-12　使用单个数码管显示模块、最小系统模块、独立按键模块，编程实现不同按键有不同功能。三个独立按键功能分别是开始计数、停止且显示数据、复位。

6-13　使用单个数码管显示模块、最小系统模块、独立按键模块，编程实现一个按键有三个功能。该按键功能是开始计数、停止且显示数据、复位。

项目 7 数字钟的安装与调试

项目描述

数字钟是一种用数字电路技术实现时、分、秒计时的钟表。与机械钟相比具有更高的准确性和直观性、更长的使用寿命，已得到广泛使用。数字钟的设计方法有许多种，例如可用中小规模集成电路组成电子钟，也可以用专用的电子钟芯片配以显示电路及其所需要的外围电路组成电子钟，还可以利用单片机来实现电子钟等。这些方法都各有特点，其中利用单片机实现的电子钟编程灵活，便于功能扩展。

本项目要求掌握数码管的动态显示原理，设计出 8 位数码管显示电路，然后通过硬件的制作、软件的编程，使数码管能显示时-分-秒，并能完成时钟功能，具体任务如下。

任务 1　数码管动态显示

任务 2　定时器的使用

任务 3　在 Proteus 仿真软件中实现秒表功能

任务 4　数字钟的制作

任务 1　数码管动态显示

学习目标

- 理解数码管的动态显示原理。
- 能设计出 8 位数码管的显示电路。

任务呈现

在日常生活中，随处可见数码管显示使用场合，如：企业车间进度提示牌、遥控器、手机、市场上各种电子秤等带显示设备的仪器。如图 7-1 所示为常见的多位数码管的应用，图 7-1（a）是日历显示屏，图 7-1（b）是电子秤。

数码管段选 8 位，位选 1 位，每个数码管需要 9 个端口，多位数码管一起显示时，占用 I/O 端口太多。动态显示又称扫描方式，是利用发光二极管的余辉效应和人眼的视觉滞留效应来实现的，只要在一定时间内数码管的字形码亮得够快，人眼就看不出闪烁。

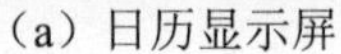
（a）日历显示屏

（b）电子秤

图 7-1　多位数码管的应用

想一想

（1）平时接触到的多位数码管模块有多少位数字显示？显示什么颜色？
（2）列举日常生活中带有多位数码管显示的设备。

本次任务

通过已掌握的知识，选择合适的元器件，设计出 8 位数码管显示电路。

知识链接

数码管要正常显示，就要用驱动电路来驱动数码管的各个段码，从而显示出我们需要的数字，因此根据数码管驱动方式的不同，可以分为静态驱动和动态驱动两类。

1．静态驱动显示

静态驱动也称直流驱动。静态驱动是指每个数码管的每个段码都由一个单片机的 I/O 端口进行驱动，或者使用 BCD 码二—十进制译码器译码进行驱动。静态驱动的优点是编程简单，显示亮度高，缺点是占用的 I/O 端口多，如驱动 5 个数码管静态显示则需要 5×8=40 根 I/O 端口来驱动（一个单片机可用的 I/O 端口才 32 个），实际应用时必须增加译码驱动器进行驱动，增加了硬件电路的复杂性。

2．动态驱动显示

数码管动态显示接口是单片机中应用最为广泛的显示方式之一，动态驱动是将所有数码管的 8 个显示笔画“a、b、c、d、e、f、g、dp”的同名端连在一起，另外为每个数码管的公共极 COM 增加位选通控制电路，位选通由各自独立的 I/O 线控制，当单片机输出字形码时，所有数码管都接收到相同的字形码，但究竟哪个数码管会显示出字形取决于单片机对位选通 COM 端电路的控制，所以我们只要将需要显示的数码管的选通控制打开，该位就显示出字形，没有选通的数码管就不会亮。通过分时轮流控制各个数码管的 COM 端，使各个数码管轮流受控显示，这就是动态驱动。在轮流显示过程中，每位数码管的点亮时间为 1~2ms，由

于人的视觉滞留现象及发光二极管的余辉效应，尽管实际上各位数码管并非同时点亮，但只要扫描的速度足够快，给人的印象就是一组稳定显示的数据，不会有闪烁感，动态显示的效果和静态显示是一样的，但却能够节省大量的I/O端口，而且功耗更低。

任务实施

多位数码管有2位、3位、4位、6位等多种，如图7-2所示，颜色有红、绿、蓝、黄等，可用于各种饮水机、制水机、捆钞机、空调、光带灯、开关灯、手按灯、光字牌、全日历时钟等各种小家电LED、工业控制设备中的显示屏。

图7-2 多位数码管

可以选用两个4位数码管制作8位数码管的显示电路。

4位数码管是比较常用的数码管，这种数码管内部的4个数码管共用a～dp8根数据线，为使用提供了方便。因为4位数码管里中4个数码管，所以它有4个公共端，加上a～dp，共有12个引脚，如图7-3所示是一个共阳极4位数码管的内部连接原理图。

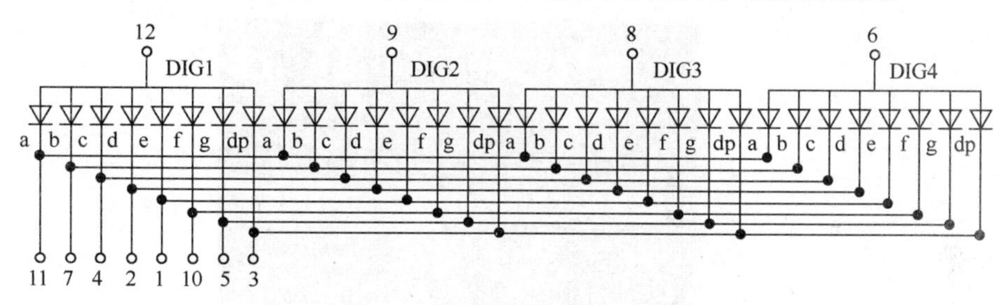

图7-3 共阳极4位数码管的内部连接原理图

图7-4所示是4位数码管反置实物图，可以观察到4位数码管共有12个引脚。引脚顺序：从数码管的反面观看，以右下角第一脚为起点，引脚的顺序是顺时针方向排列。12、9、8、6为公共脚，即COM端，又称位码端。a→11、b→7、c→4、d→2、e→1、f→10、g→5、dp→3，称为段码端。

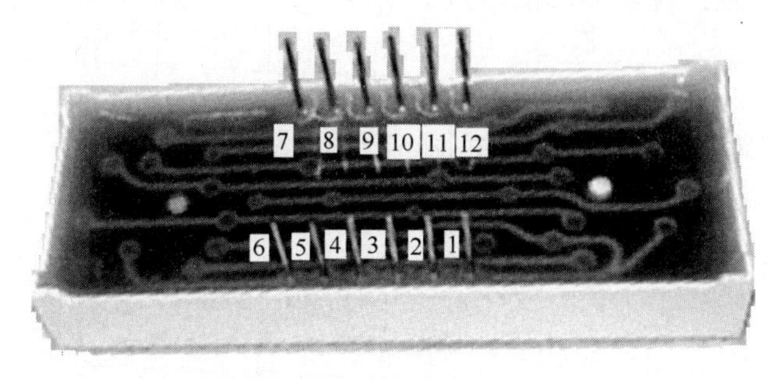

图7-4 4位数码管反置实物图

传统单片机向外供电电流（拉电流）的最大值为 230μA，而 STC15 系列芯片拉、灌电流的最大值可达 20mA，STC15 系列芯片不需要驱动电路即可直接驱动多位共阳极、共阴极数码管显示。如图 7-5（a）所示，是两个 4 位共阴极数码管组合成 8 位数码管原理图，如图 7-5（b）所示，是两个 4 位共阴极数码管组合成 8 位数码管实物图。

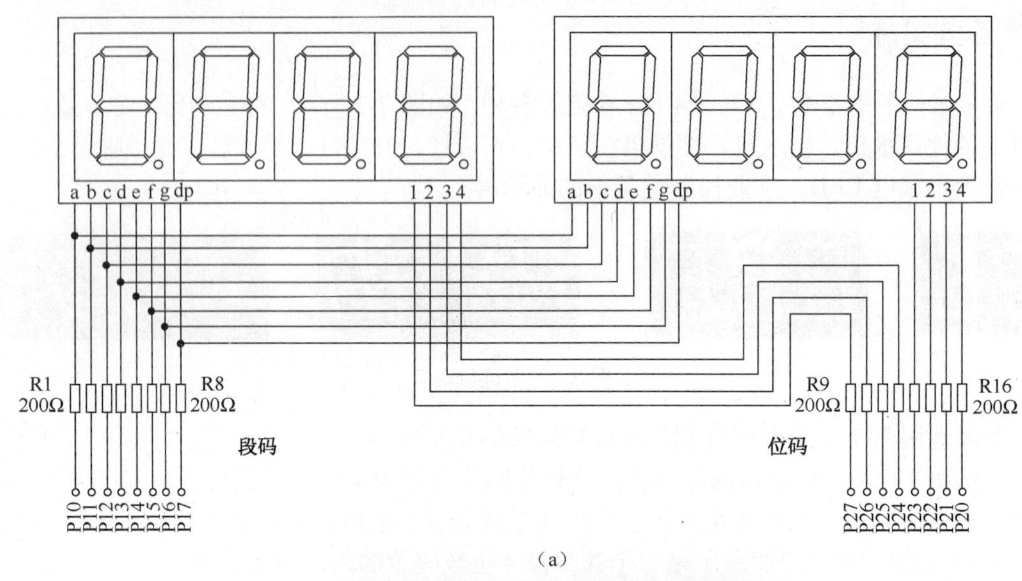

（a）

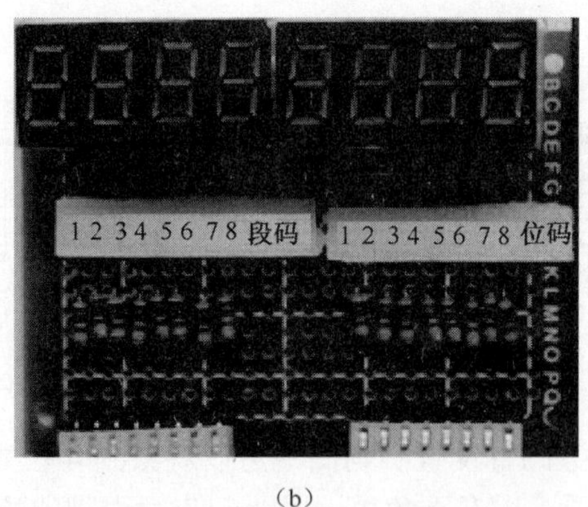

（b）

图 7-5　两个 4 位共阴极数码管组合 8 位数码管原理图及实物图

例：使用 STC15 强推挽输出功能直接驱动 8 位共阴极数码管。

分析：

（1）使用 STC15 芯片，直接驱动 8 位共阴极数码管。

（2）必须设置段码口为强推挽输出，显示 12345678。

（3）使用的硬件模块有 5V 电源、STC15 单片机最小系统、8 位共阴极数码管显示模块。调试模块连接的实物参考图如图 7-6 所示。

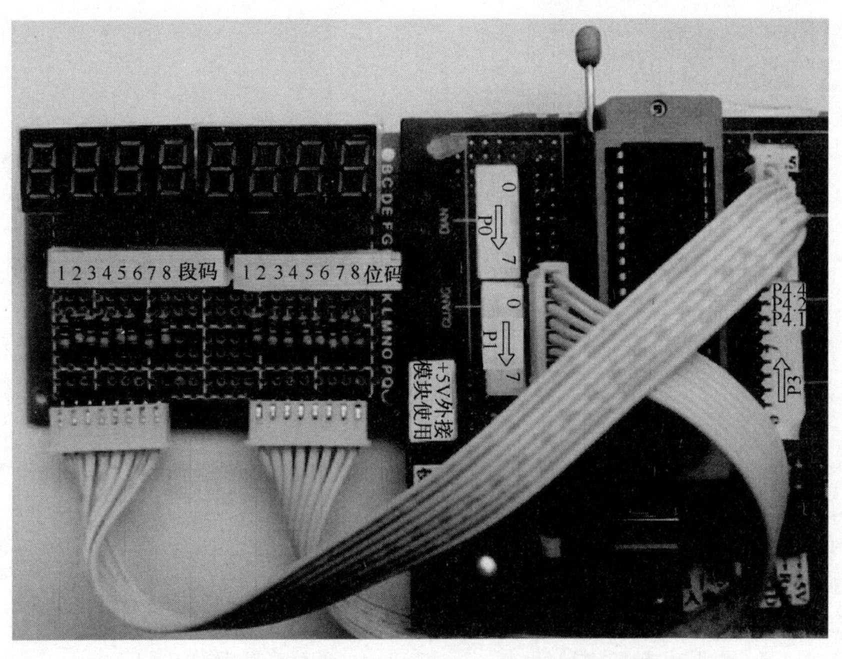

图 7-6 STC15 系列芯片直接驱动 8 位共阴极数码管实物图

```
/*********************************************************************************
* 程 序 名：多位显示
* 程序说明：使用 STC15 强推挽输出功能直接驱动 8 位共阴极数码管
* 连接方式：P2 口接 8 位共阴极数码管的段码脚，P1 口接位码脚
* 调试芯片：STC15F2K60S2-PDIP40 系列/IAP15F2K61S2，1T 芯片
* 使用模块：5V 电源、STC 单片机最小系统、8 位共阴极数码管显示模块
* 适用芯片：89、90、STC10、STC11、STC12、STC15 系列
* 注    意：STC89、STC90 可运行，须修改 Delay10μs 延时函数
*********************************************************************************/
//--包含要使用到相应功能的头文件--//
#include<reg51.h>
#include <intrins.H>
//--定义全局变量--//
//unsigned   char code t_display[11]={0xc0,0xf9,0xa4,0xb0,0x99,0x92,0x82,0xf8,0x80,0x90,0xbf};
                                        //共阳 0～9 段码
unsigned   char code t_display[11]={0x3F,0x06,0x5B,0x4F,0x66,0x6D,0x7D,0x07,0x7F,0x6F,0x40};
                                        //共阴 0～9 段码
unsigned char code   T_COM[8]={0xfe,0xfd,0xfb,0xf7,0xef,0xdf,0xbf,0x7f};   //位码
//--函数声明--//
void Delay10us();                       //延时 10μs
void Delay_n_10us(unsigned int n);      //延时 n 个 10μs
/*********************************************************************************
* 函 数 名：Delay10us
* 函数功能：延时函数，延时 10μs
```

```
* 输    入：无参数
* 输    出：无返回值
* 来    源：使用 STC-ISP 软件的“延时计算器”功能实现
*******************************************************************************/
void Delay10us()                //@11.0592MHz，IAP15F2K61S2 芯片
{
    unsigned char i;
    _nop_();                    //12T 芯片 i=2 ， 1T 芯片 i=25
    i = 25;
    while (--i);
}
/*******************************************************************************
* 函 数 名：Delay_n_10us
* 函数功能：延时 n 个 10μs 函数，实参值根据需要设定。若要 1ms，则实参值为 100
* 输    入：有参数
* 输    出：无返回值
* 来    源：根据功能要求自写程序
*******************************************************************************/
void Delay_n_10us(unsigned int n)         //@11.0592MHz
{
    unsigned int i;
    for(i=0;i<n;i++)
        Delay10us();
}
/*******************************************************************************
* 函 数 名：main
* 函数功能：主函数
* 输    入：无参数
* 输    出：无返回值
*******************************************************************************/
void main()
{
     unsigned int i;
     //设置为强推挽输出，每口最大电流可达 20mA，使用电阻限流，不需要其他放大元件
     P2M1=0x00;              //P2M1.n,P2M0.n   =00—>准双向口，01—>强推挽输出
     P2M0=0XFF;             //                 =10—>高阻输入，11—>开漏
     while(1)
     {
          for(i=0;i<8;i++)                //显示 12345678
          {
               P1=   T_COM[i];        //赋值位码
               P2=   t_display[i+1];  //不同位赋值相应段码
```

```
            Delay_n_10us(30);      //在一定时间内扫描一次，定时值超过 400，就有闪烁感
        }
    }
}
```

任务评价

填写任务评价表，见表 7-1。

表 7-1 任务评价表

1. 数码管的选择 （□明白 □不明白 □没有做）	
① 选择的是共阴极还是共阳极数码管	□共阴 □共阳
② 你选择的是什么颜色的数码管	□红 □绿 □黄
你选择这种数码管的理由是什么？	
2. 8 位动态数码管的显示 （□完成 □有疑问 □没有做）	
① 是否将数码管的每个引脚都连接至 I/O 口	□是 □否
② 是否理解了多位数码管动态显示原理	□是 □否
③ 是否完成了 8 位共阴极数码管模块的构建并调试出结果	□是 □否
你在完成设计任务的时候，遇到了哪些问题？你是如何解决的？	
完成情况总结及评价：	
学习效果： □优 □良 □中 □差	

任务拓展

在后面的任务中，需要使用键盘实现各种控制功能，加上独立键盘控制，完善原理图设计。

任务 2 定时器的使用

学习目标

- 了解定时器的概念。
- 掌握定时器的使用及程序编写方法。

任务呈现

定时器，顾名思义，是用来实现定时功能的器件。最常用的家用定时器就是闹钟、定时

插座、电饭煲、热水器、全自动洗衣机等。如图 7-7 所示为日常生活中常见的定时器的应用，图 7-7（a）是定时插座，图 7-1（b）是智能电饭煲。

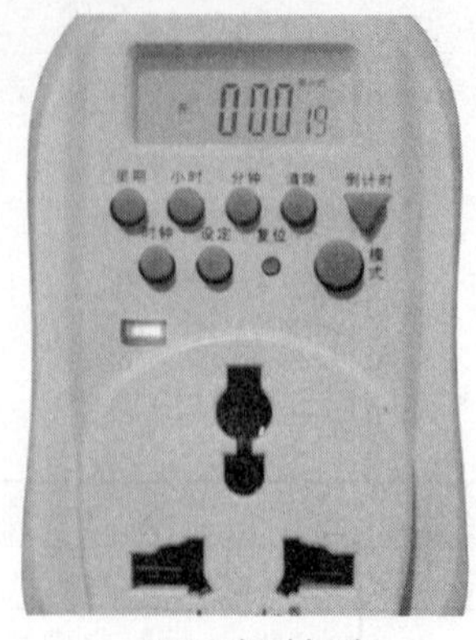

（a）定时插座

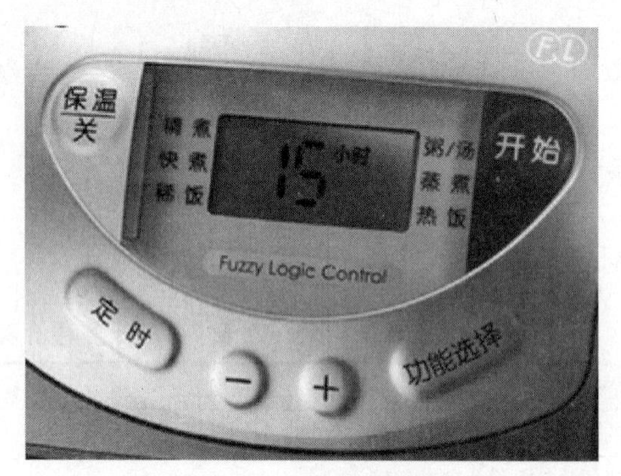

（b）智能电饭煲

图 7-7　常见定时器的应用

当然，并不是所有的定时器都有显示和报警等功能，有许多功能简单的定时器，像某些洗衣机的内部定时器是机械式的，没有显示功能，到时自动关闭。传统的定时器，要通过按键输入定时，而随着发展，定时器的应用越来越广泛，各种智能化功能也开始逐步实现，现在的定时器可以实现遥控定时、语音定时、延时定时、循环定时等。

本次任务中的定时器是单片机中断源的一种，也能够实现定时功能。

想一想

（1）日常生活中还有哪些地方用到定时器？
（2）机械式定时器和电子式定时器有什么不同？

本次任务

（1）掌握定时器的执行过程及工作原理。
（2）掌握定时器的程序编写方法，能用定时器完成时间的控制。

知识链接

8051 单片机内部有两个 16 位可编程定时器/计数器，即定时/计数器 T0 和定时/计数器 T1（8052 提供 3 个，第三个称为定时/计数器 T2；STC15W4 系列多达 5 个）。它们既可用于定时器方式，又可用于计数器方式，可编程设定 4 种不同的工作方式。

1．定时/计数器的结构

定时/计数器 T0、T1 的结构如图 7-8 所示。它由加法计数器、TMOD、TCON 寄存器等组成。

定时/计数器的核心是 16 位加法计数器，图 7-8 中定时/计数器 T0 的加法计数器用特殊功能寄存器 TH0、TL0 表示，TH0 表示加法计数器的高 8 位，TL0 表示加法计数器的低 8

位。TH1、TL1 则分别表示定时/计数器 T1 的加法计数器的高 8 位和低 8 位。这些寄存器可根据需要由程序读/写。

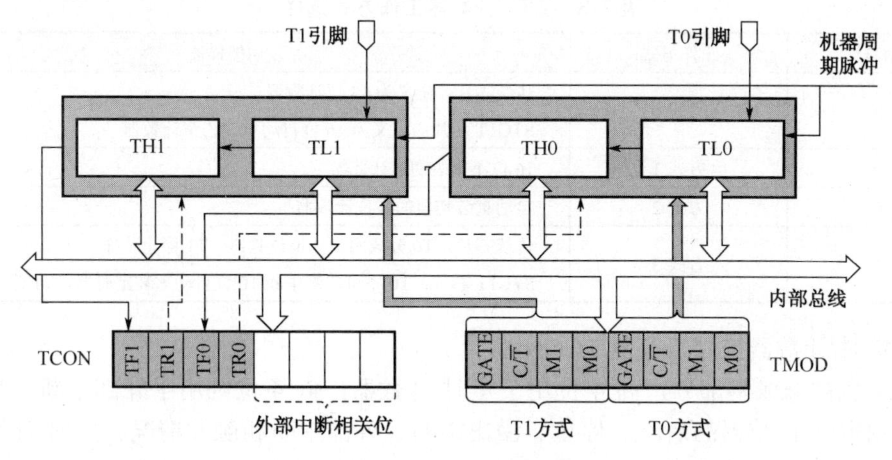

图 7-8 定时/计数器的结构

当 16 位加法计数器的输入端每输入一个脉冲，16 位加法计数器的值自动加 1，当计数器的计数值超过加法计数器字长所能表示的二进制数的范围而向第 17 位进位，即计数溢出时，置位定时中断请求标志，向 CPU 申请中断。16 位加法计数器编程选择对内部时钟脉冲进行计数或对外部输入脉冲计数。对内部脉冲计数称为定时方式，对外部脉冲计数称为计数方式。

2. 定时/计数器的工作方式

单片机定时/计数器的工作由两个特殊功能寄存器 TMOD 和 TCON 控制，它们分别用来设置各个定时/计数器的工作方式，选择定时或计数工作方式，控制启动方式，以及作为运行状态的标志等。

（1）定时/计数器工作方式寄存器 TMOD。

TMOD 用于设置定时/计数器的工作方式，格式见表 7-2。

表 7-2 定时/计数器工作方式寄存器 TMOD

位序号	DB7	DB6	DB5	DB4	DB3	DB2	DB1	DB0
位符号	GATE	$C/\overline{T}$	M1	M0	GATE	$C/\overline{T}$	M1	M0
	定时器1				定时器0			

由表 7-2 可见，TMOD 分成两部分，高 4 位用于 T1，低 4 位用于 T0。

各种符号的含义如下：

GATE 为门控制位。GATE=0，定时/计数器启动与停止仅受 TCON 寄存器中 TR0 或 TR1 的控制。GATE=1，定时/计数器启动与停止由 TCON 寄存器中 TR0 或 TR1 和外部中断引脚（INT0 或 INT1）的电平状态来共同控制。

$C/\overline{T}$ 为定时器和计数器模式选择位。$C/\overline{T}$=1，为计数器模式；$C/\overline{T}$=0，为定时器模式。

M1M0 为工作模式选择位。定时/计数器的 4 种工作方式由 M1M0 设定，具体描述见表

7-3。

表 7-3　定时/计数器工作方式选择

M1M0	工作方式	功能描述
0　0	方式 0	传统芯片：定义为 13 位计数器 STC1T 芯片：定义为 16 位自动重装初值计数器
0　1	方式 1	16 位不重装初值计数器
1　0	方式 2	自动重装初值的 8 位计数器
1　1	方式 3	传统芯片：T0 分成两个 8 位计数器，T1 停止工作 STC1T 芯片：T0 不可屏蔽中断 16 位自动重装定时器，T1 停止工作

（2）定时/计数器控制寄存器 TCON。

TCON 也被分成两部分，高 4 位用于定时/计数器，低 4 位则用于外部中断。TCON 的作用是控制定时/计数器的启动、停止、溢出中断、外部中断和触发情况。定时/计数器控制寄存器 TCON 具体描述见表 7-4。

表 7-4　定时/计数器控制寄存器 TCON

位序号	DB7	DB6	DB5	DB4	DB3	DB2	DB1	DB0
位符号	TF1	TR1	TF0	TR0	IE1	IT1	IE0	IT0
	定时/计数器				外部中断			

高 4 位含义如下：

TF1 为定时器 1 溢出标志位。

当定时器 1 计满溢出时，由硬件使 TF1 置 1，并且申请中断。进入中断服务程序后，由硬件自动清 0。需要注意的是，如果使用定时器中断，该位完全不用人工操作，但是如果使用软件查询方式的话，当查询到该位置 1 后，就需要用软件清 0。

TR1 为定时器 1 运行控制位。

由软件清 0 关闭定时器 1。当 GATE=1，且 INT1 为高电平时，TR1 置 1 启动定时器 1；当 GATE = 0 时，TR1 置 1 启动定时器 1。

TF0 为定时器 0 溢出标志位，其功能及其操作方法同 TF1。

TR0 为定时器 0 运行控制位，其功能及操作方法同 TR1。

2. 定时器的初始化设置与编程

从上面的知识可知，每个定时器都有 4 种工作模式，通过设置 TMOD 寄存器中的 M1M0 位来进行工作方式选择。在不同工作方式下计数器位数不同，最大计数值也不同。设最大计数值为 M，那么各种方式下的最大值 M 如下。

方式 0：$M=2^{13}=8192$（传统芯片）或 $M=2^{16}=65536$（STC1T）

方式 1：$M=2^{16}=65536$

方式 2：$M=2^{8}=256$

方式 3：T0 分成两个 8 位计数器，所以两个 M 均为 256。（STC1T：$M=2^{16}=65536$）

定时/计数器是做“加 1”计数，并在计数溢满时产生中断，因此初值 X 如下。

计数功能：$X=2^{n}-$计数值，$n=8$，13，16 取决于工作方式。

定时功能：$X=2^n-t/T$，t 为定时时间，T 为机器周期，数值为 12/晶振频率。

【例 7-1】 下面举例来说明单片机的初始化设置过程。假设单片机的外接晶振频率为 12MHz，使用定时器 0，工作在方式 1，要求定时时间为 1ms。

（1）TMOD 寄存器初始化。

为把定时器 0 设定为方式 1，设置 M1M0=01；为实现定时功能，$C/\overline{T}=0$；不受外部输入影响，设置 GATE=0。定时器 1 不用，有关位设定为 0。因此 TMOD 的初始化为 01H（在程序编写中写为“TMOD=0x01;”）。

（2）计数初值的计算。

晶振频率为 12MHz，那么此时机器周期=12/晶振频率=12/（12×10^6）=1μs。

则初值 $X=2^{16}-t/T=X=65536-(1000/1)=64536$。

方式 1 的计数位数是 16 位，对 T0 来说，由寄存器 TH0、TL0 作为高 8 位和低 8 位，组成了 16 位加 1 计数器。定时器一旦启动，它便在初值的基础上开始加 1 计数，若在程序开始时，没有设置 TH0 和 TL0，它们的默认值都是 0。计满 TH0 和 TL0 就需要 $2^{16}-1$ 个数，再来一个脉冲，计数器溢出，随即向 CPU 申请中断。

根据前面的计算，定时 1ms，要计 1000 个数，即 TH0 和 TL0 中应该装入的总数是 64536，把 64536 对 256 求模（64536/256）装入 TH0 中，把 64536 对 256 求余（64536%256）装入 TL0 中。

以上就是定时器初值的计算法，可得出如下结论：当用定时器 0 的方式 1 时，设机器周期为 T，定时器产生一次中断的时间为 t，那么需要计数的个数为 $N=t/T$，装入 TH0 和 TL0 中的数分别为：

TH0=（65536−N）/256

TL0=（65536−N）%256

（3）对 IE 赋值，开放中断。

开总中断，设置 EA=1；开定时器 0 中断，设置 ET0=1。

（4）启动定时器 0。

设置 TR0=1，定时启动开始计数。

（5）中断服务程序。

```
void  timer0()  interrupt  1
{
    TH0=(65536-1000)/256;       //重装初始值，晶振频率为 12MHz，定时 1ms
    TL0=(65536-1000)%256;
    i++;                        //定时到，i 增加 1，使用 i 值在其他函数中控制程序走向
}
```

任务实施

1．编写定时器的初始化程序。

编写单片机的定时器程序时，在程序开始处需要对定时器及中断寄存器做初始化设置，通常定时器初始化过程如下。

（1）对 TMOD 赋值，确定控制方式、工作模式及 T0 和 T1 的工作方式。

（2）计算初值，并将初值写入 TH0、TL0 或 TH1、TL1。

（3）中断方式时，对 EA 赋值，开放中断。

（4）使 TR0 和 TR1 置位，启动定时/计数器定时或计数。

```
/****************************************************************
* 函 数 名：init_t0( )
* 函数功能：设置定时器 0，定时时间为 50ms
****************************************************************/
void init_t0( )                        //T0 初始化，12T 工作模式
{
    TMOD=0x01;                         //设置 TMOD，T0 受 TR0、TR1 控制，定时模式，工作 1 方式
    TH0=(65536-(int)(50000*11.0295/12))/256;
                                       //装载初值，晶振频率为 11.029MHz，定时 50ms
                                       //(int)(x)对 x 值进行取整运算
    TL0=(65536-(int)(50000*11.0295/12))%256;
    EA=1;                              //开总中断
    ET0=1;                             //开定时器 0 中断
    TR0=1;                             //启动定时器 0
}
```

2．编写定时器的中断服务程序。

```
/****************************************************************
* 函 数 名：timer0
* 函数功能：定时器 0 的中断函数
****************************************************************/
void   timer0( )   interrupt   1            //定时器 0 的中断号是 1，12T 工作模式
{
    TH0=(65536-50000)/256;                  //重新装载初值，晶振频率为 12MHz，定时 50ms
    TL0=(65536-50000)%256;
    中断服务语句；         //一般是改变变量值，让这个变量在其他函数中控制程序走向
}
```

3．利用定时器 0 的工作方式 1，实现一个发光二极管以 2s 为周期亮灭闪烁。

分析：如果要定时 50ms，就需要先给 TH0 和 TL0 装一个初值，在这个初值的基础上计 50000 个数后，定时器溢出，此时刚好就是 50ms 中断一次，当需要定时 1s 时，写程序时在产生 20 次 50ms 的定时器中断后便认为是 1s，这样便可精确控制定时时间了。

程序代码如下：

```
/****************************************************************
* 实 验 名：定时器 0 的使用
* 实验说明：定时器 0 工作方式 1，实现一发光管 1s 亮、1s 灭的闪烁
* 连接方式：P1 口接 8 位共阳流水灯
* 调试芯片：STC15F2K60S2-PDIP40 系列/IAP15F2K61S2，1T 芯片
```

```
* 使用模块：5V 电源、STC 单片机最小系统、流水灯模块
* 适用芯片：89、90、STC10、 STC11、STC12、STC15 系列
*********************************************************************/
#include<reg52.h>
#define uchar unsigned char
#define uint   unsigned int
sbit   led1=P1^0;
uchar num;

void init_t0( )                       // T0 初始化
{
    TMOD=0x01;                        //设置 TMOD，T0 受 TR0、TR1 控制，定时模式，工作 1 方式
    TH0=(65536-(int)(50000*11.0592/12))/256;            //12T 工作模式
                                      //装载初值，晶振频率为 11.0592MHz，定时 50ms
                                      //(int)(x)对 x 值进行取整运算
    TL0=(65536-(int)(50000*11.0592/12))%256;
    EA=1;                             //开总中断
    ET0=1;                            //开定时器 0 中断
    TR0=1;                            //启动定时器 0
}

void main( )
{
    init_t0( );                       //T0 初始化设置
    while(1)
    {
        if(num==20)                   //如果到了 20 次，说明时间为 1s
        {
            led1=~led1;               //让发光管状态取反
            num=0;                    //计数清零，以便下次继续计数
        }
    }
}
void timer0( )   interrupt   1        //定时器的中断服务程序
{
    TH0=(65536-(int)(50000*11.0295/12))/256;            //重新装载初值，12T 工作模式
    TL0=(65536-(int)(50000*11.0295/12))%256;
    num++;
}
```

没有任何设置时，STC15 系列芯片定时器默认为 12T 工作模式。让 STC15 系列定时器工作在 1T 模式下，需要进行设置，如，AUXR |= 0x80。中断最长时间不超过 6ms，定时器中断函数的编写，可参考 STC 公司提供的 STC-ISP 软件中的定时/计数器设置功能。

【例 7-2】 编写程序，满足如下条件：

① 使用 STC15 系列芯片；
② 工作在 1T 模式；
③ 设置工作方式 1（不自动重载 16 位方式）；
④ 使用定时器 0；
⑤ 定时 5ms 的初始化函数。

```
void Timer0Init(void)          //5ms@11.0592MHz
{
    AUXR |= 0x80;              //定时器时钟 1T 模式
    TMOD &= 0xF0;              //保留定时器 1 状态
    TMOD |= 0x01;              //设置定时器模式
    TL0 = (65536-(int)(5000*11.0592))%256;
                               //设置定时初值，定时 5ms，1T 工作模式
    TH0 =(65536-(int)(5000*11.0592))/256;
    TF0 = 0;                   //清除 TF0 标志
    TR0 = 1;                   //定时器 0 开始计时
    EA=1;                      //开总中断
    ET0=1;                     //开定时器 0 中断
}
```

任务评价

填写任务评价表，见表 7-5。

表 7-5 任务评价表

1．定时器知识学习 （□已做 □不必做 □没有做）		
① 是否知道单片机有几个定时器	□是	□否
② 是否理解定时器的作用	□是	□否
你在完成第一部分子任务的时候，遇到了哪些问题？你是如何解决的？		
2．定时器的应用 （□已做 □不必做 □没有做）		
① 能否选择合适的工作方式	□是	□否
② 能否计算出定时器设定初值	□是	□否
③ 能否完整地写出定时器的初始化条件	□是	□否
④ 能否写出基本的中断服务程序	□是	□否
你在完成第二部分子任务的时候，遇到了哪些问题？你是如何解决的？		
完成情况总结及评价：		
学习效果： □优 □良 □中 □差		

任务拓展

尝试加上独立按键，由按键控制定时器的启动与停止。

任务3　在Proteus仿真软件中实现秒表功能

学习目标

- 掌握多位数码管显示程序的编写方法，熟练使用 Keil C51 软件调试程序。
- 能运用 Proteus 仿真软件和 Keil C51 软件实现秒表功能。

任务呈现

图 7-9 所示是秒表的工作原理图，选择单片机 P2 口控制数码管的段选信号，P1 口控制位选信号，实现数字钟的显示。由独立按键 K1 控制显示进程，实现秒表的开始、暂停及复位的控制。使用仿真软件时，须在集电极 c 上加接 10kΩ的上拉电阻。

想一想

（1）定时器的工作可选哪种方式？以定时多长为宜？
（2）秒与毫秒的进级应分别选用多长为宜？

本次任务

使用 Keil C51 编写程序，并在 Proteus 仿真软件中实现秒表的显示，功能要求如下。
（1）在四位数码管中按“秒.毫秒”的格式显示时间，上电运行初始化显示“00.00”。
（2）第一次按下按键，秒表开始计时。
（3）第二次按下按键，秒表停止，并显示计时时间。
（4）第三次按下按键，时间复位，数码管显示“00.00”。
（5）按键功能可依次循环。

程序分析

程序设计主函数时调用了两个函数，分别是按键函数、显示函数。按键函数完成功能多，相对复杂，显示函数主要解决 4 个数码管的显示数字及秒的个位数字带小数点的问题。其他三个函数功能分别是：定时 1ms 功能的 Delay1ms( )函数，不需要自己写代码，使用 STC-ISP 软件的“延时计算器”功能直接生成；Delay_n_1ms(unsigned int n)函数完成延时 n 个 1ms 功能，Timer0(void) interrupt 1 using 0 函数完成定时 250μs 的功能。

图 7-10 所示是按键扫描程序流程图。

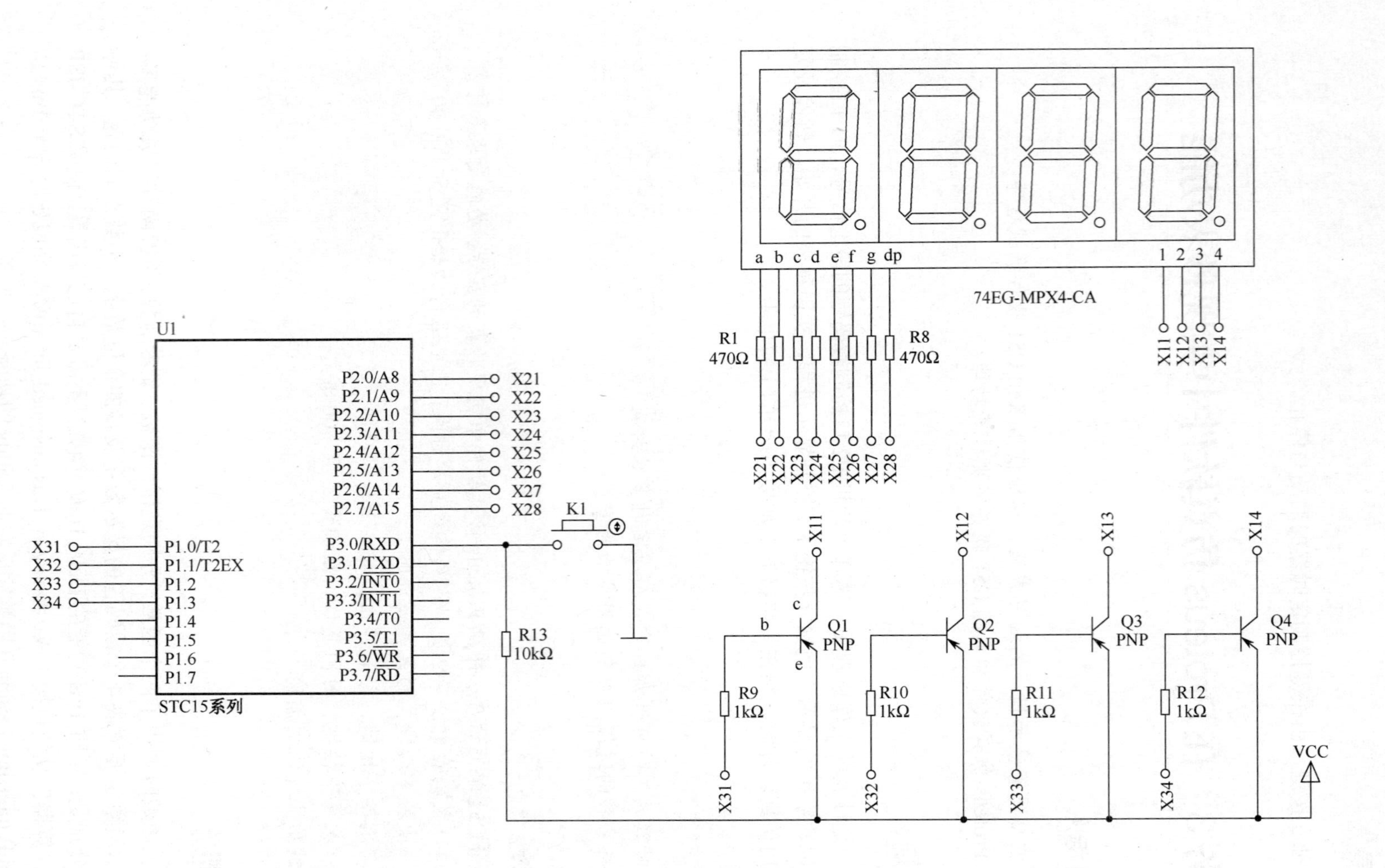

图 7-9 秒表的工作原理图

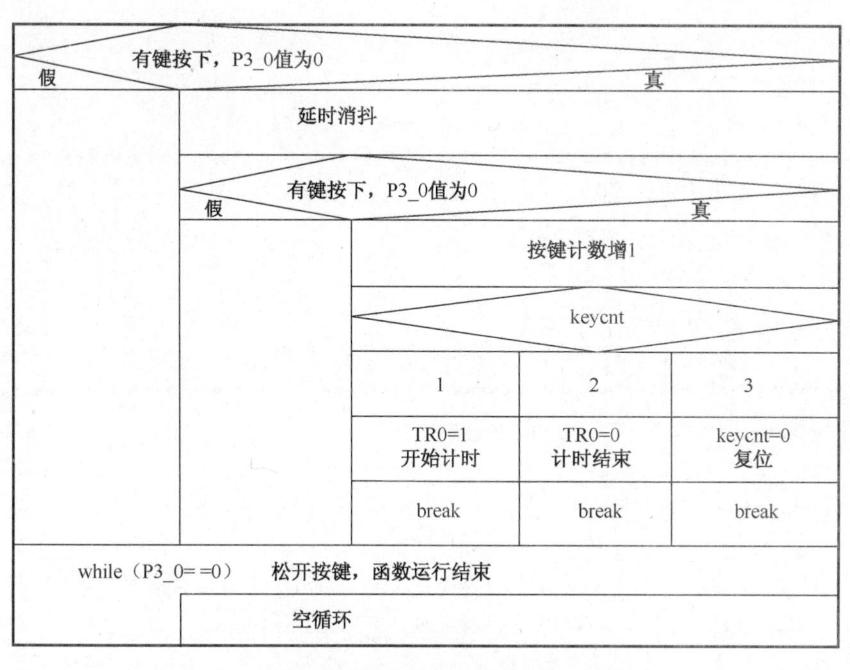

图 7-10　按键扫描程序流程图

```
/********************************************************************************
* 程 序 名：秒表
* 程序说明：第一次按键开始计时，第二次按键显示时间，第三次按键清 0
* 连接方式：P2 口接 4 位共阳极数码管的段码脚，P1 口低 4 位接位码脚
* 调试芯片：STC90C52-PDIP40
* 使用模块：5V 电源、STC 单片机最小系统、4 位三极管驱动模块
* 适用芯片：STC 89、STC 90、STC10、 STC11、STC12、STC15 系列
* 注    意：STC10、 STC11、STC12、STC15 可运行，须修改 Delay10ms 延时函数及定时时间
********************************************************************************/
//--包含要使用到相应功能的头文件--//
#include<reg52.h>                   //传统 51 单片机库文件
#include <intrins.H>
//--定义全局变量--//
unsigned    char code t_display[10]={0xc0,0xf9,0xa4,0xb0,0x99,0x92,0x82,0xf8,0x80,0x90};
                                    //共阳 0～9 段码
unsigned char code    T_COM[4]={0xfe,0xfd,0xfb,0xf7};          //位码
unsigned int data1[4]={0,0,0,0};            //存放显示数值
unsigned char Second=0,Minute=0;            //定义秒与毫秒
unsigned char keycnt=0;                     //按下按键次数值
unsigned int tcnt;                          //键值判断
sbit         P3_0=P3^0;                     //定义中断位变量
//--函数声明--//
void Delay1ms(void);                        //延时 1ms
void Delay_n_1ms(unsigned int n);           //延时 n 个 1ms
```

```
void Led(int sec,int min);                    //显示函数
void KEY( );                                  //按键扫描程序
void Timer0(void) ;                           //定时中断服务函数
/*******************************************************************************
* 函 数 名：Delay1ms
* 函数功能：延时函数，延时 1ms
* 输    入：无参数
* 输    出：无返回值
* 来    源：使用 STC-ISP 软件的“延时计算器”功能实现
*******************************************************************************/
void Delay1ms( )              //@11.0592MHz
{
    unsigned char i, j;
    _nop_();
     i = 2;                   //12T 芯片 i=2,    1T 芯片 i=11
     j = 199;                 //12T 芯片 i=199,  1T 芯片 j=190
    do
    {
          while (--j);
     } while (--i);
}
/*******************************************************************************
* 函 数 名：Delay_n_1ms
* 函数功能：延时 n 个 1ms
* 输    入：一个无符号整数
* 输    出：无参数
* 注    意：形参定义类型为 unsigned char，则实参最小值为 0，最大值为 255
* 来    源：根据功能要求自写程序
*******************************************************************************/
void Delay_n_1ms(unsigned int n)        //@11.0592MHz
{
     unsigned int i;
     for(i=0;i<n;i++)
          Delay1ms();
}
/*******************************************************************************
* 函 数 名：Led
* 函数功能：显示
* 输    入：两个整数
* 输    出：无返回值
*******************************************************************************/
void Led(int sec,int min) //显示函数
```

```
{
    unsigned int i;
    data1[0]=min/10;                //求秒十位
    data1[1]=min%10;                //求秒个位
    data1[2]=sec/10;                //求毫秒十位
    data1[3]=sec%10;                //求毫秒个位
    for ( i =0 ;i<4; i++ )          //显示秒十位、秒个位、毫秒十位、毫秒个位上的数
    {
        P1=0xff;                    //关闭显示，消隐
        if (i==1)
            P2=t_display[data1[i]]+0x80;    //P2 口置数，秒个位加点
        else
            P2=t_display[data1[i]];         //P2 口置数
        P1=T_COM[i];                        //打开指定位上的数显示
        Delay_n_1ms(10);                    //延时 10ms（已经延时比较长时间了），位扫描间隔
    }
}
/*******************************************************************************
* 函 数 名：KEY
* 函数功能：按键扫描
* 输    入：无参数
* 输    出：无返回值
*******************************************************************************/
void KEY()                                  //按键扫描程序
{
    if(P3_0==0)
    {
        Delay_n_1ms(10);                    //消抖
        if(P3_0==0)
        {
            keycnt++;
            switch(keycnt)                  //按下按键次数判断
            {
                case 1:                     //第一次按下按键，开始计时
                    TH0=0x1a;               //对 TH0，TL0 赋值，定时 250μs
                    TL0=0x1a;
                    TR0=1;                  //开始定时
                    break;
                case 2:                     //第二次按下按键，显示所计时间
                    TR0=0;                  //定时结束
                    break;
                case 3:                     //第三次按下按键，复位
```

```
                    keycnt=0;          //重新开始判断按键值
                    Second=0;          //计数重新从零开始
                    Minute=0;          //计数重新从零开始
                    break;
                }
                while(P3_0==0);
            }
        }
}
/**********************************************************************
* 函 数 名：Timer0
* 函数功能：定时中断服务
* 输    入：无参数
* 输    出：无返回值
**********************************************************************/
void Timer0(void) interrupt 1 using 0     //定时中断服务函数
{
    tcnt++;                               //每过 250μs，tcnt 加 1
    if(tcnt==40)                          //计满 40 次（1/100s）时
    {
        tcnt=0;                           //重新再计
        Second++;
        if(Second==100)                   //定时 1s，再从零开始计时
        {
            Second=0;
            if(++Minute==60)              //定时 60s，再从零开始计时
                Minute=0;
        }
    }
}
/**********************************************************************
* 函 数 名：main
* 函数功能：主函数
* 输    入：无参数
* 输    出：无返回值
**********************************************************************/
void main()
{
    TMOD=0x02;                            //定时器工作在方式 2，8 位自动重装
    ET0=1;                                //开定时器 0 中断
    EA=1;                                 //开总中断
    while(1)
```

```
    {
        KEY();                      //调用按键程序
        Led(Second,Minute);         //调用显示程序，将秒与毫秒参数传递给 Led 函数
    }
}
```

任务实施

1．打开 Proteus 仿真软件，进入仿真软件主操作界面。

2．选择元器件。

在元器件浏览区单击元器件选择按钮“P”，从弹出的“Pick Devices”对话框中拾取所需的元器件。

元器件清单如下：一个传统 51 单片机，最小系统中的所有元器件，8 个 200Ω 电阻 RES，5 个 10kΩ电阻 RES，4 个 1kΩ电阻 RES，1 个按钮 Button，1 个共阳极数码管 7SEG-MPX4-CA。

3．放置元器件与连线。

参考图 7-9 所示，对秒表电路进行元器件放置与连线。

4．添加电源与信号地

在 Proteus 软件中，单片机芯片默认已经添加电源与信号地，可以省略，但外围电路的电源与信号地不能省略，添加后并做好连线工作。

5．在 Keil C51 软件中完成程序的编写，生成 HEX 文件。在 Proteus 仿真软件中，没有 STC15 的 1T 芯片数据库，但不影响使用传统的 12T 芯片仿真观察效果。

6．在 Proteus 仿真软件中，双击单片机加载 HEX 运行程序。

7．单击“▶”运行按钮，观察程序运行效果。

任务评价

1．仿真电路的检查

（1）正确选用所需的元器件。

（2）正确绘制仿真电路原理图。

2．程序检测

（1）通过 Keil C51 软件编写程序，编译并生成 HEX 文件。

（2）编译成功仅说明无逻辑错误，应在 Proteus 仿真软件中查看仿真结果，检查能否实现所需功能，若不能实现相关功能，在 Keil C51 软件中对相关部分进行调试。

填写任务评价表，见表 7-6。

表 7-6 任务评价表

1．仿真电路部分 （□已做 □不必做 □没有做）		
① 检查所使用元器件是否符合本次任务的要求	□是	□否
② 检查电路连接是否正确	□是	□否

续表

你在完成第一部分子任务的时候，遇到了哪些问题？你是如何解决的？	
2．程序及软件仿真部分　（□已做　□不必做　□没有做）	
① 检查所使用软件是否可用	□是　□否
② 程序输入是否正常	□是　□否
③ 程序出错能否调试	□是　□否
④ 软件仿真能否仿真出相关功能	□是　□否
你在完成第二部分子任务的时候，遇到了哪些问题？你是如何解决的？	
完成情况总结及评价：	
学习效果：　□优　□良　□中　□差	

任务拓展

本任务完成了秒表的显示，但不能调整时间，尝试编写程序，由独立按键控制时间的设定，能够进行相关位数据的设置。

任务4　数字钟的制作

学习目标

- 熟练掌握定时器的使用方法。
- 能说出制作数码管显示电路元器件的名称及型号。
- 能在多孔板上制作8位数码管显示模块。
- 学会检测8位数码管显示电路能否正常工作的方法。

任务呈现

数字钟是常见的生活用品，使用数字技术实现“时-分-秒”的显示，已成为人们日常生活中的必需品，广泛用于个人家庭及车站、码头、剧院、办公室等公共场所，给人们的生活、学习、工作、娱乐带来了极大的方便。

图7-11所示为常见的家用数字钟。

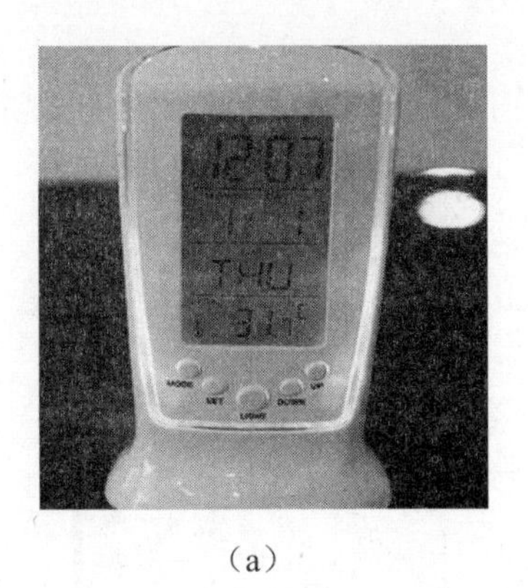

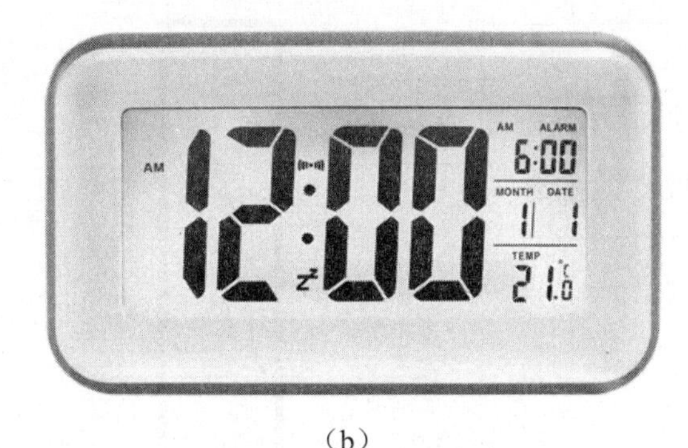

（a）　　　　　　　　　　（b）

图 7-11　家用数字钟

想一想

（1）驱动 8 位数码管需要多少位 I/O 口？能减少吗？

（2）按键能控制定时器的工作吗？

本次任务

在多孔板上制作 8 位数码管显示硬件电路，完成显示模块、按键模块与单片机的电路连接。并写出完整的程序，实现按键控制数字钟的显示。

电路分析

多位数码管动态显示的关键在于位选信号，可以使用三极管的开关特性来控制数码管的位选引脚，比如用 PNP 三极管控制共阳极数码管的位选。其原理如图 7-12 所示，发射极接电源，集电极接负载，然后通过基极控制三极管的通断。当通过单片机给基极一个低电平时，发射结正偏，发射极与集电极之间导通，集电极变为高电平。简单地说，集电极和发射极相当于一个开关，基极是控制端，基极给高电平时，开关断开，基极给低电平时，开关闭合。

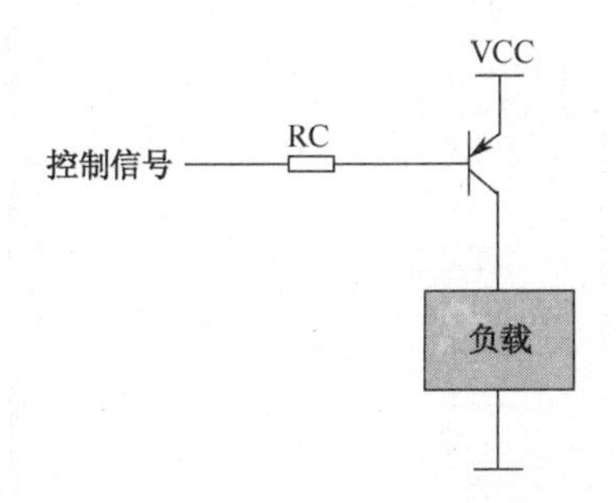

图 7-12　三极管开关特性

根据三极管的开关特性，可以设计出相应的 8 位数码管显示电路，如图 7-13 所示。使用两个 4 位共阳极数码管，选择 P2 口输出段选信号，P1 口输出位选信号。

图 7-13 所示为 8 位共阳极数码管显示模块的硬件原理图，选用 2 个 4 位共阳极数码管， 采用 PNP 三极管驱动位选。利用三极管的开关特性，将集电极和发射极等效成一个开关，基极作为控制端，连接单片机 I/O 口。基极给高电平时，开关断开，基极给低电平时，开关闭合。当通过单片机给基极低电平时，发射极与集电极之间导通，集电极变为高电平。因为集电极连接的是共阳极数码管的位选引脚，高电平有效，正好可以将相应的数码管位选通控制打开，而不会影响其余的数码管，实现动态显示。使用仿真软件仿真时，须在集电极上加接 10kΩ的上拉电阻。

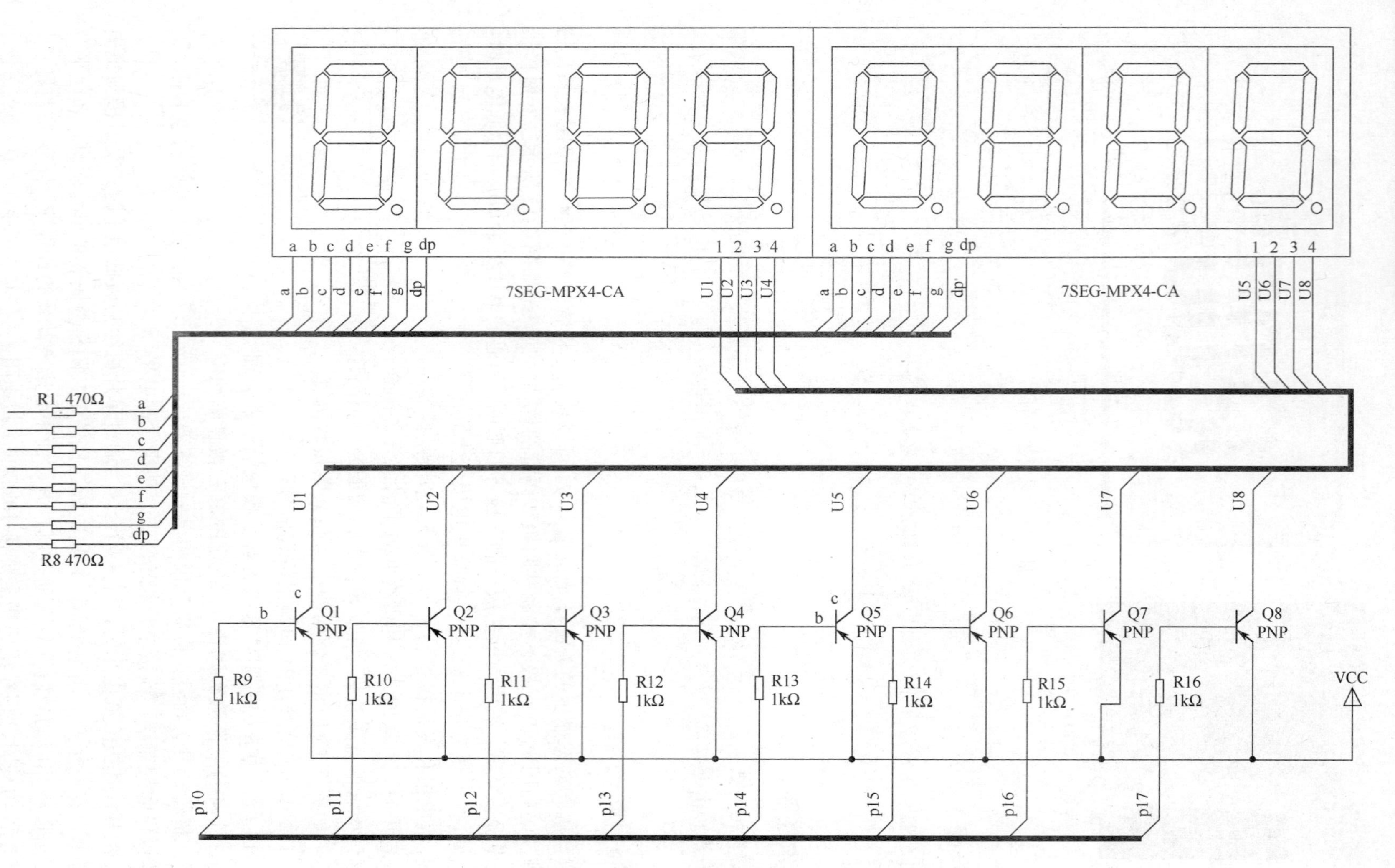

图 7-13　8 位共阳极数码管显示电路

任务实施

1．选择合适的元器件制作单个数码管显示模块。

（1）1 块 15cm×9cm 多孔板。

（2）8 个 0.25W 四色环碳膜 200Ω 电阻，8 个 0.25W 四色环碳膜 1kΩ 电阻。

（3）8 个 S8550 三极管。

（4）2 个 4 位的 0.36 英寸红色共阳极数码管。

（5）排针：段选与位选端子，两组 8 个排针端子；电源端，4 个排针端子。

（6）连接线：8 个一组的两根双母杜邦线及若干根单独双母杜邦线。

（7）焊接工具，焊丝、导线若干。

2．在多孔板上插接并焊接，完成 8 位数码管显示模块的硬件电路。

3．将单独按键控制模块中的一按钮端及单片机最小系统板的 P3.0 相连，另一端接地。

4．将 8 位数码管显示模块段选端与单片机最小系统板 P2 口相连，位选端与 P1 口相连。

5．在 Keil C51 软件环境中编写、调试、编译程序，生成 HEX 文件。

程序功能：数码管初始化显示“12-58-50”。按下按键一次，数码管时间开始运行；按第二次，停止计时并显示时间；按第三次，复位，数码管显示“12-58-50”；按第四次，继续循环运行，以此类推。

6．下载调试程序至单片机，检测硬件功能及软件功能是否达到目标，若不能完成目标，分析是硬件问题还是软件问题，经过不断调试达成任务。

7．硬件常见问题。

（1）电源不供电。

（2）数码管损坏。

（3）元器件未焊接好。

（4）模块间连线断路或接触不良。

（5）开关电路未实现开关功能。

根据不同现象进行排障，直到故障全部排除，电路功能实现为止。

图 7-14 所示为由三极管驱动的 8 位共阳极数码管显示模块实物参考图。

图 7-14　8 位共阳极数码管显示模块实物参考图

程序分析

程序设计主函数 main()时调用了按键函数、显示函数并编写了一段时、分、秒进位的转换程序段。Key()按键函数完成功能多，相对复杂，功能与上一任务相同，流程图可参考图7-10。Led()为显示函数，选好显示的段码口与位码口，对相应位做好赋值工作，程序编写相对简单，注意段码与位码不能使用错误。其他四个函数功能分别是：定时 1ms 功能的 Delay1ms()函数，不需要自己写代码，使用 STC-ISP 软件的“延时计算器”功能直接生成，Delay_n_1ms(unsigned int n)完成延时 n 个 1ms 功能，Init_T0( )函数完成定时器 0 的初始化工作，Timer0(void) interrupt 1 函数完成定时 50ms 的功能。

```
/****************************************************************************
* 实 验 名：数字钟显示
* 实验说明：按键控制时间的开始、暂停和复位
* 连接方式：P2 口接 8 位共阳极数码管的段码脚，P1 口接数码管位码脚
* 调试芯片：STC15F2K60S2-PDIP40 系列/IAP15F2K61S2，1T 芯片
* 使用模块：5V 电源、STC 单片机最小系统、4 位数码管显示
* 适用芯片：89、90、STC10、STC11、STC12、STC15 系列
****************************************************************************/
//--包含要使用到相应功能的头文件--//
#include<reg52.h>                    //传统 51 单片机库文件
#include <intrins.H>
//--定义全局变量--//
unsigned   char code t_display[11]={0xc0,0xf9,0xa4,0xb0,0x99,0x92,0x82,0xf8,0x80,0x90,0xbf};
                                                      //共阳段码
unsigned char code   T_COM[8]={0xfe,0xfd,0xfb,0xf7,0xef,0xdf,0xbf,0x7f};   //位码
unsigned int data1[8]={0,0,0,0,0,0,0,0};             //存放显示数值
sbit      P3_0=P3^0;                                  //按键连接端口
unsigned char keycnt=0;                               //按下按键次数值
unsigned char Time=0,Second=50, Minute=58,Hour=12 ;          //初始显示 12-58-50
/****************************************************************************
* 函 数 名：Delay1ms
* 函数功能：延时函数，延时 1ms
* 参    数：无参数
* 返 回 值：无返回值
* 来    源：使用 STC-ISP 软件的“延时计算器”功能实现
****************************************************************************/
void Delay1ms( )                   //11.0592MHz
{
    unsigned char i, j;
    _nop_( );
    i = 11;                        //12T 芯片 i=2，1T 芯片 i=11
    j = 190;                       //12T 芯片 j=199，1T 芯片 j=190
```

```
    do
    {
        while (--j);
    } while (--i);
}
/*************************************************************************
* 函 数 名：Delay_n_1ms
* 函数功能：延时 n 个 1ms
* 参    数：一个无符号整数
* 返 回 值：无
* 注    意：形参定义类型为 unsigned int，则实参最小值为 0，最大值为 65535
* 来    源：根据功能要求自写程序
*************************************************************************/
void Delay_n_1ms(unsigned int n)          // 11.0592MHz
{
    unsigned int i;
    for(i=0;i<n;i++)
        Delay1ms( );
}
/*************************************************************************
* 函 数 名：Led
* 函数功能：显示
* 参    数：无参数
* 返 回 值：无返回值
*************************************************************************/
void Led(   ) //显示函数
{
    unsigned char i;
    for (i=0;i<8;i++)                     //显示时、分、秒
    {
        P2=0xff;                          //关闭显示，消隐
        P2=t_display[data1[i]];           //段选
        P1=T_COM[i];                      //位选
        Delay_n_1ms(1);                   //延时 1ms
    }
    data1[0]= Hour/10;                    //显示时十位上的数字
    data1[1]= Hour%10;                    //显示时个位上的数字
    data1[2]=10;                          //显示 -
    data1[3]=Minute/10;                   //显示分
    data1[4]=Minute%10;
    data1[5]=10;                          //显示 -
    data1[6]=Second/10;                   //显示秒
```

```
    data1[7]=Second%10;
}
/**********************************************************************
* 函 数 名：KEY
* 函数功能：按键扫描
* 参    数：无参数
* 返 回 值：无返回值
**********************************************************************/
void KEY( )                              //按键扫描程序
{
    if(P3_0==0)                          //有键按下
    {
        Delay_n_1ms(5);                  //消抖
        if(P3_0==0)                      //键按下
        {
            keycnt++;
            switch(keycnt)               //按下按键次数判断
            {
                case 1:   TR0=1;   break;          //第一次按下按键，开始计数
                case 2:   TR0=0;   break;          //第二次按下按键，计数暂停
                case 3:   keycnt=0;                //第三次按下按键，重新开始判断键值
                          Second=50; Minute=58;Hour=12 ; //时间复位
                          break;
            }
        }
    }
  while(P3_0==0);                //键按下，等待
}
/**********************************************************************
* 函 数 名：Init_T0
* 函数功能：定时器 0 初始化
* 参    数：无参数
* 返 回 值：无返回值
**********************************************************************/
void Init_T0( )
{
    TMOD =0x01;                                   //选择工作方式 1，16 位不重载方式
    TH0=(65536-(int)(50000*11.0295/12))/256;      //设置初值
    TL0=(65536-(int)(50000*11.0295/12))%256;
    EA=1;                                         //开总中断
    ET0=1;                                        //定时器 0 中断允许
}
```

```
/****************************************************************************
* 函 数 名：main
* 函数功能：主函数
* 参    数：无参数
* 返 回 值：无返回值
****************************************************************************/
void main( )
{
    Init_T0( );                         //定时器初始化
    while(1)
    {
        KEY( );                         //按键扫描
        if(Time == 20)                  //20*50ms=1000ms=1s
        {
            Time = 0;                   //1s 到 Time 归 0
            if(++Second >= 60)
            {
                Second = 0;             //60s 到 Second 归 0
                if(++Minute >= 60)
                {
                    Minute = 0;         //60 分到 Minute 归 0
                    if(++Hour >= 24)
                        Hour = 0;       //24 小时到 Hour 归 0
                }
            }
        }
        Led(   );                       //显示时、分、秒
    }
}
/****************************************************************************
* 函 数 名：Timer0
* 函数功能：定时器中断服务程序
****************************************************************************/
void Timer0(void) interrupt 1
{
    TH0=(65536-(int)(50000*11.0295/12))/256;        //重新装载初值
    TL0=(65536-(int)(50000*11.0295/12))%256;
    Time++;                                         //每 50ms 计数一次
}
```

任务评价

填写任务评价表，见表 7-7。

表 7-7 任务评价表

1．元器件部分 （□已做 □不必做 □没有做）	
① 检查元器件型号、数量是否符合本次任务的要求	□是 □否
② 检测元器件是否可用	□是 □否
你在完成第一部分子任务的时候，遇到了哪些问题？你是如何解决的？	
2．焊接部分 （□已做 □不必做 □没有做）	
① 检查工具是否安全可靠	□是 □否
② 在此过程中是否遵守了安全规程和注意事项	□是 □否
③ 是否完成了三极管驱动模块的制作	□是 □否
你在完成第二部分子任务的时候，遇到了哪些问题？你是如何解决的？	
3．调试与检测 （□已做 □不必做 □没有做）	
① 检查电源是否正常	□是 □否
② 检测每路开关管电路能否正常工作	□是 □否
③ 与单片机最小系统连接后数码管是否能按要求显示	□是 □否
你在完成第三部分子任务的时候，遇到了哪些问题？你是如何解决的？	
完成情况总结及评价：	
学习效果： □优 □良 □中 □差	

项目总结

本项目通过使用 STC15 系列最小系统直接驱动八位共阴极数码管显示模块、STC15 系列最小系统控制三极管构建的四位共阳极数码管显示模块、八位共阳极数码管显示模块，掌握了数码管动态显示原理。

通过秒表、数字钟功能的实施，了解时间控制是由单片机的中断源之一的定时/计数器来实现的，单片机的定时/计数器功能可以进行准确的计数与时间控制，经过编写程序的练习，进一步加深正确应用中断控制寄存器的编程手段，如中断源种类、中断优先级、中断打开与关闭等基本概念及使用。

在软件编写、硬件制作的过程中，通过逐步排障，不断进行功能的调试，来提高排除软、硬件故障的能力。

课后练习

7-1　简述数码管动态显示的原理及优点。

7-2　为什么多位数码管采用动态显示？

7-3　使用 STC15 系列芯片直接驱动八位数码管，编程实现在数码管上显示“01234567”八个数字。

7-4　编写实现“在工作方式 1 下打开 0 号定时器”功能函数。

7-5　编写实现“在工作方式 2 下同时打开两个定时器”功能函数。

7-6　编写中断服务函数，要求实现“重载 TH0 和 TL0 初值，定时 1ms 后变量 i 增加 1”。

7-7　编写程序，实现利用定时器 0 工作方式 1，实现一发光管 1s 亮、1s 灭的循环闪烁。

7-8　除了使用三极管驱动多位数码管，还有什么方法？查找资料，选择合适的元器件，设计出两种八位数码管的显示模块。

7-9　按自然中断优先级考虑中断编程，使用定时/计数器 1 需要使用到哪些寄存器？与之相关寄存器的位控制如何设置？

7-10　使用八位共阳极数码管模块，编程实现“分、秒、毫秒” 格式显示的秒表。

7-11　使用八位共阳极数码管模块，编程实现“时-分-秒”格式显示的数字钟。

7-12　使用八位共阳极数码管模块，编程实现“年-月-日”格式的显示，要求 10s 显示时间，4s 显示日期，依次重复显示。

7-13　使用八位共阴极数码管模块及独立按键模块，编程实现时间、日期可调整的数字钟。

7-14　使用八位共阴极数码管模块、独立按键模块、蜂鸣器模块，编程实现整点报时功能。

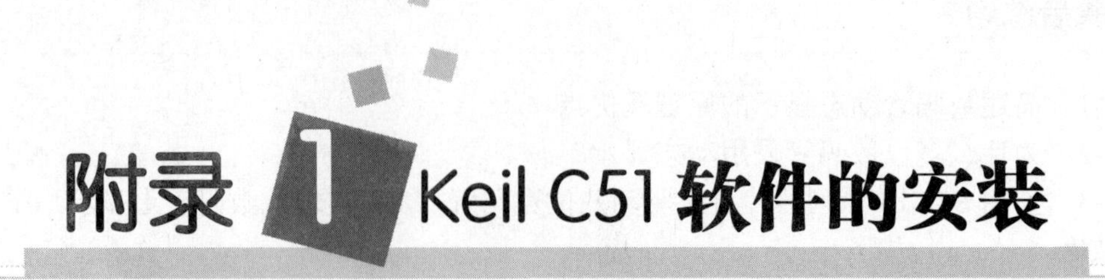

附录1 Keil C51软件的安装

Keil C51 V9.00 即最新版本μVision 4，外观改变比较大。本附录考虑到用户计算机硬件及使用 XP 环境等因素，介绍 Keil C51 μVision 3 软件的安装，安装步骤如下。

1．双击“Keil C51V802.exe”，出现如附录图 1-1 所示对话框，单击“Next”按钮。

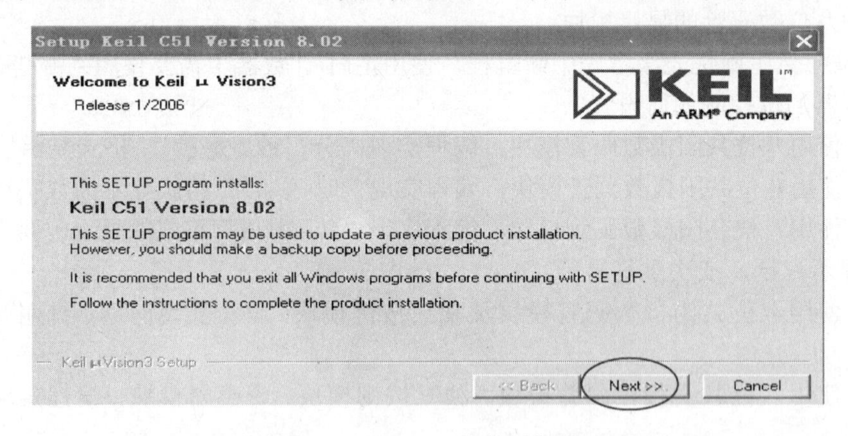

附录图 1-1　Keil C51 安装运行界面 1

2．如附录图 1-2 所示，在“I agree to all the terms of the preceding License Agreement”前打“√”。

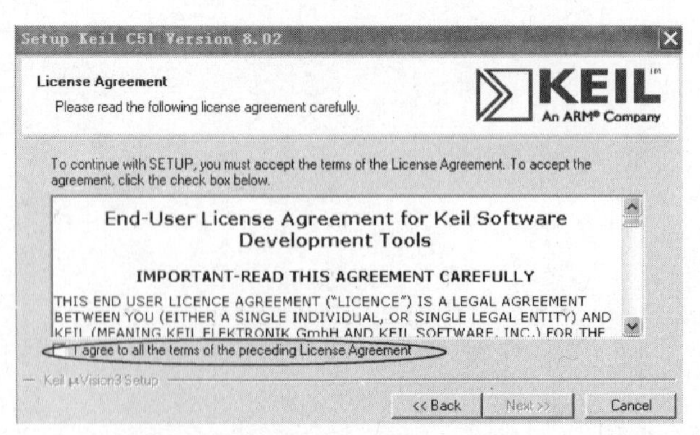

附录图 1-2　Keil C51 安装运行界面 2

3．如附录图 1-3 所示，单击“Next”按钮。

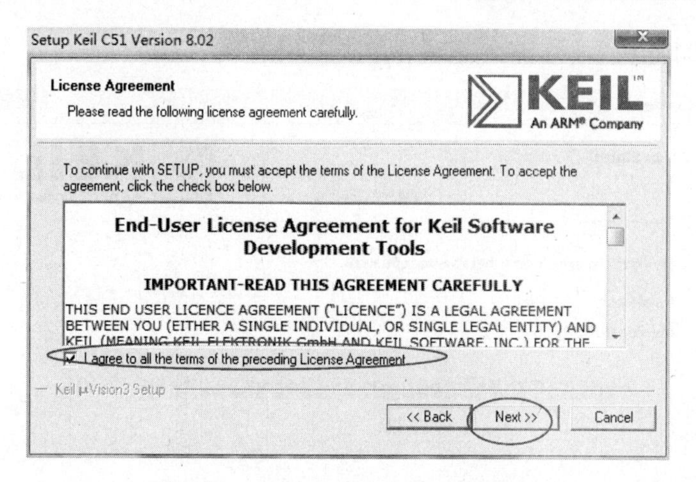

附录图 1-3 Keil C51 安装运行界面 3

4．如附录图 1-4 所示，如不需要改变安装目录，单击“Next”按钮。

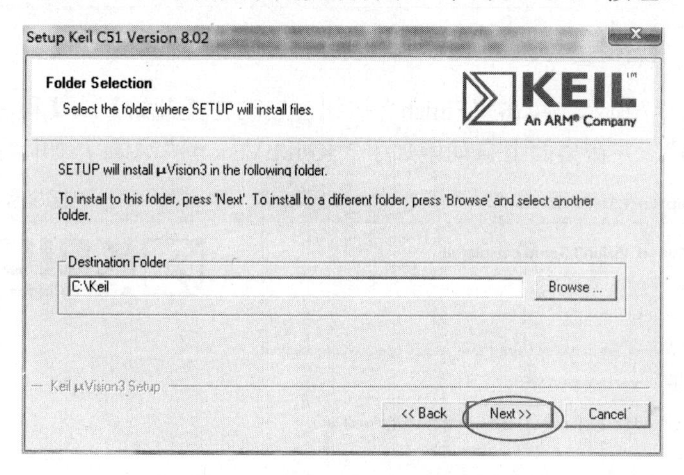

附录图 1-4 Keil C51 安装运行界面 4

5．输入相应的用户名及邮箱地址等，单击“Next”按钮，如附录图 1-5 所示。

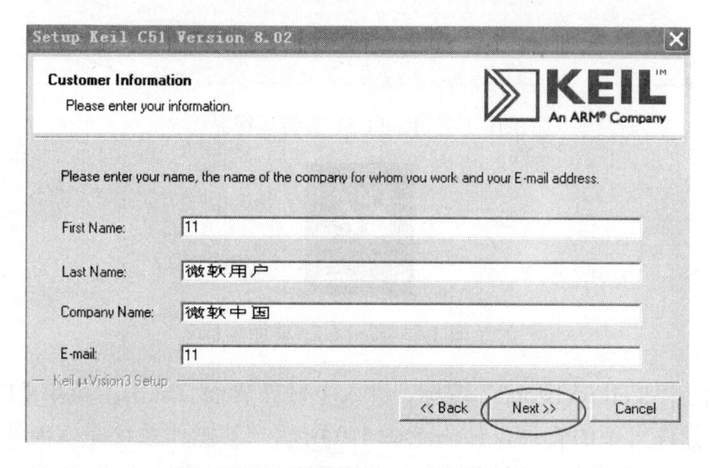

附录图 1-5 Keil C51 安装运行界面 5

6．如附录图 1-6 所示，安装结束后，单击“Next”按钮。

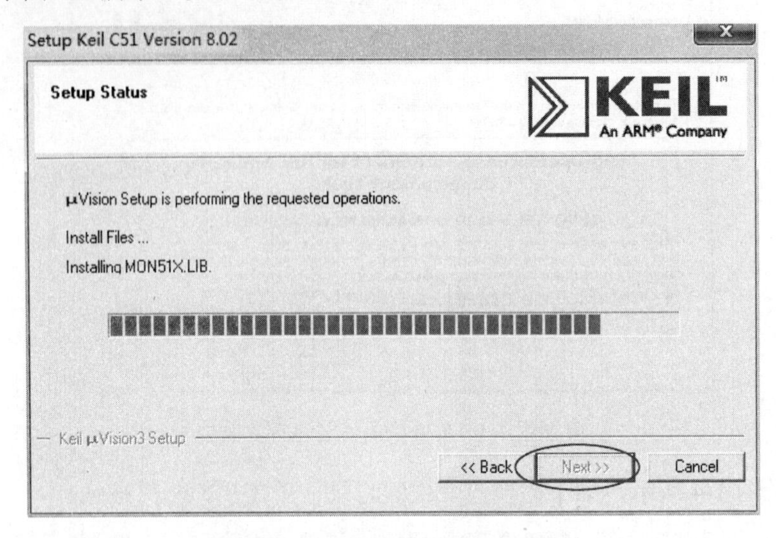

附录图 1-6　Keil C51 安装运行界面 6

7．如附录图 1-7 所示，单击“Finish”按钮，自动在【开始】→【程序】增加了应用程序“Keil μVision3”，并在桌面上自动增加了“Keil μVision3”图标，如附录图 1-8 所示。

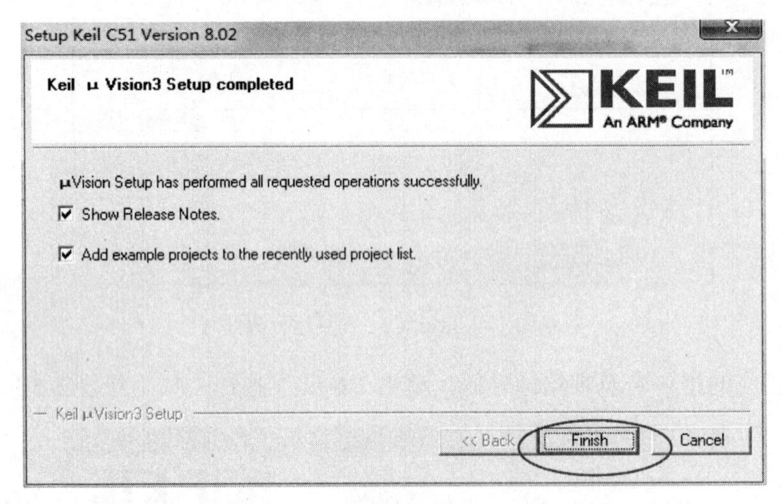

附录图 1-7　Keil C51 安装运行界面 7

附录图 1-8　Keil C51 桌面图标

8．双击桌面上“Keil μVision3”图标，进入主操作界面。单击主菜单【File】→【License Management】进行许可证的管理，如附录图 1-9 所示。若操作系统是 XP 以上版本，建议右键单击“Keil μVision3”图标，以管理员身份打开 Keil C51 软件进行操作。

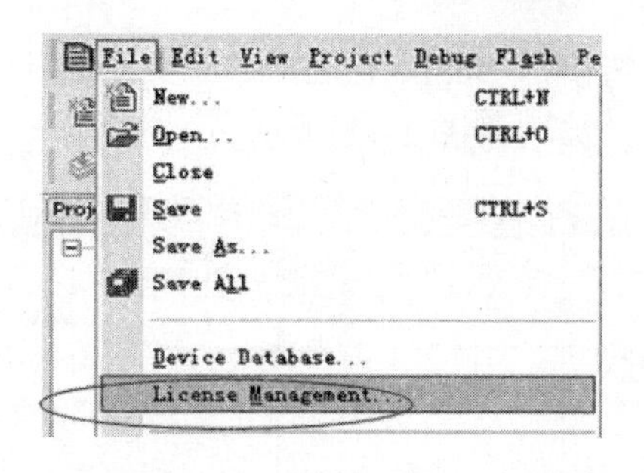

附录图 1-9　Keil C51 文件下拉菜单中许可证管理选项

9．弹出许可证管理对话框，如附录图 1-10 所示，选择单用户认证许可选项卡。

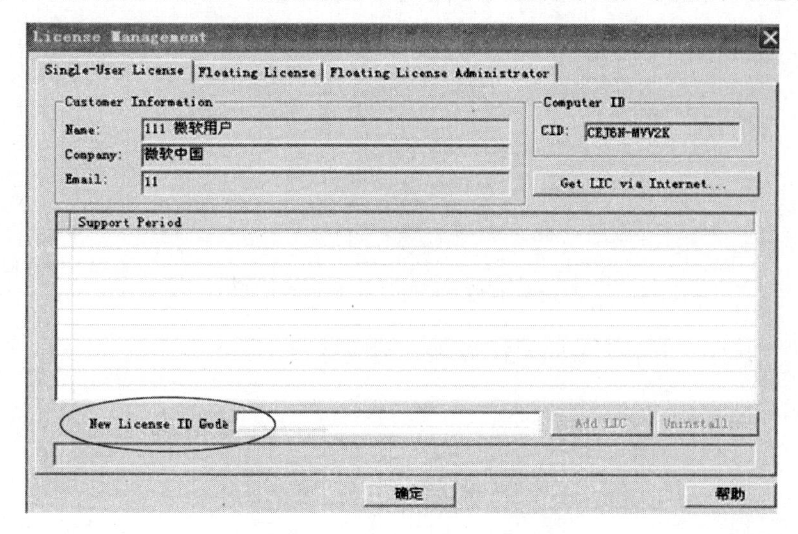

附录图 1-10　Keil C51 许可证管理单

10．正版软件都有注册号，将正版软件的注册号输入“New License ID Code”框中，如附录图 1-11 所示。

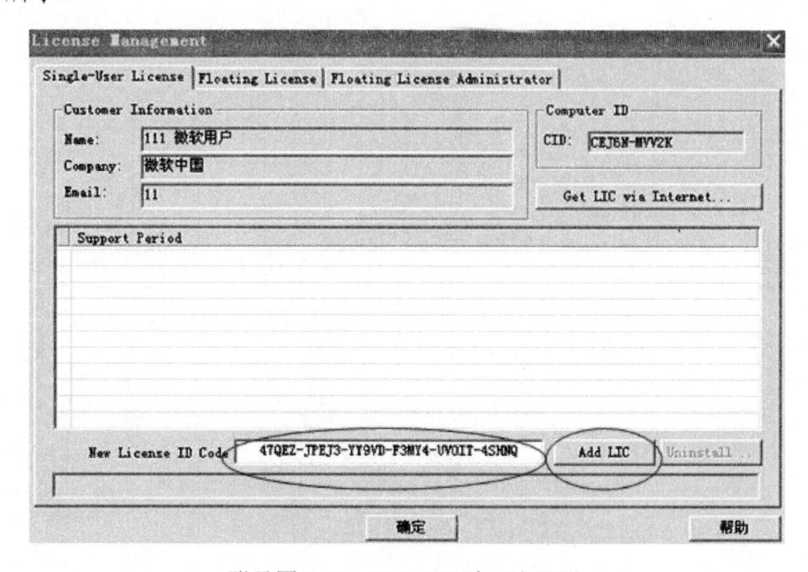

附录图 1-11　Keil C51 验证注册码

11．单击“Add LIC”按钮后，“Support Period”显示使用日期，在最下面出现“*** LIC Added Sucessfully ***”字样，如附录图 1-12 所示。

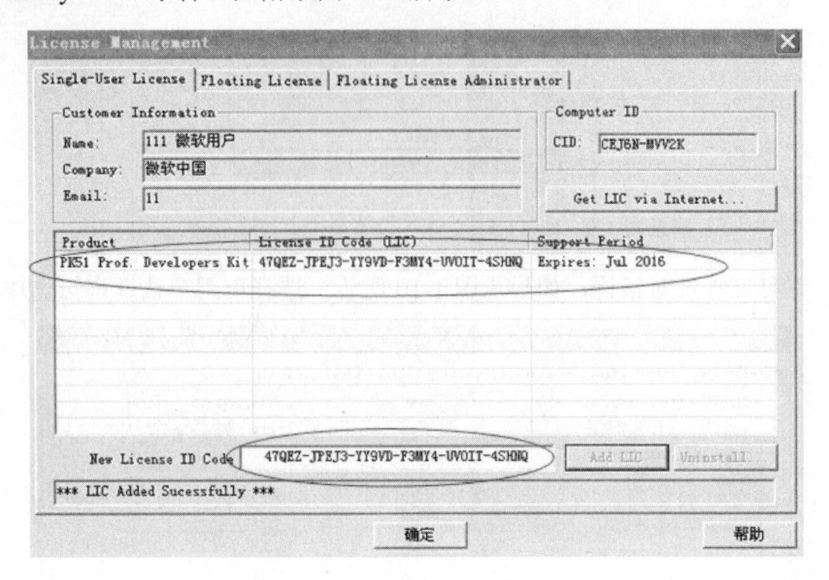

附录图 1-12　Keil C51 显示使用期限

12．单击“确定”按钮，Keil C51 软件安装成功。

附录 2 Proteus 软件的安装

Proteus 软件最新版本为 V8.0，本书使用 V7.8 版本介绍软件的安装与使用，安装步骤如下。

1．双击“P7.8sp2.exe”，出现如附录图 2-1 所示安装界面，单击“Next”按钮。

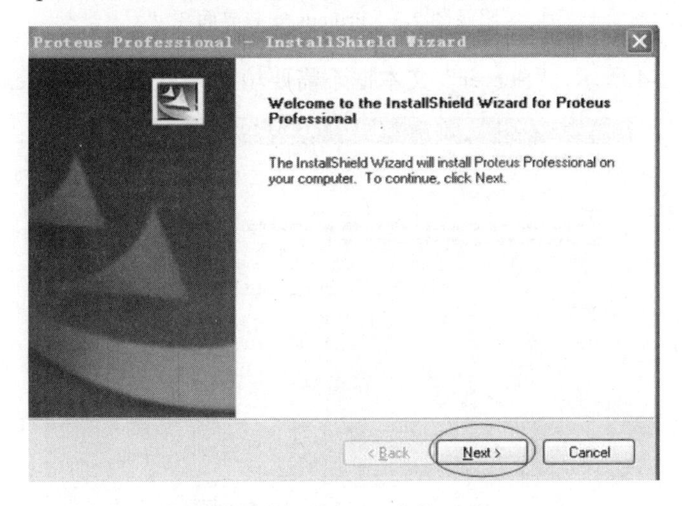

附录图 2-1 Proteus 安装界面 1

2．如附录图 2-2 所示，单击“Yes”按钮。

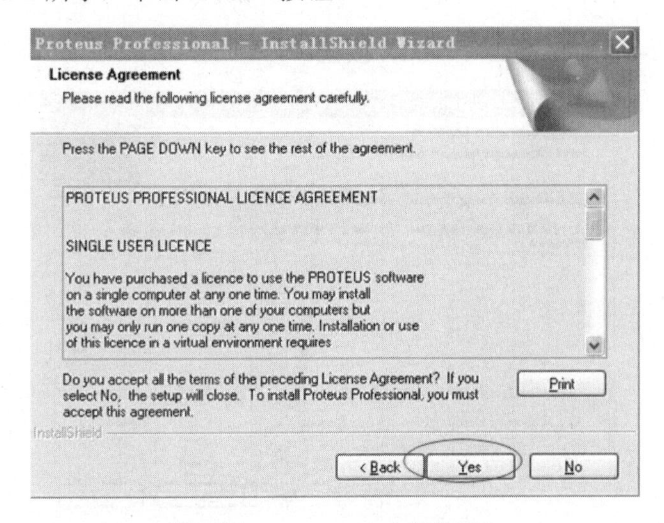

附录图 2-2 Proteus 安装界面 2

3．如附录图 2-3 所示，选择“Use a licence key installed on a server”，单击“Next”按钮。

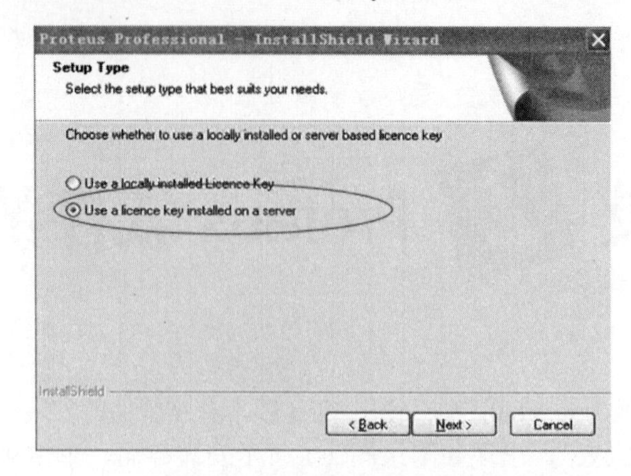

附录图 2-3　Proteus 安装界面 3

4．如附录图 2-4 所示，“Server”文本框不需要填写，直接单击“Next”按钮。

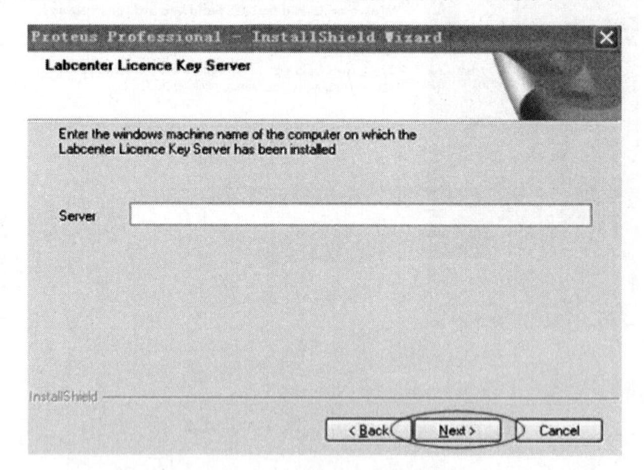

附录图 2-4　Proteus 安装界面 4

5．如附录图 2-5 所示，单击“Next”按钮。

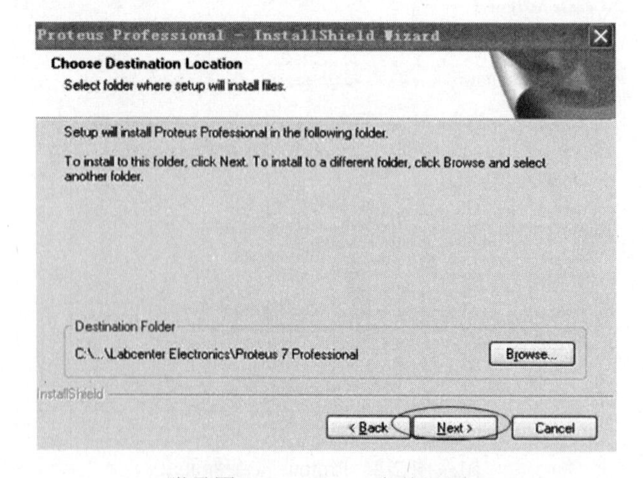

附录图 2-5　Proteus 安装界面 5

6．如附录图 2-6 所示，单击“Next”按钮。

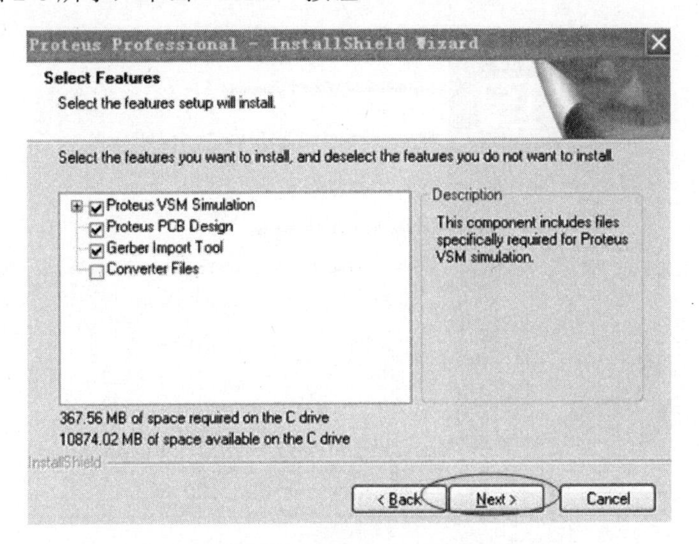

附录图 2-6　Proteus 安装界面 6

7．如附录图 2-7 所示，单击“Next”按钮，计算机自动安装，如附录图 2-8 所示。

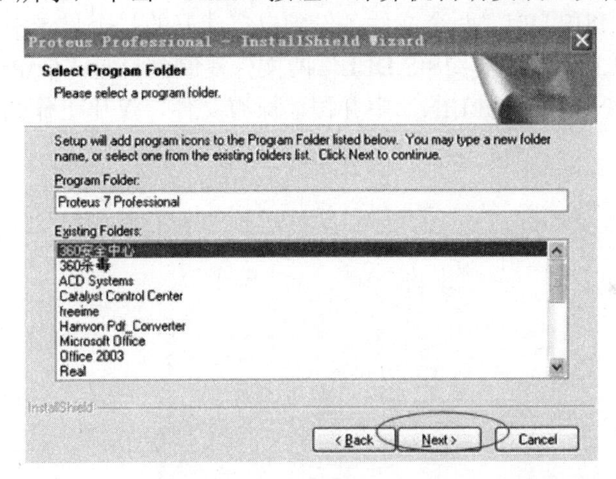

附录图 2-7　Proteus 安装界面 7

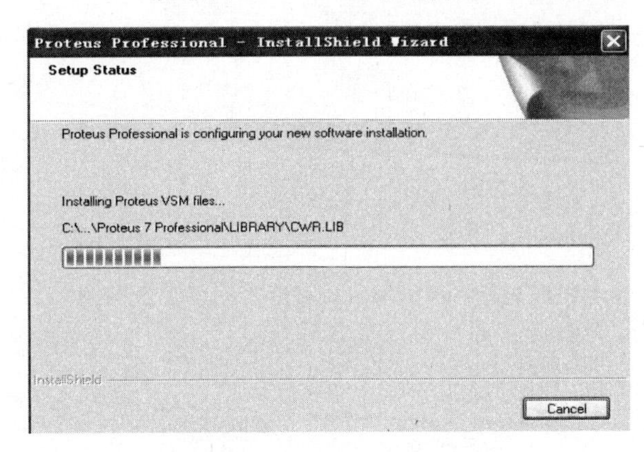

附录图 2-8　Proteus 安装界面 8

8．如附录图 2-9 所示，单击“Finish”按钮，英文版 Proteus 软件安装结束。

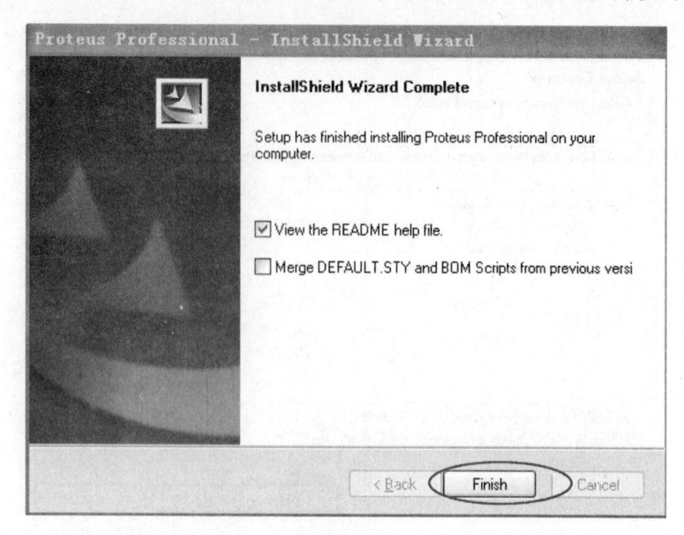

附录图 2-9　Proteus 安装界面 9

9．软件汉化：将目录“C:\Program Files\Labcenter Electronics\Proteus 7 Professional\BIN”中的“ARES.DLL”、“ISIS.DLL”两个文件备份到自己建好的一个目录中，再将 Proteus Pro 7.8 SP2 汉化包中的“ARES.DLL”、“ISIS.DLL”两文件复制到目录“C:\Program Files\Labcenter Electronics\Proteus 7 Professional\BIN”中并覆盖原有文件，汉化工作结束。

附录3 在 Keil C51 软件中使用 STC 芯片的设置要点

安装好 Keil C51 编程软件后，打开宏晶公司官方网站 www.stcmcu.com，下载最新“STC-ISP 下载编程烧录软件”。打开“STC-ISP 下载编程烧录软件”，按提示操作。

1．添加宏晶公司的 MCU 芯片到 Keil C51 软件中。

如附录图 3-1 所示，选择“Keil 仿真设置”选项卡，单击“添加 MCU 型号到 Keil 中”，在出现的如附录图 3-2 所示的选择安装目录窗口中，定位到 Keil 的安装目录（一般为“C:\Keil\”），单击“确定”按钮后出现如附录图 3-3 所示的提示信息，表示安装成功。添加头文件的同时也会安装 STC 的 Monitor51 仿真驱动 STCMON51.DLL，STC 驱动程序与头文件的安装目录如附录图 3-2 所示。

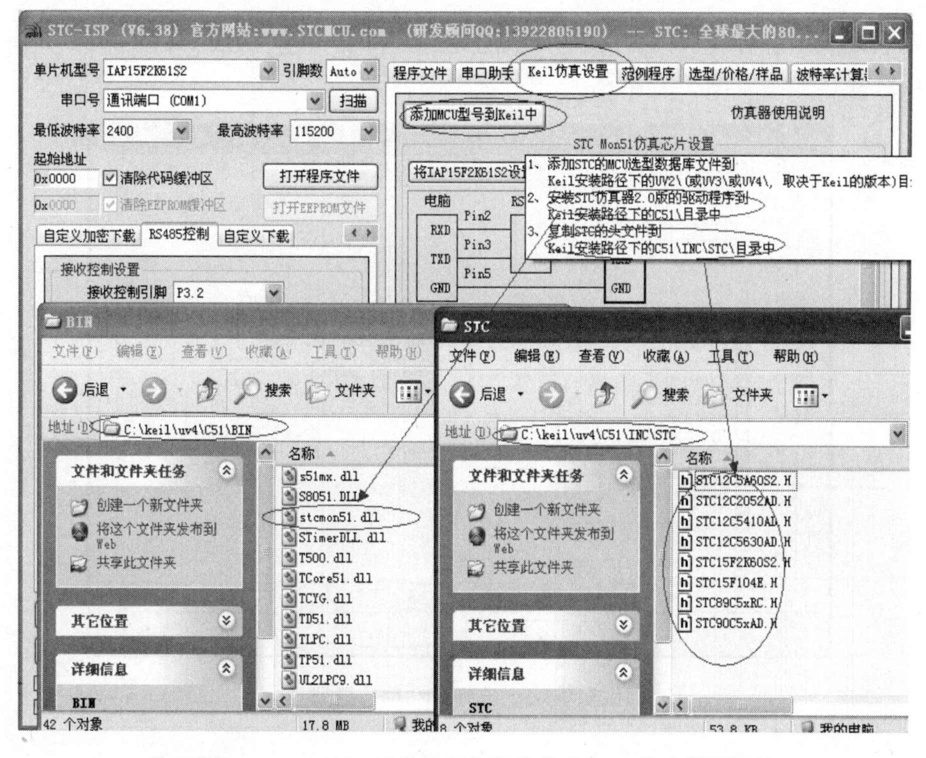

附录图 3-1 STC-ISP 下载编程烧录软件中 Keil 仿真设置操作

附录图 3-2　选择安装目录

附录图 3-3　安装成功显示

2．在 Keil C51 中创建项目。

若第一步的驱动安装成功，则在 Keil C51 中新建项目并选择芯片型号时，便会有“STC MCU Database”的选择项，如附录图 3-4 所示。

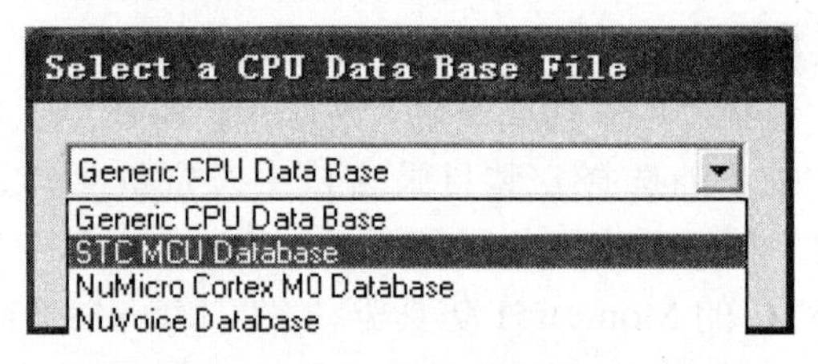

附录图 3-4　生产厂家的单片机类型选择

然后从列表中选择相应的 STC 单片机的 MCU 型号，选择“STC15F2K60S2”，单击“OK”按钮完成选择，如附录图 3-5 所示。

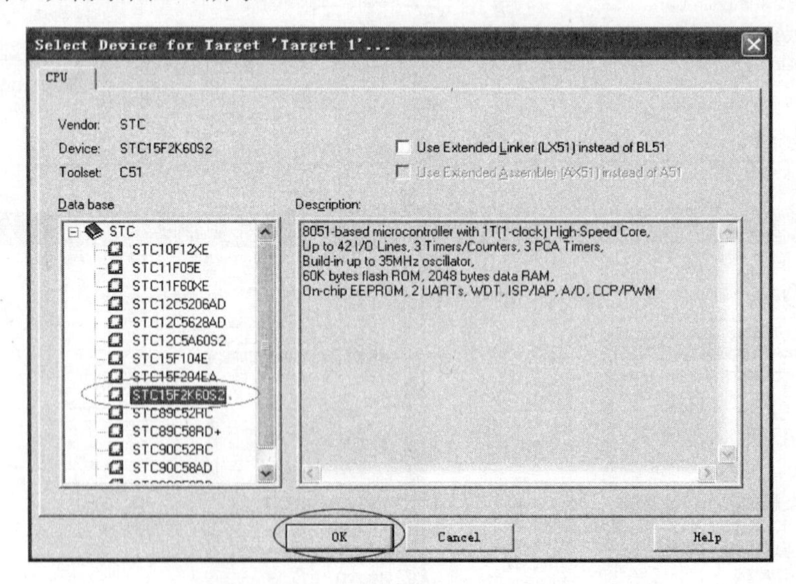

附录图 3-5　选择 STC 单片机型号

附录 4 调试一个简单程序的步骤

本附录假设已安装了 Keil C51 编程软件，若没有安装该软件，请参考附录 1 所述步骤进行安装。

本附录还假设已通过宏晶公司官方网站 www.stcmcu.com 下载“STC-ISP 下载编程烧录软件”，并使用该软件中的“Keil 仿真设置”进行了设置。假如还没有进行设置，请参考附录 3 进行操作。

以下各步骤是安装好 Keil C51 编程软件后第一次调试程序的操作步骤，若不是第一次调试程序，可选择性地进行操作。步骤如下。

1．从操作系统左下角“开始”处启动 Keil C51 软件，如附录图 4-1 所示。

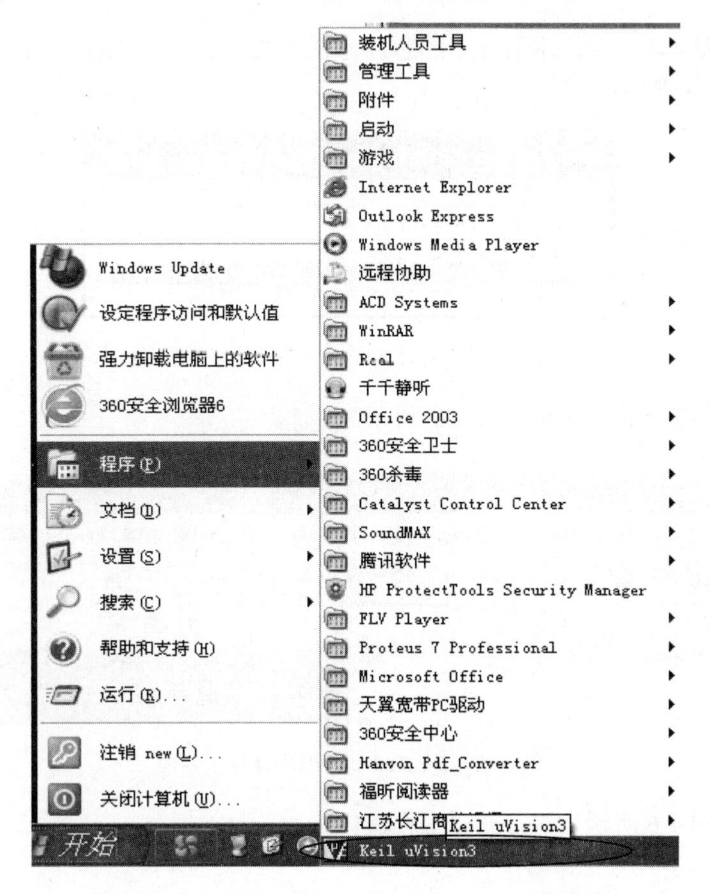

附录图 4-1　在“开始”中启动 Keil C51 编程软件

2．启动过程出现“Keil C51 编程软件”的 Logo，如附录图 4-2 所示。

附录图 4-2　启动 Keil C51 编程软件

3．出现生产厂家单片机芯片的选择对话框，如附录图 4-3 所示。

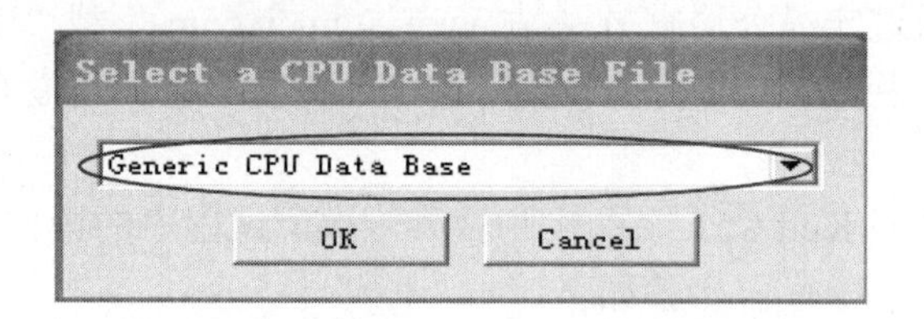

附录图 4-3　加载生产厂家单片机开发数据

4．如附录图 4-4 所示，本书使用的芯片为 STC 公司芯片，选择“STC MCU Database”后，单击“OK”按钮。

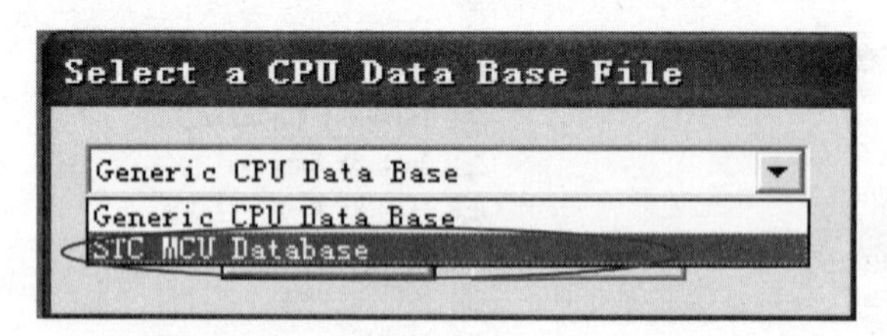

附录图 4-4　选择 STC 公司单片机开发数据

5．出现编程主界面，如附录图 4-5 所示。

附录图 4-5　Keil C51 编程软件主界面

6．如附录图 4-6 所示，进行新建工程操作。

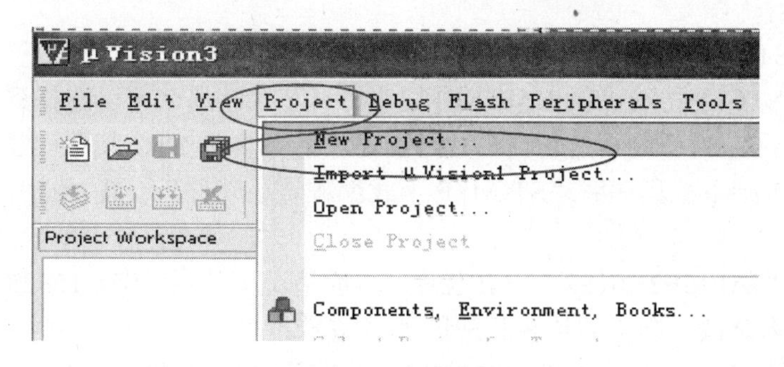

附录图 4-6 新建工程

7. 如附录图 4-7 所示，输入项目工程文件名。

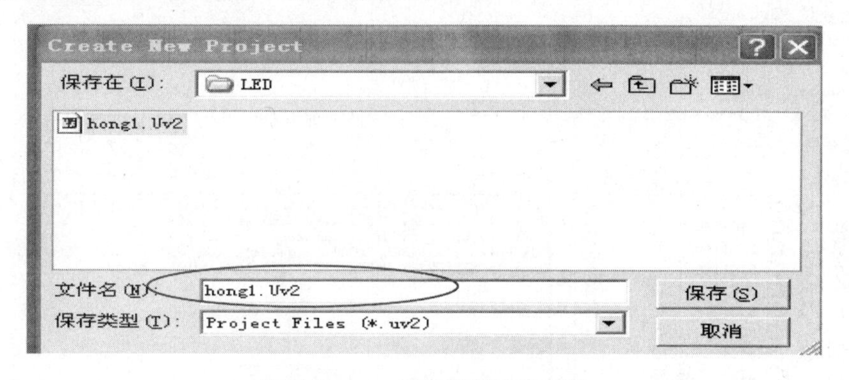

附录图 4-7 创建新项目对话框

8. 若在指定目录下已有输入的项目工程文件名称，则会出现如附录图 4-8 所示对话框，若没有重名，则不会出现该对话框。此时要小心，若不想保留原设计的项目，可以选择“是”按钮，若想保留，则选择“否”按钮，重做第 6 步。

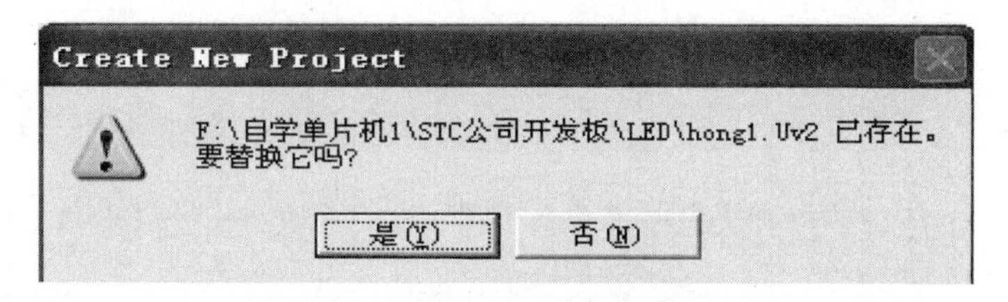

附录图 4-8 是否保留项目文件对话框

9. 单击“是”按钮，出现如附录图 4-9 所示对话框。

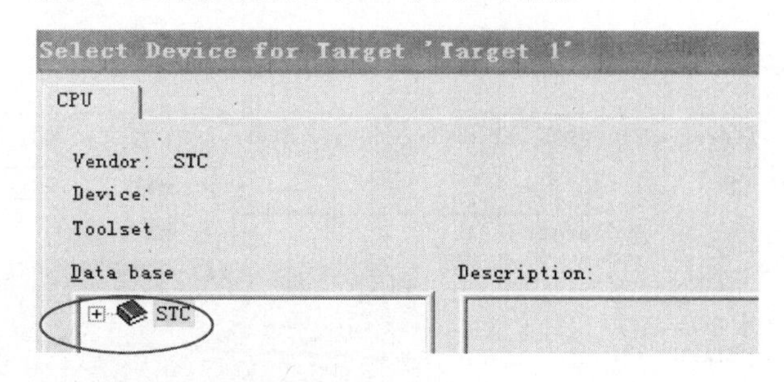

附录图 4-9 选择目标芯片对话框 1

10．单击“STC”前面的“＋”，展开 STC 公司的所有系列芯片。

11．若使用 STC 公司的“IAP15F2K61S2”仿真芯片，那么可以选择列表中任意一款芯片。若操作对象不是 STC 公司的仿真芯片，而是一片具体的 STC 某系列芯片，那要选择对应型号的芯片，否则下载程序时“STC-ISP 下载编程烧录软件”会提示选择芯片不正确，不能选择错误。

若使用的是“IAP15F2K61S2”仿真芯片，一般情况下使用“STC15F2K60S2”芯片。若下载程序进行实物调试，则必须选择相应的调试型号芯片。

本案例中，选择使用的是“STC15F2K60S2”芯片，如附录图 4-10 所示。单击“确定”按钮，出现如附录图 4-11 所示的对话框。

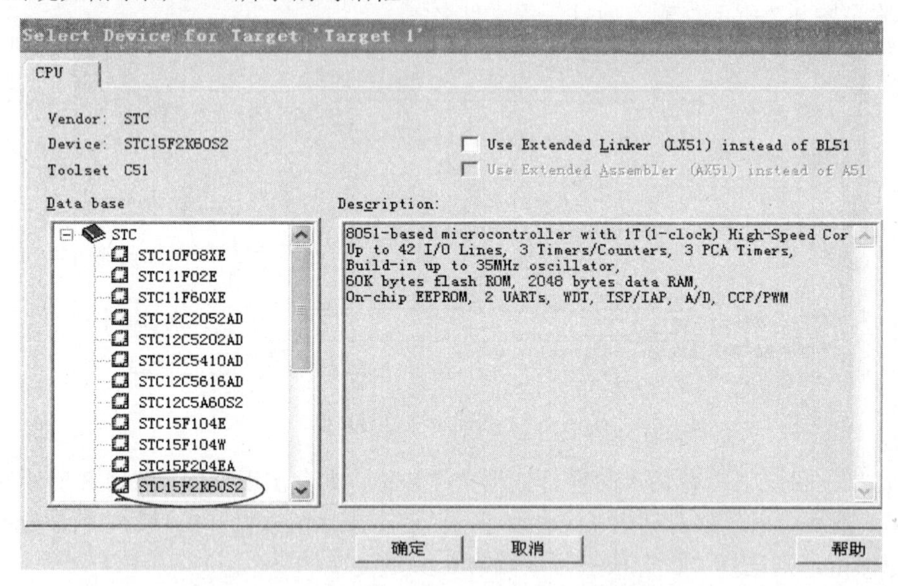

附录图 4-10　选择目标芯片对话框 2

附录图 4-11　是否将标准 8051 相关代码复制到刚创建的工程中

12．单击“是”按钮，再次回到操作界面，如附录图 4-12 所示。

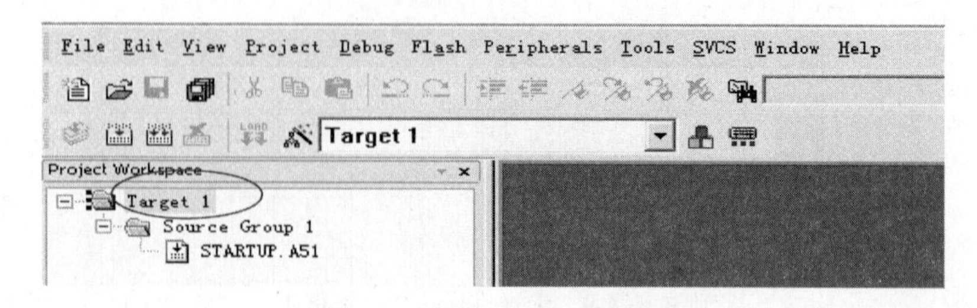

附录图 4-12　编辑操作主界面

13．编程之前还需要做一些设置，在“Project Workspace”窗口中，右击“Target 1”，出现如附录图 4-13 所示菜单，单击第一项“Options for Target ‘Taeget 1’”。出现如附录图 4-14 所示 Options for Target ‘Target 1’对话框。

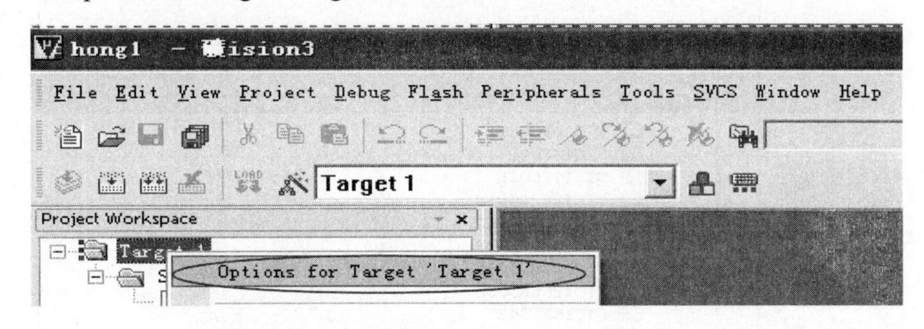

附录图 4-13 Project→Options for Target ‘Target 1’

附录图 4-14 Options for Target ‘Target 1’对话框

14．在 Options for Target ‘Target 1’对话框中，需要对“Device”、“Target”、“Output”、“Debug”四个选项卡进行操作。

首先对第一项“Device”进行设置。该项操作与上述 9～10 步骤功能相同。操作界面如附录图 4-15 所示。

15．对第二项“Target”进行设置，如附录图 4-16 所示。主要是改变晶振频率，一般选择“11.0592”（这个数值须自己输入）。若主芯片有其他用途，须在“Xtal（MHz）”后输入需要的工作频率。

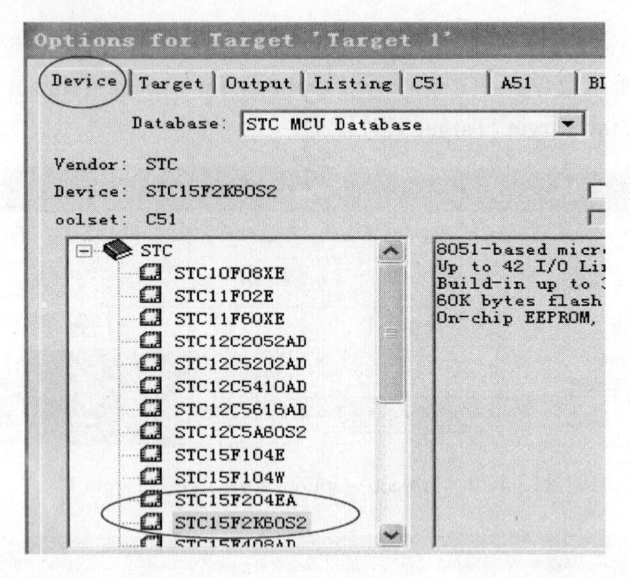

附录图 4-15 “Options for Target‘Target 1’”→“Device”选项卡

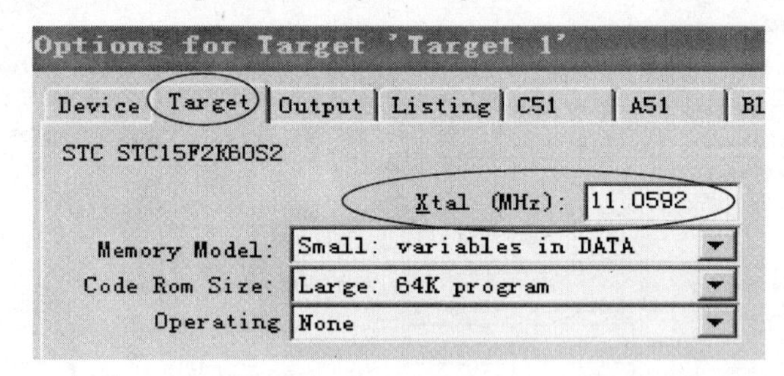

附录图 4-16 “Options for Target‘Target 1’”→“Target”选项卡

16．对第三项“Output”进行设置，如附录图 4-17 所示。

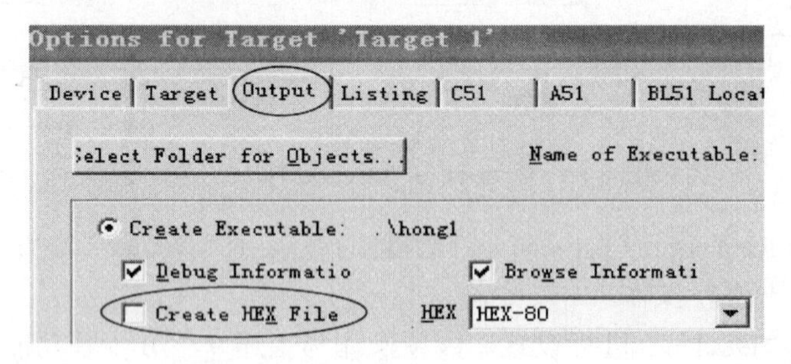

附录图 4-17 “Options for Target‘Target 1’”→“Output”选项卡 1

17．如附录图 4-18 所示，在“Create HEX File”前打“√”。若没有进行该项操作，编写的程序还仅停留在写程序阶段，选择该项，程序经过编译后才能得到单片机识别的二进制文件，通过编程器将程序下载到工作芯片中。

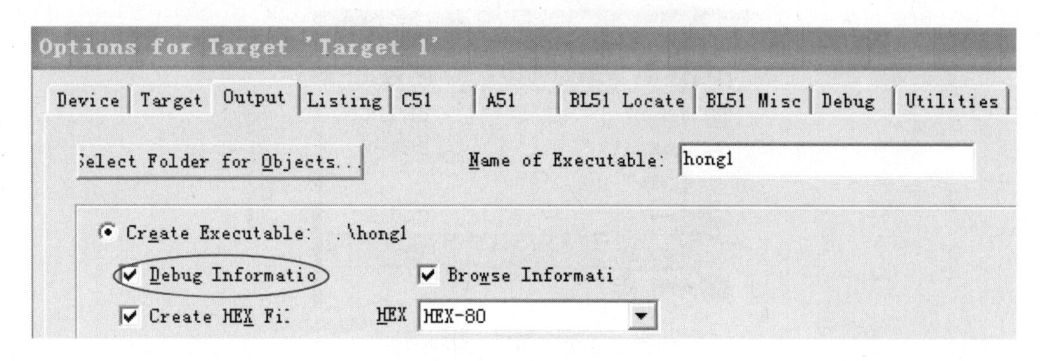

附录图 4-18 “Options for Target‘Target 1’”→“Output”选项卡 2

18．单击“确定”按钮后回到主操作界面。选择“File”→“New”，如附录图 4-19 所示，出现如附录图 4-20 所示的创建文本文件编辑框。

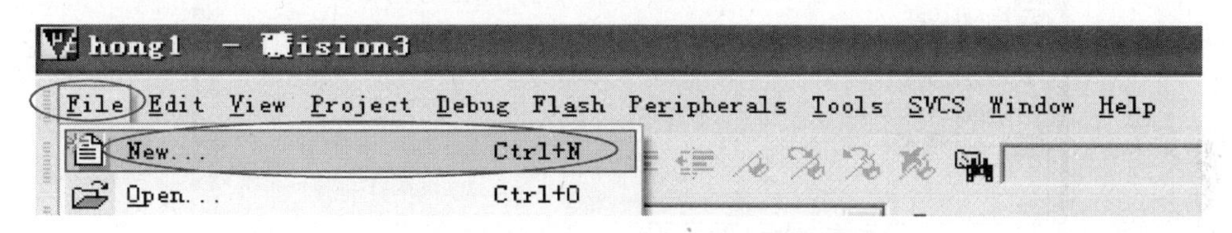

附录图 4-19 “File”→“New”

附录图 4-20 创建文本文件编辑框

19．在文本文件编辑框中输入要完成的程序，如附录图 4-21 所示。

```
Text1*
#include "reg52.h"  //调用定义了51的一些特殊功能寄存器头文件
void main( )
{
     while(1)
     {
        P0=0x00; //让P0口连接的LED全亮
     }
}
```

附录图 4-21 在文本文件编辑框中输入程序

20．编写结束后，在主界面上单击“File”→“Save As”，出现如附录图 4-23 所示的“Save As”对话框，如附录图 4-22 所示。

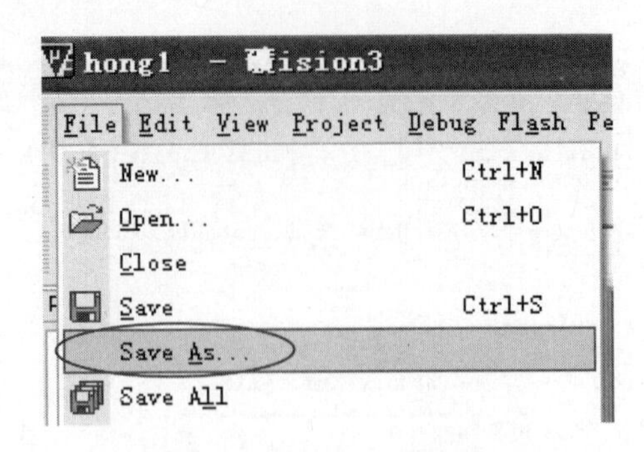

附录图 4-22　文件菜单操作

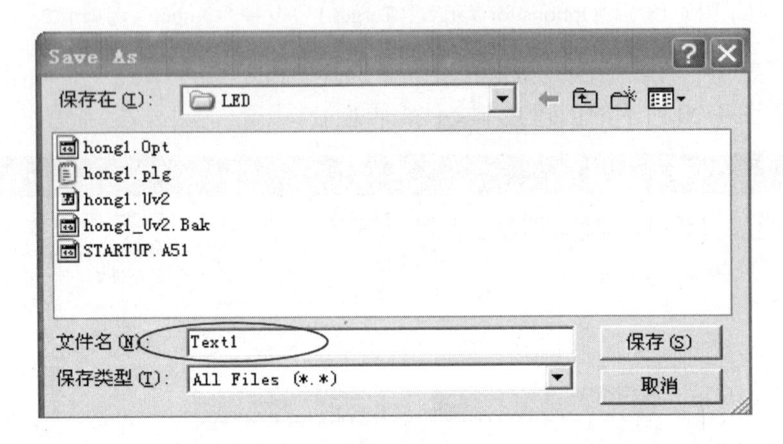

附录图 4-23　保存文本文件对话框 1

21．在“文件名”文本框中输入要保存的 C 语言源程序文件名，注意一定要带上扩展名“.c”，如附录图 4-24 所示。

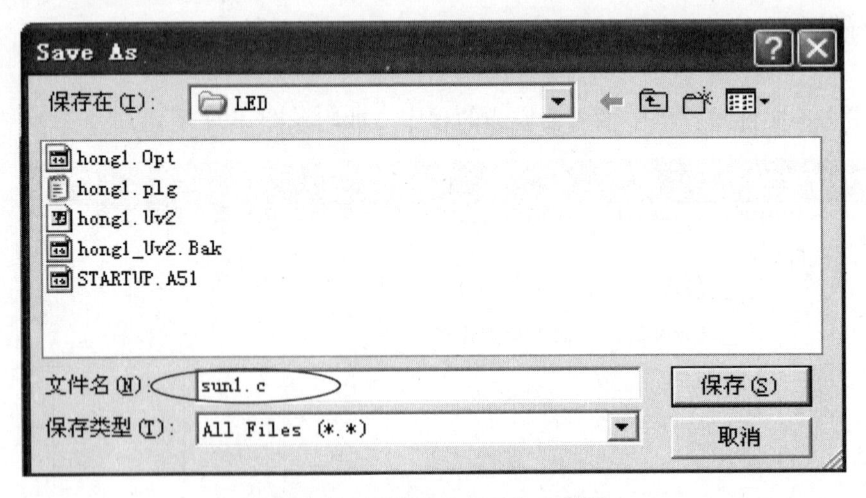

附录图 4-24　保存文本文件对话框 2

22．单击“保存”按钮后回到主操作界面。原来文本文件编辑框上方的文件名称已替换为刚才输入的文件名称了，如附录图 4-25 所示。

F:\自学单片机1\STC公司开发板\LED\sun1.c

```
01 #include "reg52.h"   //调用定义了51的一些特殊功能寄存器头文件
02
03 void main( )
04 {
05       while(1)
06       {
07           P0=0x00; //让P0口连接的LED全亮
08       }
09 }
10
11
```

附录图 4-25　文本文件编辑框中已改变了标题栏

23. 文件已保存好，但还没有加入到项目中。在“Project Workspace”窗口中，选择“Source Group　1”，单击右键，出现附录图 4-26 所示的菜单，选择“Add Files to Group ‘Source Group 1’ ”，出现如附录图 4-27 所示对话框，选择要加入项目的文件，单击“Add”按钮。

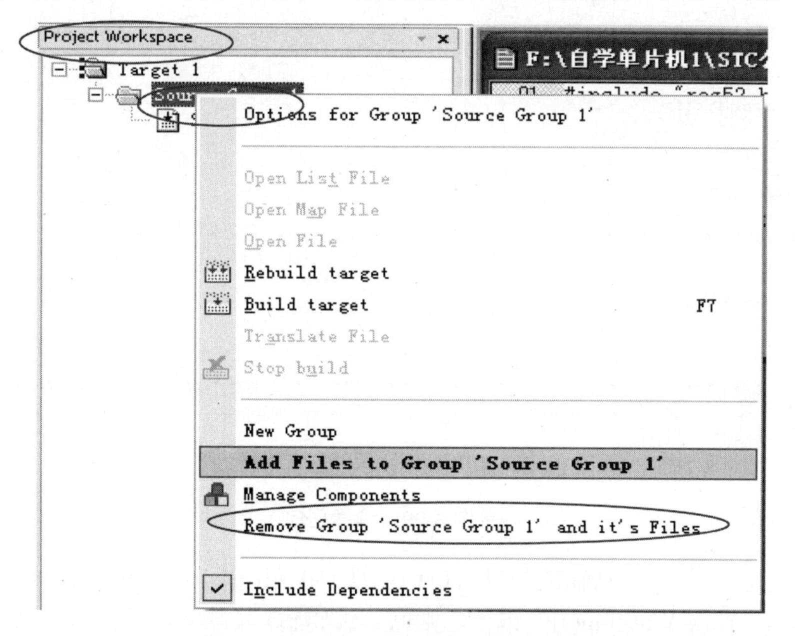

附录图 4-26　添加文件至项目管理器中

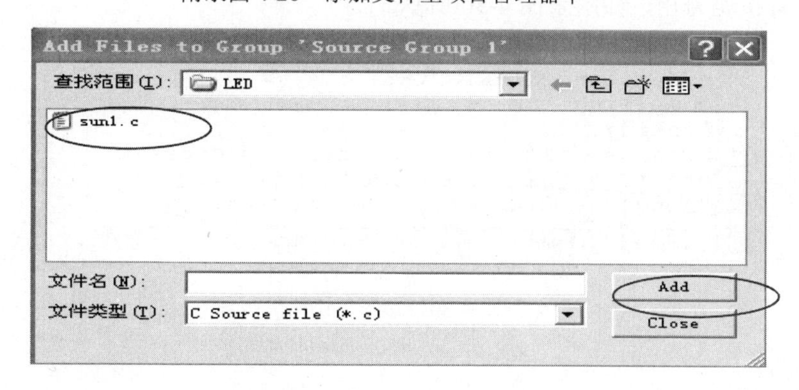

附录图 4-27　添加文件对话框

24. 如附录图 4-28 所示，在“Project Workspace”窗口中多了一个 C 语言源程序文件，这一步必须认真做，否则所写项目不能进入正确的编译。

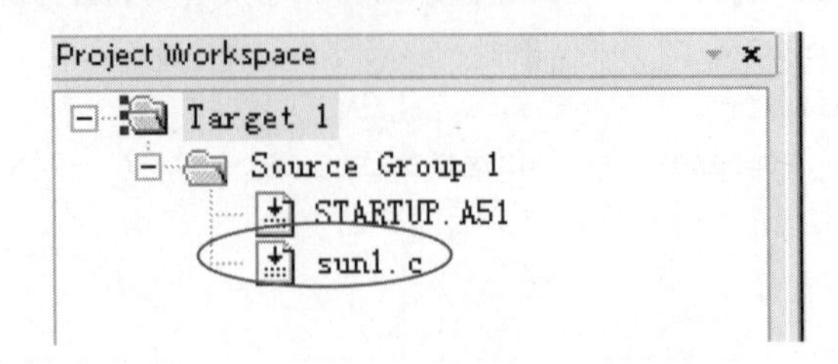

附录图 4-28 项目管理器展开的目录树

若加入文件不正确，请重做第 24 步。若出现多余的文件，可以删除。

25. 程序输入结束，只有编译成 HEX 文件，单片机才能执行。在编辑界面的主菜单上，单击“Project”→“Build target”，计算机可对编辑的程序进行编译，如附录图 4-29 所示。

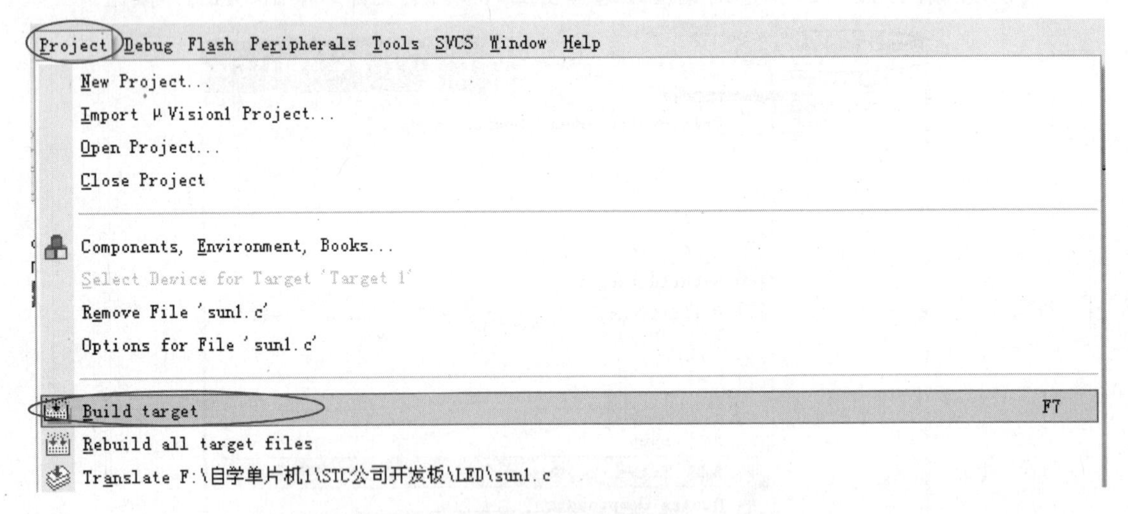

附录图 4-29 编译程序

26. 若程序没有错误，则输出信息窗口中出现“0 Error(s)，0 Warning(s)”提示信息。若出现“n Error(s)，n Warning(s)”错误，则回到编辑窗口，找出错误，改正后继续做第 26 步，直至没有错误为止，如附录图 4-30 所示。

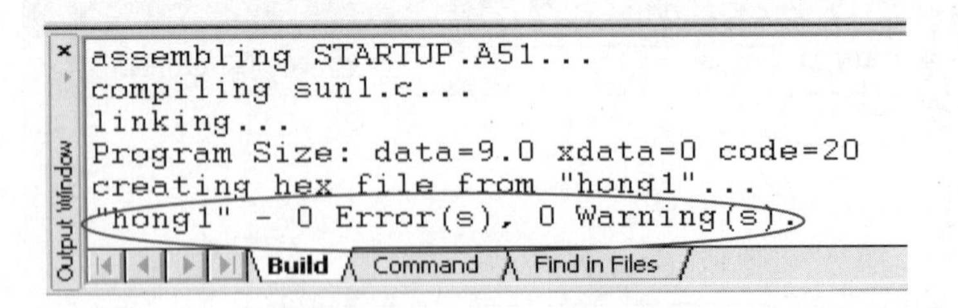

附录图 4-30 编译无误输出信息

附录 5 单片机烧录程序

不同的芯片厂家提供不同的烧录软件，本附录以 STC 芯片为例介绍烧录程序的步骤，对使用其他公司芯片的烧录程序步骤仅供参考。

一、计算机与单片机系统的三种接线方法

STC 单片机芯片烧录程序接线一般有三种方法。

第一种，单片机组件板上有 232 模块，台式计算机 DR9 串口（一般笔记本电脑没有这种接口）与单片机 DR9 串口连接，即双 DR9 连接线连接。

第二种，单片机组件板上有 232 模块，使用 USB-RS232 串口转换专用线，即单 USB 单 DR9 串口连接。

第三种，单片机组件板上有 CH340 模块（或能与单片机通信的其他功能模块），计算机USB串口与单片机串口连接，即双USB串口连接。最新STC15W4K系列芯片不需要CH340模块可直接烧录程序。

目前第三种方法被广泛采用。

二、不同接线方法烧录程序的硬件及软件条件

第一种连接方式的前提：计算机要有 RS232 串口，单片机外围有 232 电平转换电路，使用 RS232 双串口线。需要使用的软件：Keil 及烧录软件。

第二种连接方式的前提：计算机要有 USB 串口，单片机外围有 232 电平转换电路，使用 USB-RS232 串口转换专用线。需要使用的软件：Keil、340 芯片驱动程序及烧录软件。

第三种连接方式的前提：计算机要有 USB 串口，单片机外围有 CH340 模块，使用双 USB 串口。需要使用的软件：Keil、340 芯片驱动程序及烧录软件。

第二种连接方式需要购买 USB-RS232 串口转换专用线，第三种连接方式需要自己做 CH340 模块或购买 CH340 模块，教师可到 STC 公司申请免费的 U8 编程器，U8 编程器中含有 CH340 模块。这两种连接方式在烧录程序前都需要安装 340 芯片驱动程序，并且在硬件设备管理器中找到相应的 COM 口号。若找不到 CH340 的 COM 口，则无法烧录程序，请重新安装 CH340 驱动。

三、烧录程序操作步骤

三种连线方式烧录程序（下载程序）的步骤相同。使用编程烧录软件可到宏晶公司官方

网站 www.stcmcu.com 下载最新版的“STC-ISP 下载编程烧录软件”。

如附录图 5-1 所示为“STC-ISP 下载编程烧录软件”操作界面。

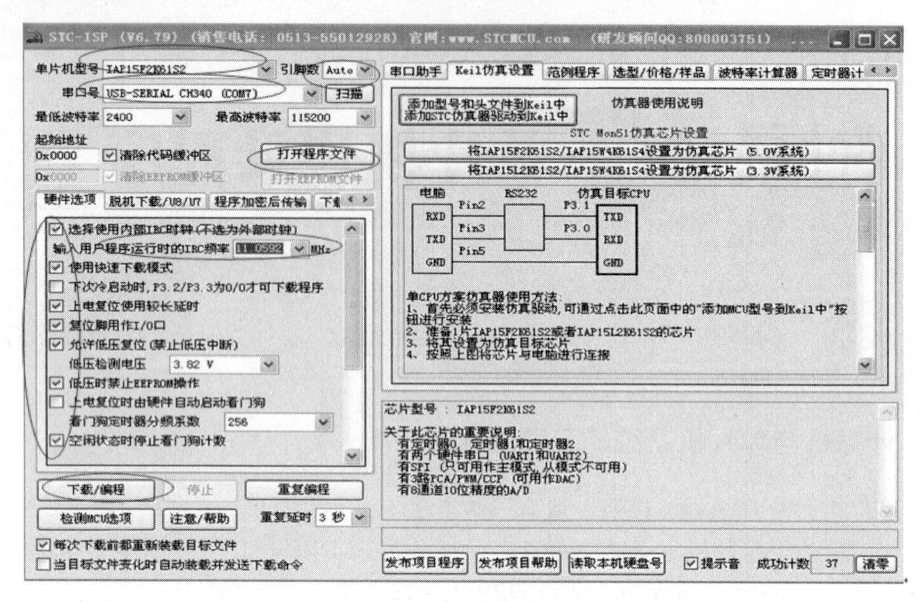

附录图 5-1 “STC-ISP 下载编程烧录软件”操作界面

在附录图 5-1 所示操作界面的左侧进行如下设置。

1．单片机型号：选择与最小系统上相同型号的芯片。

2．引脚数：使用默认值 Auto，不得出错。

3．串口号：第一种连线方式默认值为 COM1，其他连接方式的串口号与硬件设备管理器中相同，查找方法：“我的电脑”→“属性”→“硬件”→“设备管理器”→“端口”，如附录图 5-2 所示。

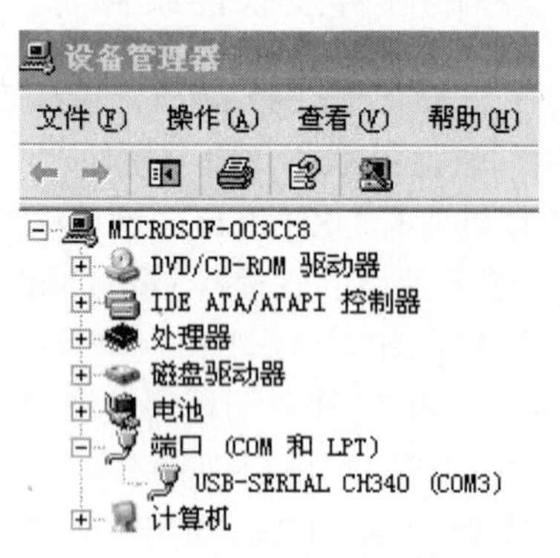

附录图 5-2 设备管理器

4．打开程序文件：打开使用 Keil 软件编译并生成的 HEX 文件。

5．硬件选项：若最小系统上有外围晶振电路，则可以使用外围晶振，若没有外围晶振电路可使用芯片内部的 IRC 时钟，其他选项可根据要求进行选择。

6．下载/编程：设置好以上 5 个选项，且硬件连接正确后，单击“下载/编程”，在该软件右下框中会出现正确烧录程序的提示信息，例如：

```
正在检测目标单片机 ...
  单片机型号：IAP15F2K61S2
  固件版本号：7.1.4S

当前芯片的硬件选项为:
  . 下次冷启动后系统时钟源为内部 IRC 振荡器
  . 内部振荡器的频率未调节
  . 掉电唤醒定时器的频率：34.174kHz
  .  P3.2 和 P3.3 与下次下载无关
  . 上电复位时不增加额外的复位延时
  . 复位引脚用作普通 I/O 口
  . 检测到低压时复位
  . 低压检测门槛电压：3.82 V
  . 低压时可以进行 EEPROM 操作
  . 上电复位时，硬件不启动内部看门狗
  . 上电自动启动内部看门狗时的预分频数为：64
  . 空闲状态时看门狗定时器停止计数
  . 启动看门狗后，软件可以修改分频数，但不能关闭看门狗
  . 下次下载用户程序时，将用户 EEPROM 区一并擦除
  . 下次下载用户程序时，没有相关的端口控制 485
  .  TXD 与 RXD 为相互独立的 I/O
  . 芯片复位后，TXD 脚为弱上拉双向口
  . 芯片复位后，P2.0 输出低电平
  . 单片机型号：IAP15F2K61S2
  . 固件版本号：7.1.4S

开始调节频率 ...                    [0.688"]
调节后的频率：11.062MHz (0.022%)

正在重新握手 ... 成功               [0.312"]
当前的波特率：115200
正在擦除目标区域 ... 完成 !         [1.843"]
正在下载用户代码 ... 完成 !         [0.063"]
正在设置硬件选项 ... 完成 !         [0.015"]

更新后的硬件选项为:
  . 下次冷启动后系统时钟源为外部晶体振荡器
  .  P3.2 和 P3.3 与下次下载无关
  . 上电复位时增加额外的复位延时
```

```
. 复位引脚用作普通 I/O 口
. 检测到低压时复位
. 低压检测门槛电压：3.82 V
. 低压时不能进行 EEPROM 操作
. 上电复位时，硬件不启动内部看门狗
. 上电自动启动内部看门狗时的预分频数为：256
. 空闲状态时看门狗定时器停止计数
. 启动看门狗后，软件可以修改分频数，但不能关闭看门狗
. 下次下载用户程序时，不擦除用户 EEPROM 区
. 下次下载用户程序时，没有相关的端口控制 485
.  TXD 与 RXD 为相互独立的 I/O
. 芯片复位后，TXD 脚为弱上拉双向口
. 芯片复位后，P2.0 输出高电平

. 芯片出厂序列号：0D00001F014201
. 单片机型号：IAP15F2K61S2
. 固件版本号：7.1.4S

. 用户设定频率：11.059MHz
. 调节后的频率：11.062MHz
. 频率调节误差：0.022%

操作成功 !
```

若不能成功，主要原因是接线没接好，或芯片选择不正确，或串口号选择错误。

附录 6 Keil C51 的软件、硬件仿真

一、Keil C51 软件仿真

1．打开工程文件*.UV2，选择主菜单“Veiw”的“Project Window”与“Output Window”项，打开 Project Window 窗口与Output Window 窗口。

2．编译连接：选择主菜单“Project”→“Rebuild all target files”，在 Output 窗口显示编译结果，提示信息“0 Error(s)，0 Warning(s)”表示程序没有错误，进行下一步操作。若有错误，检查并修改程序。

3. 在 Keil C51 下使用软件仿真器，须进行一些选项设置。如附录图 6-1 所示，右击“Target 1”，选择“Option for Target ‘Target 1’”。

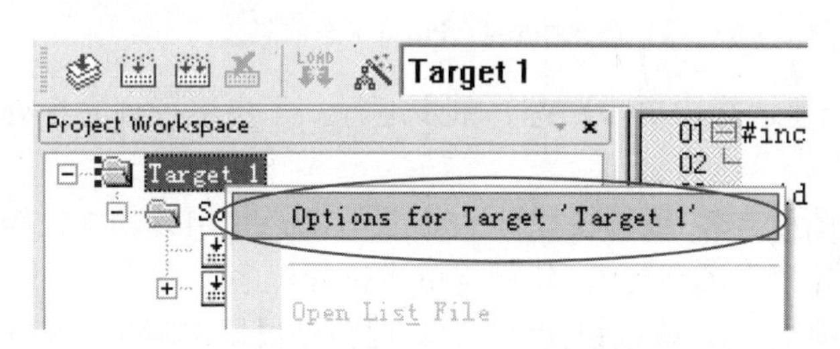

附录图 6-1 工程项目设置

4．如附录图 6-2 所示，在“Debug”选项卡中选择“Use Simulator”，单击“确定”按钮。Keil C51 软件仿真设置完成。

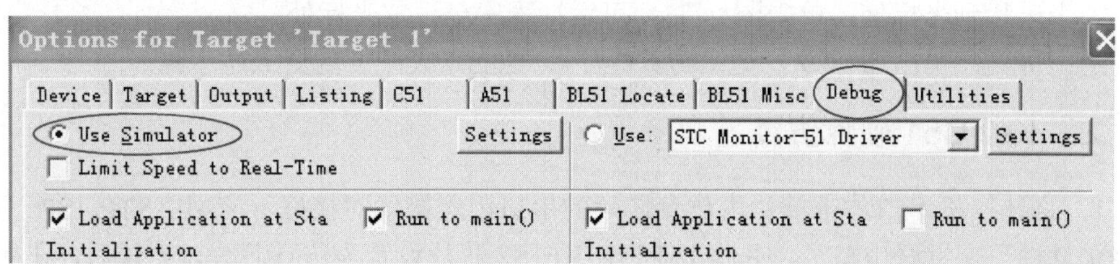

附录图 6-2 “Debug“选项卡

5．程序调试：选择主菜单“Debug”→“Start/Stop Debug Session”，或直接按快捷键 Ctrl+F5。

6．单击主菜单“Peripherals”→“I/O-Ports”→“Port 0”，如附录图 6-3 所示。

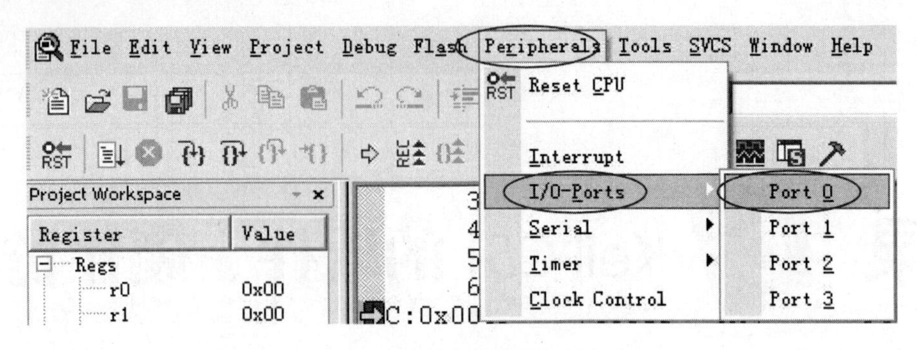

附录图 6-3　菜单操作

7．在编辑调试程序窗口中出现单片机 P0 口的状态信息，如附录图 6-4 所示。

```
01 #include "reg52.h"  //调用定义了51的一些特殊功能寄存器头文件
02
03 void main( )
04 {
05       P0=0x11;
06
07       while(1)
08       {
09           P0=0x00; //让P0口连接的LED全亮
10
11       }
12 }
13
```

Parallel Port 0
Port 0
P0: 0xFF　7 Bits 0
'ins: 0xFF

附录图 6-4　P0 口状态信息

8．可配合使用全速运行、单步跟踪、单步运行、一步运行到光标处、退出仿真等功能观察调试结果。

全速运行：单击图标，或按快捷键 F5。设置断点使用该功能比较好，或者多次单步观察程序运行情况，先“全速运行”，然后再单步执行程序。

单步跟踪：单击图标，或按快捷键 F11。程序可根据实际执行情况单步运行，可观察到各变量或单片机各接口状态变化情况。

单步运行：单击图标，或按快捷键 F10。与“单步跟踪”的区别在于不进入被调用函数运行可直接观察调用函数结果。

一步运行到光标处：单击图标，可运行程序至设定光标处。

退出仿真：单击图标，退出仿真程序。 复位完成，可重复上述步骤。

二、Keil C51 硬件仿真

1．将计算机串口与带单片机仿真芯片的串口用连接线对接好，应用“STC-ISP 下载编程烧录软件”配置好串口号，并将 IAP15F2K61S2 芯片设置为仿真芯片，无误后，在如附录图 6-5 所示界面中出现设置好的相关提示信息。

2．打开工程文件*.UV2，选择主菜单“Veiw”的“Project Window”与“Output Window”，打开 Project Window 窗口与 Output Window 窗口。

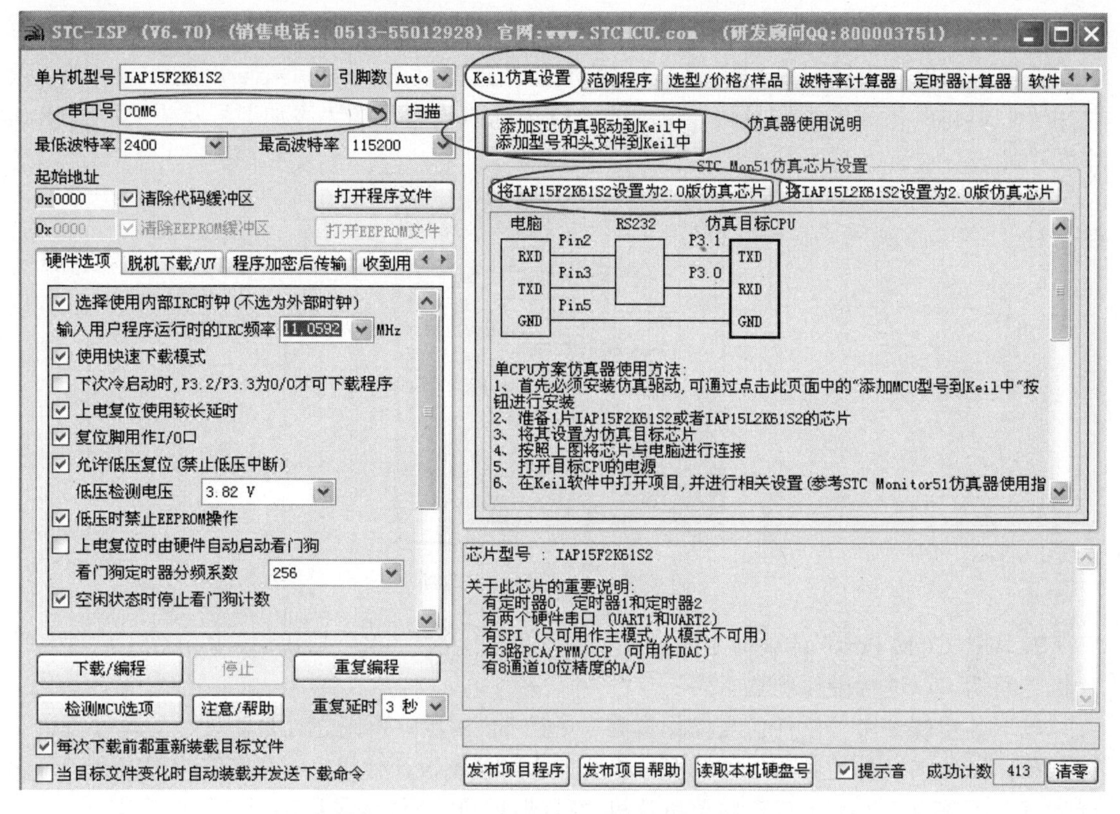

附录图 6-5　STC-ISP 下载编程烧录软件主界面

3．编译连接：选择主菜单“Project”→“Rebuild all target files”，在 Output 窗口显示编译结果，提示信息“0 Error(s)，0 Warning(s)”表示程序没有错误，进行下一步操作。若不成功，检查程序。

4．程序调试：选择主菜单“Debug”→“Start/Stop Debug Session”，或直接按快捷键 Ctrl+F5。在 Output 窗口显示下载程序进度，如进度完成 100%，则程序下载到仿真芯片成功，黄色光标定位于程序首地址。如果下载程序不成功，则检查 CPU 模块上 MAX232 周围电路及串行电缆连接情况。

5．在 Option for Target ‘Target 1’对话框中选择“Debug”选项卡，如附录图 6-6 所示。

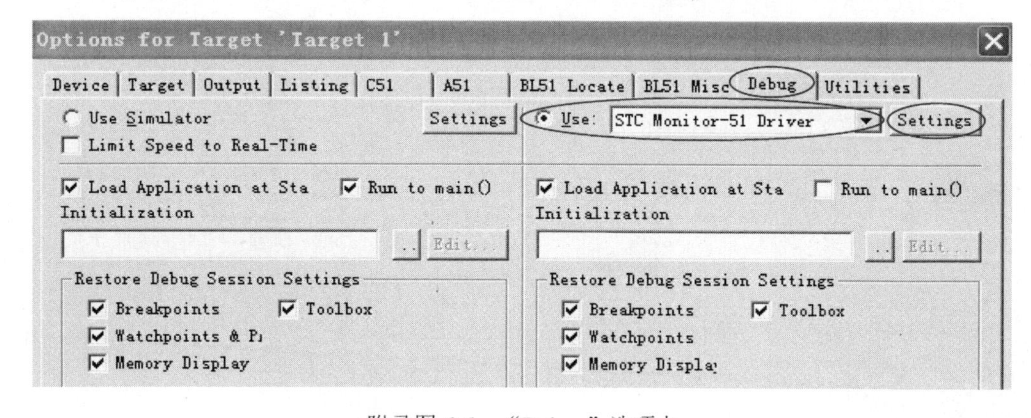

附录图 6-6　“Debug”选项卡

6．选择仿真驱动。选中 Use，驱动选择“STC Monitor-51 Driver”，并单击“Settings”设置按钮，出现如附录图 6-7 所示窗口。若没有“STC Monitor-51 Driver”选择项，则必须使用“STC-ISP 下载编程烧录软件”中的“Keil 仿真设置”的“添加型号及头文件到 Keil 中”功能进行设置。

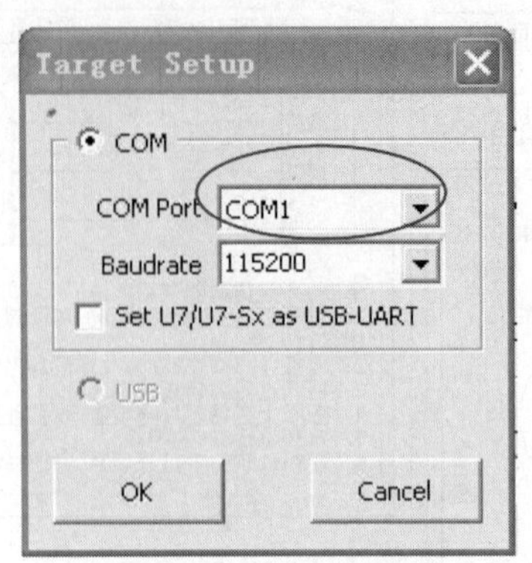

附录图 6-7　设置仿真驱动

7．对“COM Port”的值一定要设置正确，单击两次“OK”按钮后，Keil C51 软件与单片机之间就可以进行硬件仿真了。

以下各步骤参考“软件仿真操作步骤”中第 6～9 步，不同之处是，硬件仿真可直接观察到单片机外围设备的实际工作情况。若没有达到理想设计效果，可直接修改程序并进行编译调试，不需要每次都下载程序至单片机进行调试，以降低烧录程序对芯片的损害。

附录 7 ANSIC 标准关键字

序号	关键字	用途	说明
1	auto	存储类型说明	用以说明变量的存储类型为局部变量，一般默认为此值
2	break	程序语句	退出最内层循环或多分支
3	case	程序语句	switch 语句中的选择项
4	char	数据类型说明	单字节整型数或字符型数据
5	const	存储类型说明	在程序执行过程中不可更改的常量
6	continue	程序语句	转向下一次循环
7	default	程序语句	switch 语句中的失败选择项
8	do	程序语句	构成 do...while 循环结构
9	double	数据类型说明	双精度浮点数
10	else	程序语句	构成 if...else 选择结构
11	enum	数据类型说明	枚举
12	extern	存储类型说明	在其他程序模块中说明了的全局变量
13	float	数据类型说明	单精度浮点数
14	for	程序语句	构成 for 循环结构
15	goto	程序语句	构成 goto 转移结构
16	if	程序语句	构成 if...else 选择结构
17	int	数据类型说明	基本整型数
18	long	数据类型说明	长整型数
19	register	存储类型说明	使用 CPU 内部寄存的变量
20	return	程序语句	函数返回
21	short	数据类型说明	短整型数
22	signed	数据类型说明	有符号数，二进制数据的最高位为符号位
23	sizeof	运算符	计算表达式或数据类型的字节数
24	static	存储类型说明	静态变量
25	struct	数据类型说明	结构类型数据
26	swith	程序语句	构成 switch 选择结构
27	typedef	数据类型说明	重新进行数据类型定义
28	union	数据类型说明	联合类型数据

续表

序号	关键字	用途	说明
29	unsigned	数据类型说明	无符号数
30	void	数据类型说明	无类型数据
31	volatile	数据类型说明	该变量在程序执行中可被隐含地改变
32	while	程序语句	构成 while 和 do...while 循环结构

附录 8 字符串常用的转义字符表

序号	转义字符	含义	十六进制 ASCII 码	十进制 ASCII 码
1	\0	空字符（NULL）	00H	0
2	\a	响铃	07H	7
3	\b	退格符（BS）	08H	8
4	\t	水平制表符（HT）	09H	9
5	\n	换行符（LF）	0AH	10
6	\v	竖向跳格	0BH	11
7	\f	换页符（FF）	0CH	12
8	\r	回车符（CR）	0DH	13
9	\"	双引号	22H	34
10	\'	单引号	27H	39
11	\\	反斜杠	5CH	92
12	\ddd	1~3 位八进制数		
13	\xhh	1~2 位十六进制数		

附录 9 C51 编译器的扩展关键字

序号	关键字	用途	说明
1	bit	位标量声明	声明一个位标量或位类型的函数
2	sbit	位标量声明	声明一个可位寻址变量
3	sfr	特殊功能寄存器声明	声明一个特殊功能寄存器
4	sfr16	特殊功能寄存器声明	声明一个 16 位的特殊功能寄存器
5	data	存储器类型说明	直接寻址的内部数据存储器
6	bdata	存储器类型说明	可位寻址的内部数据存储器
7	idata	存储器类型说明	间接寻址的内部数据存储器
8	pdata	存储器类型说明	分页寻址的外部数据存储器
9	xdata	存储器类型说明	外部数据存储器
10	code	存储器类型说明	程序存储器
11	interrupt	中断函数说明	定义一个中断函数
12	reentrant	重载函数说明	定义一个重载函数
13	using	寄存器组定义	定义芯片的工作寄存器

附录 10 单片机 C 语言中常用的数据类型

序号	数据类型	关键字	长度	取值范围
1	无符号字符型	unsigned char	1 字节	0～255
2	有符号字符型	signed char	1 字节	–128～127
3	无符号整型	unsigned int	2 字节	0～65535
4	有符号整型	signed int	2 字节	–32768～32767
5	无符号长整型	unsigned long	4 字节	$0 \sim 2^{32}-1$
6	有符号长整型	signed long	4 字节	$-2^{31} \sim 2^{31}-1$
7	单精度实型	float	4 字节	$-1.7\times10^{38} \sim 3.4\times10^{38}$
8	指针	*	1～3 字节	对象的地址
9	位类型	bit	1 位	0 或 1
10	特殊功能位声明	sbit	1 位	0 或 1
11	特殊功能寄存器	sfr	1 字节	0～255
12	16 位特殊功能寄存器	sfr16	2 字节	0～65535

附录 11 运算符优先级和结合性

<table>
<tr><th>级别</th><th>类别</th><th>名称</th><th>运算符</th><th>结合性</th></tr>
<tr><td rowspan="3">1</td><td rowspan="3">强制转换、数组、结构、联合</td><td>强制类型转换</td><td>( )</td><td rowspan="3">自左至右</td></tr>
<tr><td>下标</td><td>[ ]</td></tr>
<tr><td>存取结构或联合成员</td><td>->或.</td></tr>
<tr><td rowspan="7">2</td><td>逻辑</td><td>逻辑非</td><td>!</td><td rowspan="7">自右至左</td></tr>
<tr><td>字位</td><td>按位取反</td><td>~</td></tr>
<tr><td>增量</td><td>加 1</td><td>++</td></tr>
<tr><td>减量</td><td>减 1</td><td>– –</td></tr>
<tr><td>指针</td><td>取地址</td><td>&</td></tr>
<tr><td>取内容</td><td>*</td><td>*</td></tr>
<tr><td>算术</td><td>单目减</td><td>–</td></tr>
<tr><td rowspan="3">3</td><td rowspan="3">算术</td><td>乘</td><td>*</td><td rowspan="3">自左至右</td></tr>
<tr><td>除（取整）</td><td>/</td></tr>
<tr><td>取模（求余）</td><td>%</td></tr>
<tr><td rowspan="2">4</td><td rowspan="2">算术和指针运算</td><td>加</td><td>+</td><td rowspan="2">自左至右</td></tr>
<tr><td>减</td><td>–</td></tr>
<tr><td rowspan="2">5</td><td rowspan="2">字位</td><td>左移</td><td><<</td><td rowspan="2">自左至右</td></tr>
<tr><td>右移</td><td>>></td></tr>
<tr><td rowspan="4">6</td><td rowspan="6">关系</td><td>大于等于</td><td>>=</td><td rowspan="4">自左至右</td></tr>
<tr><td>大于</td><td>></td></tr>
<tr><td>小于等于</td><td><=</td></tr>
<tr><td>小于</td><td><</td></tr>
<tr><td rowspan="2">7</td><td>恒等于</td><td>= =</td><td rowspan="2">自左至右</td></tr>
<tr><td>不等于</td><td>!=</td></tr>
<tr><td>8</td><td rowspan="3">字位</td><td>按位与</td><td>&</td><td rowspan="3">自左至右</td></tr>
<tr><td>9</td><td>按位异或</td><td>^</td></tr>
<tr><td>10</td><td>按位或</td><td>|</td></tr>
</table>

续表

<table>
<tr><th>级别</th><th>类别</th><th>名称</th><th>运算符</th><th>结合性</th></tr>
<tr><td rowspan="2">11</td><td rowspan="2">逻辑</td><td>逻辑与</td><td>&&</td><td rowspan="2">自左至右</td></tr>
<tr><td>逻辑或</td><td>||</td></tr>
<tr><td>12</td><td>条件</td><td>条件运算</td><td>? :</td><td>自右至左</td></tr>
<tr><td rowspan="2">13</td><td rowspan="2">赋值</td><td>赋值</td><td>=</td><td rowspan="2">自右至左</td></tr>
<tr><td>复合赋值</td><td>+=、-=、*=、/=、%=、>>=、<<=、&=、^=、|=</td></tr>
<tr><td>14</td><td>逗号</td><td>逗号运算</td><td>,</td><td>自左至右</td></tr>
</table>

附录 12 C 语言讲座

一、标识符、常用运算符、Keil C51 中 printf 函数的使用

1. 标识符

（1）标识符：由字母、下画线及数字构成，且首字符不能是数字的一串合法字符串。

（2）关键字：由系统使用的有特殊功能的标识符。（参见附录 7）

（3）变量：标识符中除关键字外的字符串。

（4）常量：在程序运行中不会改变的量。

【例 12-1】 对 **x1，X1，x_1，3，5.6，0x10，3de，if，case，_3h，_h3，123，123d，use，end，y，x+y，x*y** 等由数字、字母、字符组合的一串字符进行分类。

合法标识符：x1，X1，x_1，if，case，_3h，_h3，use，end，y

非法标识符：3de，123d，3，5.6，0x10，123，x+y，x*y

关键字：if，case

变量：x1，X1，x_1，_3h，_h3，use，end，y

常量：3，5.6，0x10，123

2. 常用运算符（附录表 12-1）

附录表 12-1 常用运算符

<table>
<tr><th>序号</th><th colspan="2">运算符类型</th><th colspan="6">运算符号及含义</th></tr>
<tr><td rowspan="2">1</td><td rowspan="2">算术运算符</td><td>运算符号</td><td>+</td><td>-</td><td>*</td><td>/</td><td colspan="2">%</td></tr>
<tr><td>含义</td><td>加</td><td>减</td><td>乘</td><td>除（取整）</td><td colspan="2">取模（求余）</td></tr>
<tr><td rowspan="2">2</td><td rowspan="2">关系运算符</td><td>运算符号</td><td>></td><td>>=</td><td><</td><td><=</td><td>==</td><td>!=</td></tr>
<tr><td>含义</td><td>大于</td><td>大于等于</td><td>小于</td><td>小于等于</td><td>等于</td><td>不等于</td></tr>
<tr><td rowspan="2">3</td><td rowspan="2">逻辑运算符</td><td>运算符号</td><td>!</td><td>&&</td><td>||</td><td colspan="3" rowspan="2">备注：常用运算符优先级的顺序见附录 10，均用于字节运算</td></tr>
<tr><td>含义</td><td>非</td><td>与</td><td>或</td></tr>
</table>

3. 在 Keil C51 开发环境中观察标准输出函数效果的步骤

（1）打开 Keil C51 软件，进入软件主界面。

（2）单击菜单“Project”→“建立工程”。

（3）输入如下源程序，并向工程中添加 C 程序源文本文件。

```
/*************************************************************************
* 程 序 名：exp1-1 在 Keil 环境中观察 printf 函数的输出结果
* 程序说明：生成 HEX 文件，在软件仿真环境中打开 Serial 0 的中断与定时控制功能
            Keil μVision 3 在“View”→“Serial Window #1”窗口中观察结果
            Keil μVision 4 在“View”→“Serial Window”→“UART #1”中观察结果。
* 调试芯片：任意
*************************************************************************/
#include "reg52.h"     //调用定义了 51 系列单片机的一些特殊功能寄存器的头文件
#include "stdio.h"     //调用标准输入输出头文件
void main( )
{
     int x,y,z;
     x=1;
     printf("x=%d\n",x);
     y=2;
     printf("y=%d\n",y);
     z=x+y;
     printf("x+y=%d\n",z);
}
输出结果：
x=1
y=2
x+y=3
```

（4）单击“Peripherals”→“Rebuild all target files”或单击工具条的 按钮，通过反复编辑、修改、编译，生成 HEX 文件。

（5）单击“Project”→“Options for Target”→“Debug”→“Use Simulator”→“确定”。

（6）单击“Debug”→“Start/Stop Debug Session”或按 Ctrl+F5 快捷键，或单击工具条的 按钮。

（7）单击“Peripherals”→“Serial”→“Serial 0”，出现“Serial Channel 0”对话框，如附录图 12-1 所示。

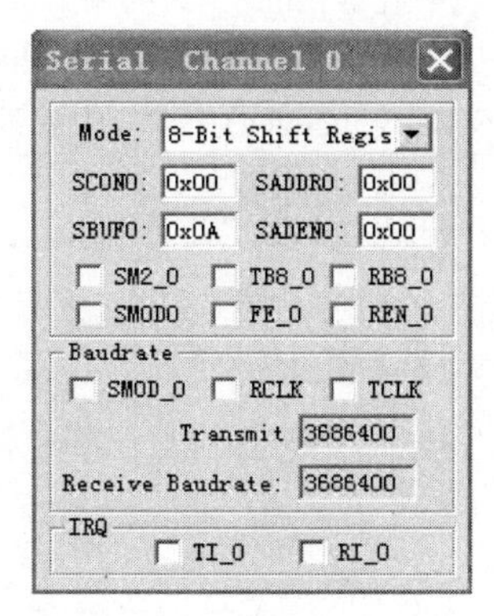

附录图 12-1 “Serial Channel 0”对话框

（8）如附录图 12-2 所示，将“Serial Channel 0”对话框中的相应选项选中。

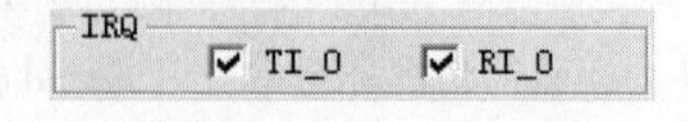

附录图 12-2　设置选项

（9）在编辑窗口的提示栏中，若出现 sun1.c Disassembly Serial #1 提示信息，说明“Serial #1”已被打开，若该窗口未打开，可以通过单击主菜单上的“View”→“Serial Window #1”打开标准函数输出窗口来观察运行结果。

（10）如附录图 12-3 所示，选择“Debug”→“Run”或按 F5 键，或单击工具条的按钮，可以在“Serial #1”窗口中观察运行效果。

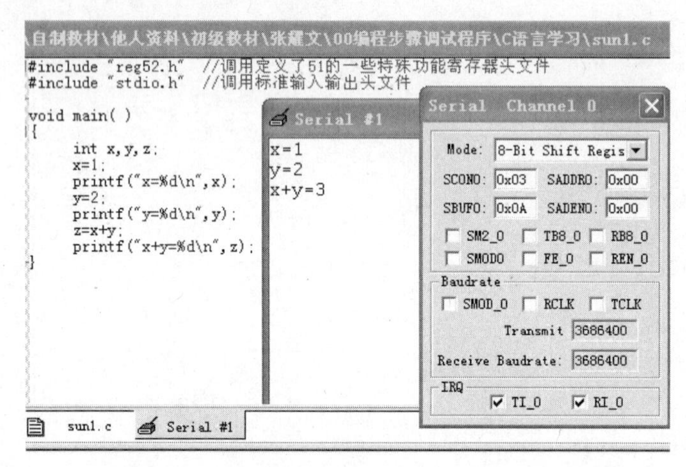

附录图 12-3　通过标准函数输出窗口观察运行结果

（11）选择“Debug”→“Stop Running”或单击工具条上的按钮回到编辑状态。

二、算术运算符、关系运算符应用举例

1．算术运算符应用举例

```
/*************************************************************************************
* 程 序 名：exp1-2 在 Keil 环境中观察 printf 函数的输出结果（观察算术运算符的效果）
* 程序说明：生成 HEX 文件，在软件仿真环境中打开 Serial 0 的中断与定时控制功能
           在“View”→“Serial Window #1”窗口中观察结果
* 调试芯片：任意
*************************************************************************************/
#include "reg52.h"        //调用定义了 51 系列单片机的一些特殊功能寄存器的头文件
#include "stdio.h"        //调用标准输入输出头文件

void main( )
{
    unsigned   int x=1,y=2;
    float a=1.0,b=2.0 ;
    printf("x+y=%d\n",x+y);                    //%d 表示输出一个整数
```

```
    printf("x-y=%d\n",x-y);
    printf("x*y=%d\n",x*y);
    printf("x/y=%d\n",x/y);                      //在整型表达式中的/代表取整
    printf("x%%y=%d\n\n",x%y);                   //%%在 printf 函数格式控制中代表一个%
                                                 //在整型表达式中的%代表取余
    printf("a+b=%f\n",a+b);                      //%f 表示输出一个实数
    printf("a-b=%f\n",a-b);
    printf("a*b=%4.1f\n",a*b);                   //输出一个实数，总宽度为 4，小数位数为 1
    printf("a/b=%4.2f\n",a/b);                   //在实型表达式中的/代表进行除法运算
    getchar( );                                  //接收从键盘上输入的一个字符
}
输出结果：
x+y=3
x-y=-1
x*y=2
x/y=0
x%y=1

a+b= 3.000000
a-b= -1.000000
a*b= 2.0
a/b= 0.50
```

printf 函数的一般格式：

printf（格式控制，输出表列）

（1）“格式控制”是用双引号括起来的字符串，也称“转换控制字符串”，它包括两种信息。

①格式说明：由%和格式字符组成，它的作用是将输出的数据转换为指定的格式输出。%m.nf：输出占 m 列总长度，保留小数点 n 位。

②普通字符：需要原样输出的字符。

（2）“输出表列”是需要输出的一些数据，可以是表达式。

（3）printf 函数的一般形式可以表示为

printf（参数 1，参数 2，……，参数 n）

功能是将参数 2～参数 n 按参数 1 给定的格式输出。

2. 关系运算符应用举例 1

```
/**************************************************************************
* 程 序 名：exp1-3 在 Keil 环境中观察 printf 函数的输出结果（观察关系运符的效果）
* 程序说明：生成 HEX 文件，在软件仿真环境中打开 Serial 0 的中断与定时控制功能
            在“View”→“Serial Window #1”窗口中观察结果
* 调试芯片：任意
**************************************************************************/
```

```
#include "reg52.h"        //调用定义了 51 系列单片机的一些特殊功能寄存器的头文件
#include "stdio.h"        //调用标准输入输出头文件

void main( )
{
        unsigned int x=1,y=2;
        printf("x>y    value is %d\n",x>y);          //表达式为假，表达式值用 0 表示
        printf("x>=y value is %d\n",x>=y);
        printf("x<y    value is %d\n",x<y);          //表达式为真，表达式值用非 0 表示
        printf("x<=y value is %d\n",x<=y);
        printf("x= =y value is %d\n",x= =y);
        printf("x!=y value is %d\n",x!=y);

        getchar( );
}
输出结果：
x>y          value is   0
x>=y         value is   0
x<y          value is   1
x<=y         value is   1
x= =y        value is   0
x!=y         value is   1
```

3．关系运算符应用举例 2

```
/*******************************************************************************
* 程 序 名：exp1-4 使用关系运符观察 P0 的效果
* 程序说明：生成 HEX 文件，在软件仿真环境中打开 Port 0
            在“Peripherals”→“I/O Ports”→“Port 0”窗口中观察结果
* 调试芯片：任意
*******************************************************************************/
#include "reg52.h"              //调用定义了 51 系列单片机的一些特殊功能寄存器的头文件
sbit P20 = P2^0;                //定义 P20 变量

void main( )
{
      P20=0;                    //将位变量赋值为 0
      if (P20 = = 0)            //假如 P20 变量是 0
            P0=0x00;            //将 P0 口全部赋值为 0
}
```

三、常量

常量是在程序运行过程中值不能改变的量，变量是在程序运行过程中值可以不断变化的

量。变量的定义可以使用所有 C51 编译器支持的数据类型，而常量的数据类型只有整型、浮点型、字符型、字符串型和位标量。

常量的数据类型如下。

（1）整型常量可以表示为十进制数，如 123、0、−89 等。十六进制数则以 0x 开头，如 0x34、0x3B 等。若是长整型就在数字后面加字母 L，如 104L、034L、0xF340L 等。

（2）浮点型常量可分为十进制数和指数表示形式。十进制数由数字和小数点组成，如 0.888、3345.345、0.0 等，整数或小数部分为 0，可以省略但必须有小数点。指数表示形式为[±]数字[.数字]e[±]数字，[ ]中的内容为可选项，其中内容根据具体情况可有可无，但其余部分必须有，如 125e3、7e9、−3.0e−3。

（3）字符型常量是单引号内的字符，如'a'、'd'等。不可以显示的控制字符，可以在该字符前面加一个反斜杠（\）组成专用转义字符。常用转义字符表见附录表 12-2。

附录表 12-2 常用转义字符表

序号	转义字符	含义	ASCII 码（十六/十进制）
1	\0	空字符（NULL）	00H/0
2	\n	换行符（LF）	0AH/10
3	\r	回车符（CR）	0DH/13
4	\t	水平制表符（HT）	09H/9
5	\b	退格符（BS）	08H/8
6	\f	换页符（FF）	0CH/12
7	\'	单引号	27H/39
8	\"	双引号	22H/34
9	\\	反斜杠	5CH/92

（4）字符串型常量由双引号内的字符组成，如“test”、“OK”等。当引号内没有字符时，为空字符串。在使用特殊字符时同样要使用转义字符，如双引号。在 C 语言中字符串常量是作为字符类型数组来处理的，在存储字符串时系统会在字符串尾部加上'\0'转义字符作为该字符串的结束符。字符串常量"A"和字符常量'A'是不同的，前者在存储时多占用一字节的空间。

（5）位标量，它的值是一个二进制数。

常量可用在不必改变值的场合，如固定的数据表、字库等。

```
/**************************************************************************
* 程 序 名：exp1-5 常量
* 程序说明：生成 HEX 文件，在软件仿真环境中打开 Serial 0 的中断与定时控制功能
            在“View”→“Serial Window #1”窗口中观察结果
* 调试芯片：任意
**************************************************************************/
#include "reg52.h"       //调用定义了 51 系列单片机的一些特殊功能寄存器的头文件
#include "stdio.h"       //调用标准输入输出头文件

void main( )
```

```
{
    unsigned   int x=1;
    printf("%d\n",(unsigned int)12);          //%d 表示输出一个十进制整数
    printf("%5.1f\n",12.0);                   //%f 表示输出一个实数
    printf("%o\n",x+12);                      //%o 表示输出一个八进制整数
    printf("%x\n",x+23);                      //%x 表示输出一个十六进制整数
    printf("%c\n",48);                        //%c 表示输出一个字符
    printf("%c\n",'0');                       //在输出字符时，'0'与数值常量 48 相等
    printf("%c\n",65);                        //在输出字符时，'A'与数值常量 65 相等
    printf("%c\n",97);                        //在输出字符时，'a'与数值常量 97 相等
    printf("%s\n","C Program");               //%s 表示输出一串字符
}
  输出结果：
  12
  12.0
  15                   //十进制数 13 对应的八进制数为 15
  18                   //十进制数 24 对应的十六进制数为 18
  0
  0
  A
  a
  C Program
```

四、复合、位、条件运算符

1．复合赋值运算符

复合赋值运算符就是在赋值运算符“=”的前面加上其他运算符。以下是 C 语言中的复合赋值运算符。

+= 加法赋值　　−= 减法赋值　　*= 乘法赋值　　/= 除法赋值

%= 取模赋值　　<<= 左移位赋值　　>>= 右移位赋值　　|= 逻辑或赋值

&= 逻辑与赋值　　^= 逻辑异或赋值　　!= 逻辑非赋值

复合运算的一般形式为：

[变量][复合赋值运算符][表达式]

其含义就是变量与表达式先进行运算符所要求的运算，再把运算结果赋值给参与运算的变量。其实这是 C 语言中简化程序的一种方法，凡是二目运算都可以用复合赋值运算符去简化表达。

采用复合赋值运算符会降低程序的可读性，但这样却可以使程序代码简单化，并能提高编译的效率。对于初学 C 语言的读者在编程时最好还是根据自己的理解力和习惯去使用程序表达的方式，不要一味追求程序代码的短小。

2．位运算符

位运算符优先级，从高到低依次是：~（按位取反）→<<（左移）→>>（右移）→&（按位与）→^（按位异或）→|（按位或）。

附录表 12-3 是按位取反、与、或、异或的逻辑真值表。

附录表 12-3 按位取反、与、或、异或的逻辑真值表

序号	表达式	x	y	~x	~y	x&y	x|y	x^y
	含义	位	位	位取反	位取反	位与	位或	位异或
1	真值	0	0	1	1	0	0	0
2		0	1	1	0	0	1	1
3		1	0	0	1	0	1	1
4		1	1	0	0	1	1	0

3．条件运算符

C 语言中只有一个三目运算符，它就是“？：”条件运算符，它要求有三个运算对象。它可以把三个表达式连接构成一个条件表达式。条件表达式的一般形式如下。

表达式 1？表达式 2：表达式 3

条件运算符的作用简单来说就是根据表达式 1 的值选择使用表达式的值。当表达式 1 的值为真（非 0 值）时，整个表达式的值为表达式 2 的值；当表达式 1 的值为假（值为 0）时，整个表达式的值为表达式 3 的值。要注意的是条件表达式中表达式 1 的类型可以与表达式 2 和表达式 3 的类型不一样。

4．运算符应用举例

```
/************************************************************************
* 程 序 名：exp1-6 其他常用运算符
* 程序说明：生成 HEX 文件，在软件仿真环境中打开 Serial 0 的中断与定时控制功能
            在“View”→“Serial Window #1”窗口中观察结果
* 调试芯片：任意
************************************************************************/
#include "reg52.h"            //调用定义了 51 系列单片机的一些特殊功能寄存器的头文件
#include "stdio.h"            //调用标准输入输出头文件
void main( )
{
    unsigned  int x=1,y=13;        //定义无符号整型变量并赋值：0000 0001→x，0000 1101→y
    unsigned  int a=1,b=13;        //定义无符号整型变量并赋值：0000 0001→a，0000 1101→b
    printf("x=%d\n",x++);          //x++表示 x=x+1。++后置，则先执行函数功能然后再给变量加 1，
                                   //即输出 1。此后变量 x 的值变为 2，即 x=2
    printf("a=%d\n",++a);          //++a 表示 a=a+1。++前置，则变量先加 1 再执行函数功能，
                                   //即输出 2。a=2
    printf("x=%d\n",x<<=1);        //x<<=1 表示 x=x<<1。x 的八位整体向左移 1 位，即输出 4。x=4
    printf("y=%d\n",y=y>>2);       //y 的八位整体向右移 2 位，输出 3。y=3
    printf("x=%d\n",x-=2);         //x-=2 表示 x=x-2，输出 2。x=2
    printf("y=%d\n",y=x>>1);       //x 的八位整体左移 1 位，赋值给 y。这里因为前后变量不一样，
                                   //不能使用复合运算符。输出 1。x=1，y=1
    printf("b=%d\n",b/=4);         //b/=4 表示 b=b/4，输出 3。b=3
    printf("b=%d\n",b/=x+4);       //b/=x+4 表示 b=b/(x+4) ，输出 0。b=0
    y=13;
    printf("y=%d\n",y%=4);         //y%=4 表示 y=y%4，输出 1。y=1
    printf("y=%d\n",y=~y);         //y~=y 表示 y=~y，输出-2。y=0xfe→1111 1110
```

```
                                    //y=0xfe，第一位是 1 表示负数，其他位取反加 1，结果为-2
    a=5;                            //0000 0101→a
    b=7;                            //0000 0111→b
    printf("a=%d\n",a&=b);          //a&=b 表示为 a=a&b，输出 5。a=5
                                    //a 与 b 相同位相与，结果：0000 0101
    printf("a=%d\n",a= (a>b)?4:6.0);        //条件运算符，a>b 为假，取表达式 3 的值，即输出 6。a=6
}
  输出结果：
    x=1
    a=2
    x=4
    y=3
    x=2
    y=1
    b=3
    b=0
    y=1
    y=-2
    a=5
    a=6
```

五、条件语句

1. if 条件语句

条件语句又称分支语句，其关键字由 if 构成。C 语言提供了 3 种形式的条件语句。

（1）if（条件表达式）

```
     语句;
```

【含义】当条件表达式的结果为真时，执行语句，否则就跳过。

【例 12-2】

```
if (x==y)
    x++;
```

【功能】当 x 等于 y 时，x 加 1。

（2）if（条件表达式）

```
     语句 1;
else
     语句 2;
```

【含义】当条件表达式成立时，执行语句 1，否则就执行语句 2。

【例 12-3】

```
if (x==y)
    a++;
else
    a--;
```

【功能】当 x 等于 y 时，a 加 1，否则 a 减 1。

（3）if（条件表达式 1）

```
     语句 1;
```

```
else if（条件表达式 2）
        语句 2；
    else if（条件表达式 3）
            语句 3；
        else if（条件表达式 n）
                语句 n；
                else   语句 n+1；
```

这是由 if…else 语句组成的嵌套，用来实现多条件分支，使用时注意 if 和 else 的配对使用，若少一个就会出现语法错误，else 总是与最临近的 if 相配对。一般条件语句只会用作单一条件或数量少的分支，当分支数量超过 3 个时一般使用开关语句（switch）。如果使用条件语句来编写超过 3 个以上的分支程序，会使程序变得不清晰易读。

2．开关语句——switch

（1）switch 语句结构。

```
switch （表达式）
{
    case 常量表达式 1：语句 1；break；
    case 常量表达式 2：语句 2；break；
    ……
    case 常量表达式 n：语句 n；break；
    default：语句；
}
```

（2）switch 语句功能。

switch 语句的功能是判断 case 后面的常量表达式和 switch 后面的表达式的值是否相等，若相等，就会执行 case 后面的语句，执行完该语句后，假如没有 break 语句，继续向下执行，不管后面的 case 后的常量表达式是否与 switch 后的表达式的值相等，直到遇见 break 语句，才能中止 switch 语句的执行。

一般情况下，每个 case 语句后都带有 break 语句，但在特别情况下，case 语句后可不带 break 语句，一个 case 语句执行完，可执行下一个 case 语句，直到遇见 break 语句，中止 switch 语句的执行。执行到 switch 语句内部最后一条语句，switch 语句自然中止。

（3）程序分析。

设下面两个程序段在执行过程中有按键按下，设按键 P2 值由 0xf0 变成 0xee。

```
P2=0xf0;
if (  P2 !=   0xf0  )
    switch(   P2   )
    {
        case 0xee : P0=0xfe;break;
        case 0xed : P0=0xfd;break;
        case 0xec : P0=0xfc;break;
        case 0xeb : P0=0xfb;break;
    }
```

请问程序运行结果是：P0 = ____________(P0=0xfe)

```
P2=0xf0;
if (   P2 !=   0xf0   )
      switch(   P2   )
      {
            case 0xee : P0=0xfe;
            case 0xed : P0=0xfd;break;
            case 0xec : P0=0xfc;
            case 0xeb : P0=0xfb;break;
      }
```

请问程序运行结果是：P0= ___________ (P0=0xfd)

3. 开关语句应用举例

```
/**********************************************************************************
* 程 序 名：exp1-7 switch 语句
* 程序说明：生成 HEX 文件，在软件仿真环境中打开 Serial 0 的中断与定时控制功能
            在“View”→“Serial Window #1”窗口中观察结果
* 调试芯片：任意
**********************************************************************************/
#include "reg52.h"      //调用定义了 51 系列单片机的一些特殊功能寄存器的头文件
#include "stdio.h"      //调用标准输入输出头文件
void main( )
{
      unsigned   int x=5;
      switch(x)
      {
         case 1:printf("Monday.\n"); break;
         case 2:printf("Tuesday.\n"); break;
         case 3:printf("Wednesday.\n"); break;
         case 4:printf("Thursday.\n"); break;
         case 5:printf("Friday.\n"); break;
         case 6:printf("Saturday.\n"); break;
         case 7:printf("Sunday.\n"); break;
         default:printf("%s\n","Not exist this Weekday!");
      }
}
输出结果：
Friday.
```

六、循环语句

循环语句一般情况有三种形式，分别是 for 语句、while 语句、do…while 语句。不常使

用的第四种形式是编程者自己使用 if 语句与 goto 语句构成的循环语句，在特殊要求下使用。

1. for 语句

（1）书写格式。

```
for（表达式 1；表达式 2；表达式 3）
{
    循环体 ；
}
```

表达式 1：给循环变量、一般变量赋初值。

表达式 2：与终值相关的关系表达式或逻辑表达式。

表达式 3：与步长相关的运算表达式。

在 while 语句、do…while 语句中这三个表达式的含义相同，不再解释。

（2）举例。

【例 12-4】 求出[1，10]的和。

```
sum=0;
for ( i =1 ; i<=10; i++)
    sum=sum + i;
```

其中，初值为 1，终值为 10，步长为 1。本循环为增循环，若为减循环，程序如下：

```
sum=0;
for ( i =10 ; i<=1; i--)
    sum=sum + i;
```

其中，初值为 10，终值为 1，步长为 1。

（3）执行过程如附录图 12-4 所示。

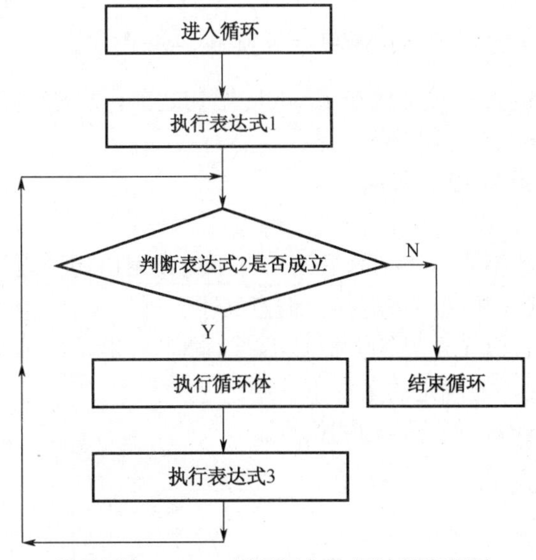

附录图 12-4　for 循环语句执行过程流程图

（4）使用注意点。

① for 后面使用小括号，不能使用中括号，小括号后千万不能使用语句分隔符“;”。

② 小括号内的三个表达式之间须使用分号隔开。

③ 表达式 1 与表达式 3 可以省略，但表达式之间的两个分号不能省略。

④ 当循环体只有一句时，for 语句的组合语句定界符大括号可省略。

⑤ 当表达式 2 为真时，循环语句才执行。

⑥ 一般在循环次数确定的条件下使用。

2. while 语句

（1）书写格式。

```
表达式 1;
While（表达式 2）
{
        循环体;
        表达式 3;
}
```

（2）举例。

【例 12-5】 1+2+3+…+n<300 的最大的 n 值。

```
sum = 0;
i = 1;
while ( sum < 300 )
{
     sum=sum + i;
     i++;
}
printf( “1+2+3+…+n<300 max n value is %d” , i-2);
```

细心的读者会发现：表达式 1 放在了 while 语句之前，表达式 2 作为 while 语句循环条件，表达式 3 移到了 while 语句内部。

（3）执行过程如附录图 12-5 所示。

（4）使用注意点。

① while 后面使用小括号，小括号后面一完不能使用语句分隔符“;”。

② 循环体与表达式 3 的顺序可调换，但意义不一样。

③ while 语句的组合语句定界符大括号不能省略，一般情况下至少有两条语句。

④ 一般在循环次数不能确定的条件下使用。

⑤ 当表达式 2 为真时，循环语句才执行。

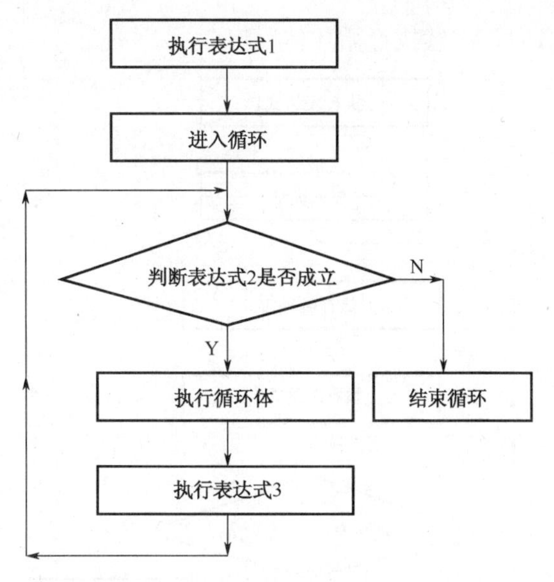

附录图 12-5 while 循环语句执行过程流程图

3．do...while 语句

（1）书写格式。

```
表达式 1;
do
{
    循环体;
    表达式 3;
} while (表达式 2);
```

（2）举例。

【例 12-6】 满足 1+2+3+…+*n*<300 的最大的 *n* 值。

```
sum = 0;
i = 1 ;
do
{
    sum=sum + i;
    i++;
} while ( sum < 300 );
printf( "1+2+3+…+n<300    max n value is %d",i−2);
```

（3）执行过程如附录图 12-6 所示。

（4）使用注意点。

① while 后面使用小括号，小括号后面要使用语句分隔符“；”。

② 循环体与表达式 3 的顺序可调换，但意义不一样。

③ 一般情况下循环体至少有两句，该语句的组合语句定界符大括号不能省略。

④ 当表达式 2 为真时，继续执行循环体语句。

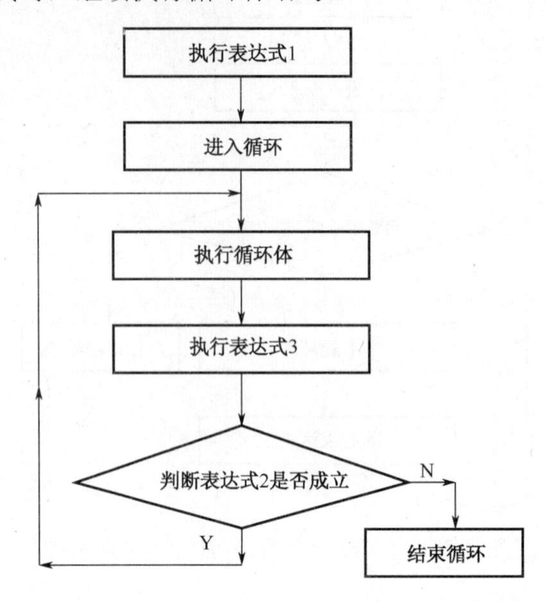

附录图 12-6　do…while 循环语句执行过程流程图

⑤ 不管条件成立与否，总要先执行循环，该语句一般用于编写主菜单。

七、数组

1．数组的说明

数组说明的一般形式为：　[类型说明符]　数组名[常量表达式]

【例 12-7】　ned char　a[5]={ 0xfe, 0xfd, 0xfc, 0xfb, 0xfa };

2．数组的含义

把具有相同数据类型的若干变量按有序的形式组织起来，这些数据元素的集合就是数组。上例中数组元素具体表现形式为：

a[0] = 0xfe　　a[1] = 0xfd　　a[2] = 0xfc　　a[3] = 0xfb　　a[4] = 0xfa

下标变量 a[0]与一般变量 a0 使用上具有同样功能，只是表示形式、称谓不同。

使用下标变量的最大优势：只要改变下标值，就变成了新的下标变量，便于批量使用。

【例 12-8】　给数组 a 的 100 个元素分别赋值为 1～100。

```
for (i=0 ; i<100 ; i++)
    a[i] = i+1;
```

使用一句循环语句就实现了赋值功能，若使用赋值语句则需 100 句才能完成相关功能。

3．数组的注意事项

（1）数组的命名要符合变量的命名规则。

（2）如 signed　int b[ ]={ 1,2,3,4,5,6 }；说明时没有使用常量表达式，则下标变量中最大下标值为枚举的元素个数减 1，本例中最大下标值是 5，即下标变量 b[5]的值是 6。

（3）只要进行了数组说明，最小下标都是 0，不能是负数，signed int b[ ] ={ 1,2,3,4,5,6 }; 中，最小下标值是 0，即下标变量 b[0]的值是 1。

（4）使用下标值改变下标变量时，下标值不能超过最大下标值。如 unsigned int c[4] = { 3,4,5,6 }；不能使用 c[4]这个变量，因为定义 c 数组时只有如下 4 个下标变量：

c[0]、c[1]、c[2]、c[3]

（5）定义数组与使用下标变量时不能使用小括号，只能使用中括号。

4．数组的应用举例

```
/*******************************************************************************
* 程 序 名：exp1-6 数组使用
* 程序说明：生成 HEX 文件，使用数组在软件仿真环境中打开 Port 0
            在“Peripherals”→“I/O Ports”→“Port 0”窗口中观察结果
* 调试芯片：IAP15F2K61S2-PDIP40
* 注    意：设定 8051 系列芯片延时，其他芯片根据情况须修改 Delay10ms 延时函数
*******************************************************************************/
//--包含要使用到相应功能的头文件--//
#include<reg51.h>

//--声明全局函数--//
void Delay10ms(void);                    //延时 1 个 10ms
void delay_n_10ms(unsigned int n);       //延时 n 个 10ms

//--定义全局变量--//
unsigned char code CODE[8]={0x00,0x01,0x02,0x03,0x04,0x05,0x06,0x07};//0，1～7 对应的十六进制数

/*******************************************************************************
* 函 数 名：main
* 函数功能：主函数
* 输    入：无
* 输    出：无
*******************************************************************************/
void main(void)
{
    unsigned char i = 0;
    while(1)
    {
        P0 = CODE[i];     //在 P0 口显示 0，1～7 对应的十六进制数
        i++;
        if(i = = 8)
        {
            i = 0;
        }
```

```
        delay_n_10ms(5000);    //不同的计算机效果不一样，为了观察效果可以适当修改
    }
}

/*******************************************************************************
* 函 数 名：Delay10ms
* 函数功能：延时函数，延时 10ms
* 输    入：无
* 输    出：无
* 来    源：使用 STC-ISP 软件的“延时计算器”功能实现
*******************************************************************************/
void Delay10ms()              //@11.0592MHz，1T 芯片
{
    unsigned char i, j;

    i = 108;                  //1T 芯片 i=108，12T 芯片 i=18
    j = 145;                  //1T 芯片 j=145，12T 芯片 j=235
    do
    {
        while (--j);
    } while (--i);
}
/*******************************************************************************
* 函 数 名：delay_n_10ms
* 函数功能：延时 n 个 10ms
* 输    入：有
* 输    出：无
* 来    源：根据功能要求自写程序
*******************************************************************************/
void delay_n_10ms(unsigned int n)
{
    unsigned int i;
    for(i=0 ; i<n ; i++)
        Delay10ms( );
}
```

八、C 语言函数

1. 定义

C 语言函数是完成一定功能的可执行的程序代码段。它可被其他函数重复调用。在程序中需要该功能函数时，可直接调用该函数名，而不需要在程序段中每次都重复相同的代码。需要修改程序功能时，也只需修改和维护与之相关的函数即可。总之，将语句集合成函数，

好处就是方便代码重复调用。一个好的函数名，可以让人一看就知道这个函数实现的是什么功能，方便维护。

2．分类

函数分为标准函数与自定义函数。

标准函数是软件开发商随软件发布，已定制在发布的软件中，用户可直接调用的函数。

自定义函数是用户根据需要自己开发的、具有一定功能的函数。

3．命名

（1）主函数 main( )。C 语言规定，在一个完成特定功能的程序中有且仅有一个主函数 main( )，注意必须使用小写的 main，这是该段程序执行的入口地址，程序中若没有这个函数，该程序不能被执行。

（2）标准函数。标准函数可直接调用，不能改变函数名称。

（3）自定义函数。自定义函数的命名与标识符的命名规则相同。一般函数名称应能反映该函数的功能。

4．调用规则

主函数 main( )可调用其他任何函数，但不能被其他函数调用。标准函数一般是被用来调用的。自定义函数可以调用标准函数，也可以调用除主函数 main( )以外的其他自定义函数，还可以调用函数本身。

5．函数在程序中的位置

在一个完成特定功能的程序中，一般由若干个功能函数构成，函数间的关系是并列关系，即函数作为一个整体，函数的位置可任意放置。

若自定义函数放在主函数之前，则在程序最开始处不需要对这些函数进行说明。若自定义函数放置在主函数 main( )之后，则这些自定义函数必须在程序最开始处对函数进行说明，有的资料上称为函数声明。

6．定义函数的一般格式

```
类型 函数名（类型  形式参数，…，类型  形式参数）
{
      函数体;
      return 变量;
}
```

7．函数编写

（1）使用工具软件进行编写，如使用宏晶公司的在线编程软件。

【例 12-9】 编写一个使用 IAP15F2K61S2-PDIP40 芯片延时 1ms 的函数。

打开软件 stc-isp-15xx-v*.**.exe，单击右上部功能区的“软件延时计算器”，选择左上角单片机型号为 IAP15F2K61S2-PDIP40，选择系统频率为 11.0592，输入定时长度为 1ms，选择 8051 指令集 STC Y5，单击“生成 C 代码”，单击“复制代码”，操作界面如附录图 12-7 所示。

若使用其他芯片，可通过左上角改变“单片机型号”及“8051 指令集”，在右上角会展示适用的系列芯片。

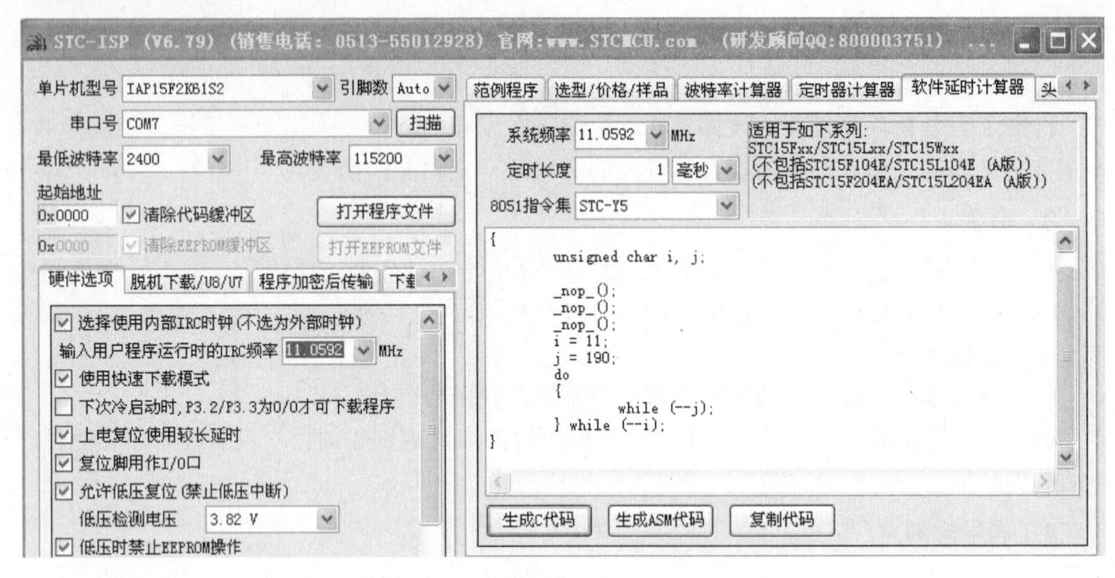

附录图 12-7　STC-ISP 软件延时计算器操作界面

该软件自动生成的程序代码如下：

```
void Delay1ms()          //@11.0592MHz
{
    unsigned char i, j;

    _nop_();             //_nop_( )函数是 intrins.h 头文件中的标准函数
    _nop_();
    _nop_();
    i = 11;
    j = 190;
    do
    {
        while (--j);
    } while (--i);
}
```

【例 12-10】 可调用范例程序，操作界面如附录图 12-8 所示。

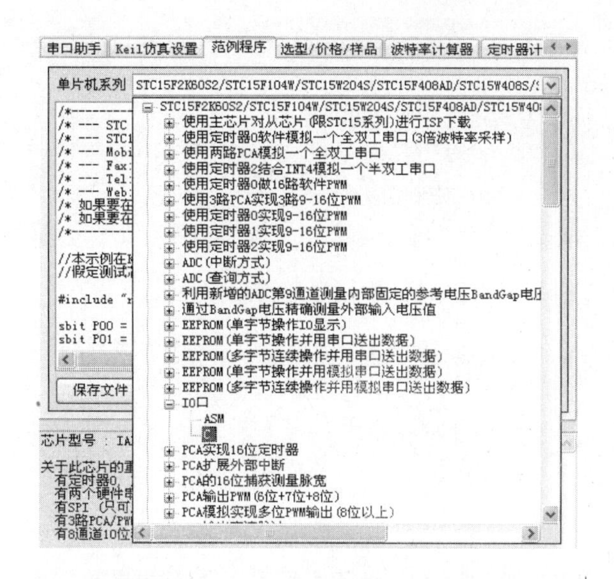

附录图 12-8　STC-ISP 软件范例程序操作界面

【例 12-11】　编写一个使用 IAP15F2K61S2-PDIP40 芯片、延时 100μs 的定时器中断函数。使用 STC-ISP 软件，操作界面如附录图 12-9 所示。

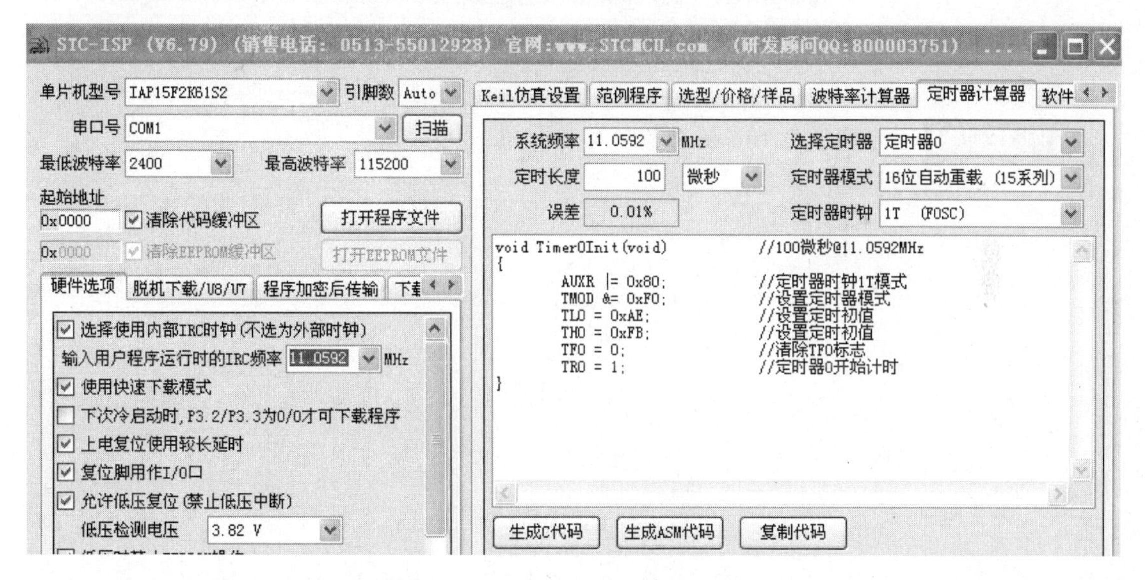

附录图 12-9　STC-ISP 软件范例程序操作界面

（2）自己编写程序。当读者阅读程序能力达到一定水平后，可以自己编写程序。

【例 12-12】　接收两个无符号整数，求出这两个数的和。

【分析】 ① 函数的功能是求和，可以给函数命名为 Two_Sum。

② 该函数需要返回值，函数的类型根据题目要求须定义为无符号整数。

③ 接收两个无符号整数，说明函数带两个无符号整数参数。

④ 函数主体是求和。

根据分析，函数程序段如下：

```
unsigned int Two_Sum (unsigned int x , unsigned int y)
{
        unsigned int z;         //定义一个求和的值
        z = x + y;              //求和
        return z ;              //返回求和值
}
```

当读者编程能力达到一定水平时，本函数可简化为：

```
unsigned int Two_Sum (unsigned int x , unsigned int y)
{
        return x+y ;            //返回求和值
}
```

8．函数原型

不带函数体的部分称为函数原型。函数原型可以将形式参数省略，类型不能省略。

【例 12-13】 （1）延时 1ms 的函数原型为：void Delay1ms( )

（2）接收两个无符号整数，求这两个无符号整数和的函数原型为：

unsigned int Two_Sum (unsigned int, unsigned int)

9．函数说明（函数声明）

作为一个语句，末尾须有分号，函数说明就是在函数原型后加分号得到的。

【例 12-14】 声明延时 1ms 函数的书写方法如下。

void Delay1ms(　);